将本书献给所有的普通人、贪玩的人

贪玩的人类 ③

老 多◎著

改变世界的中国智慧

No Innovation,
No Science

科学出版社

北京

内 容 简 介

人类的进步离不开科学技术的发展。回望几千年来中国科学的发展历史，我们惊叹无数普通人创造出来的科学文明史，更敬佩他们身上所体现的科学精神。

本书以生动独特的语言、跌宕起伏的故事情节和批判反思的视角，讲述了中国几千年的科学发展历程及对世界文明的影响，并以时间为线、人物为索，以情景再现的形式讲述了一部除秦皇汉武之外的中国科学文化史。此外，作者还亲手绘制了精彩插图，直触心底地传达了科学的乐趣、玩的智慧。

本书融科学性、知识性、趣味性于一体，有益于培养科学思维、丰富学习方式、挖掘内在潜能，非常适合对科学和历史感兴趣的大众读者阅读。

图书在版编目（CIP）数据

贪玩的人类. 3，改变世界的中国智慧 / 老多著. —北京：科学出版社，2017.6
ISBN 978-7-03-052132-3

Ⅰ. ①贪… Ⅱ. ①老… Ⅲ. ①科学技术-创造发明-中国-普及读物
Ⅳ. ①N19

中国版本图书馆 CIP 数据核字（2017）第 052499 号

责任编辑：侯俊琳　田慧莹　程　凤 / 责任校对：李　影
责任印制：李　彤 / 封面设计：无极书装/ 封面绘图：贺　萌
编辑部电话：010-64035853
E-mail: houjunlin@mail.sciencep.com

科 学 出 版 社 出版
北京东黄城根北街 16 号
邮政编码：100717
http://www.sciencep.com
北京盛通商印快线网络科技有限公司 印刷
科学出版社发行　各地新华书店经销
*
2017 年 6 月第 一 版　开本：720×1000　1/16
2022 年 3 月第四次印刷　印张：16 1/2　插页：2
字数：230 000
定价：48.00 元
（如有印装质量问题，我社负责调换）

再版序

　　《贪玩的人类 3：改变世界的中国智慧》，原名是《贪玩的中国人》，2011 年由中信出版社出版，非常荣幸如今要由科学出版社再版了。书要再版，老多心里自然非常高兴，但是高兴过后觉得，不能只是把 2011 年的稿子交给科学出版社了事，那样就太不像话了，必须重新整理一下才可。于是，老多花了大半年的时间把这本书重新梳理了一遍，几乎是重写了一遍。

　　记得读胡适先生的《中国哲学史大纲》，他在再版序中是这样写的："这部书的稿本是去年九月寄出付印的，到今年二月出版时，我自己的见解有几处和这书不同了。"《中国哲学史大纲》是由胡适先生 1919 年在北京大学讲授"中国哲学史"课程的讲义编辑而成的。他在几个月之后，对其中的见解就有了不同，那么老多今天的见解与五年前写的《贪玩的中国人》有所不同就更不足为怪了。不过，重写一遍也不是推倒重来，大结构还是原来的，只是每一章的内容更加丰富、更加严谨了。现在为各位呈现的《贪玩的人类 3：改变世界的中国智慧》是五年前的《贪玩的中国人》，也不是五年前的《贪玩的中国人》，希望大家喜欢。

老　多

2016 年 12 月 19 日

原　序

　　我们看到的历史都是历史学家写的，而且写的基本都是英雄的历史，既有秦始皇、刘邦、李世民、赵匡胤、成吉思汗、努尔哈赤等一代英王，也有陈胜、吴广、黄巢、李自成、洪秀全等"起义领袖"，历史学家对各种史料进行考证和研究以后证明，历史就是由这些英雄创造的。

　　不过，老多认为创造历史的不仅仅有这些英雄，还有很多称不上英雄、我们也许还不太熟悉甚至是默默无闻的人。这些人带给我们的不但不比前面说的那些英雄少，而且可能多得多。因为如果没有这些人，我们就不会享受到今天的幸福生活。这些人是谁呢？他们就是发明了指南针、火药、造纸术、印刷术，还有很多很多直到今天还在为我们的生活提供各种便利和享受的人。他们只是一些名不见经传，甚至是地位低下的人，用现在的话说就是草民，他们就是——贪玩的中国人。

　　写这本书的起因是《贪玩的人类1》。在《贪玩的人类1》中，老多是用一种比较谐谑和通俗的语言，叙述了一下西方的科学史。之所以那样写，是因为老多非史学家，写历史没有资格，但是老多感到，科学在很多人的心里仍然是那么的神圣、那么的遥不可及，这是很悲哀的事情。老多认为科学是任何人都可以做的，也可以玩的，这一点从科学史中就完全可以看出。老多觉得有责任把这些告诉大家，于是就把历史上为科学做出一个个重大贡献的科学家用玩家的方式演绎了一遍，就是希望让大家了解，这些曾经的科学巨人，其实也和我们一样是普普通通的人。只要大家有足够的好奇心，有足够的勇气和耐心，就会如孟子所云："人皆可以为尧舜。"

《贪玩的人类 1》出版以后褒贬不一，一些网友的留言让老多十分感动，但有一些网友的评语又让老多陷入沉思。比如有一位网友这样说："我天朝的神威呢？"老多十分敬佩这位网友，确实，科学巨匠不仅仅外国有，我们中国也有！于是就有了本书。

本书仍然用"贪玩"这个噱头，老多把科学研究称为玩，这肯定是非正统的，甚至带点玩世不恭的味道。但老多说的玩，不是玩麻将、老虎机或者在网吧玩到晕倒的那种玩，老多说的玩是人类出于对大自然的好奇而去做的一系列事情。最近有一本书《玩出好人生》，是美国人布朗写的。他认为，"玩，是一种天性，是一种能力，会玩的孩子是好孩子，会干不如会玩"①。科学史上那些伟大的科学家，他们出于对大自然奥秘的好奇而去探索和研究的过程，与老多及布朗说的玩是一样的。

可是，在写作的过程中，老多发现，中国古代和老外玩得不太一样。中国人也曾经非常贪玩，也很会玩，比如古代中国的丝织品、刺绣、瓷器、玉器、青铜器及各种美妙的艺术品，玩法之精湛是全世界无与伦比的。不过如果从科学的角度，差别就有点大了，在科学这条道路上中国人和西方人是完全不一样的。而且在科学上，贪玩的中国人比西方人要艰难得多，因为这些贪玩的人得不到大家的赞赏，玩出来的玩意儿不受朝廷的重视，也不受知识分子的重视。中国古代虽然有过许许多多伟大的科学和技术发明，但由于没人尊重这些玩家，以致是谁玩出来的都不知道，即使有些知道是谁，这些人也不过是一些地位低下、被人看不起的小人物，包括我们常说的四大发明在内。中国几千年的封建制度和在

---

① 斯图尔特·布朗克里斯托弗·沃恩. 2010. 玩出好人生. 李建昌译. 北京：中国人民大学出版社.

这个制度下的文化、教育体系，是不尊重这些贪玩的中国人的，而中国的所谓国学中至今也很少能够看到这些贪玩的中国人。但这些并不影响老多认为中国有很多对大自然充满好奇、在科学上贪玩的人。只要认真去读中国历史，你就会看到那些贪玩的中国人曾经而且直到今天是那样的富有创造精神、那样的伟大，全世界都不会忘记中国曾经带给世界的四大发明。

书怎么写，开始并没有一个很明确的想法，当然时间顺序肯定是需要的。可是单凭时间，很可能又让我们进入那个中华文明美妙的历史长河之中，并且会因拥有那段历史而骄傲得不知天高地厚，这不是老多想要做的。中国确实拥有过举世瞩目的伟大文明，古代中国的发明创造也曾经为世界文明的进步做出过非常重大的贡献。但是，如果从 15 世纪开始的近代科学这个角度去审视我们那过去的几百年，就会有很多让我们感到十分遗憾和不爽的地方，也就是所谓"李约瑟难题"所说的，近代科学为什么没有产生在中国。老多是一个爱国主义者，对祖国及祖国的一切都充满了深深的爱，如同台湾地区的一位作家墨人所云："一个有悠久历史文化的国家，一个所谓高级知识分子，轻视自己的文学艺术，向洋人认同，拥洋人以自重，还有什么比这种否定自己皈依别人更幼稚、更可耻的事？"[①] 老多不想做也不会去做那个可耻的人。

对于过去的荣耀，我们应该也必须赞扬和歌颂。可只是赞扬和歌颂就是爱国主义吗？

回顾整个人类历史，人类的每一次进步和发展，往往就是在对过去的批判和扬弃中得到动力的。比如欧洲的文艺复兴，文艺复兴并非是把欧洲拉回到古希腊那个美妙的时代，而是对古希腊文明一次最彻底的批判和扬弃。而我们的过去是不是也有一些值得批判的地方呢？我们是不是也应该用一种批判的眼界去审视一下我们的历史呢？所以老多认为，这本书无论怎么写都不能只是回顾历史，去捡回那些令人骄傲的往事。

---

① 常君实. 1994. 浮生小趣. 北京：中国社会科学出版社.

因为世界在往前走，回头看不是为了过去，而是为了现在和将来。老多不希望躺在历史这个巨人的怀里睡大觉，老多希望能站在历史这个巨人的肩膀上继续往前走。老多希望用一种批判的态度去看待那已经过去的几千年，批判不是否定，而是可以站在巨人的肩膀之上看得更远。

此时此刻，就必须用一个更加广阔的角度去审视我们的过去，同时要借用世界上其他人的眼睛去看，正像北京大学刘东教授在"海外中国研究丛书"的序言里说的："正因为这样，借别人的眼光去获得自知之明，又正是摆在我们面前的紧迫历史使命，因为只要不逃出自家的文化圈子去透过强烈的反差反观自身，中华文明就找不到进入其现代形态的入口。"因此，在本书里大家会看到很多中国与西方在同一时代的比较，比如 14~16 世纪，我们的明朝与西方的文艺复兴。通过这些比较，我们会发现，在同一时代中国人和外国人都在做什么，有什么不同之处，从而也可以更清晰、更理智地回顾和认识我们自己的历史。

在写本书的过程中，老多时常陷入深思，历史是已经发生的事情，回望历史的目的是什么？为此老多几经易稿，最近看到钱穆先生的一句话："作者窃不自揆，常望能就新时代之需要，探讨旧历史之真相，期能对当前国内一切问题，有一本源的追溯，与较切情实之考查。"[①] 这是钱穆先生在《国史新论》的序言里说的。那就让我们重温那段千年的历史，较切情实地考察一下我们那段光辉而又艰难的科学之路吧！

在此老多要感谢一些专家，首先要感谢北京大学李零教授关于《尚书》和《易经》内容的耐心指导。另外两个不是科班出身的专家，也为老多提供了许多宝贵的资料，在这里必须要感谢他们。第一个要感谢的是刘宁小朋友，他是一位非常出色的天文爱好者。虽然从未进入过任何与天文有关的学校学习过，只是一个纯粹的玩家，但是他在天体物理学及我国古代天文学方面的造诣，让老多崇敬有加，并拜他为师。小刘在中国古代天文学和现代天文学知识方面给予老多的帮助，让本书增添了

---

① 钱穆. 2010. 国史新论. 北京：生活·读书·新知三联书店.

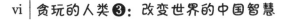

更有益和有趣的成分。第二个要感谢的是我的好朋友张燕生先生，他是一位古典音乐发烧友，也是玩家一个。他用他丰富的西方音乐和中国音乐知识，以及极大的耐心，从巴洛克时代开始，逐一地对老多进行关于人类音乐发展历程的非常专业的指导，让老多受益匪浅，真是感激涕零，在此由衷地感谢他。此外，还有很多朋友，比如姜韬先生、边冬子先生、梁鉴先生、肖坤冰博士，还有一位"南京大萝卜"晓杨小朋友，他们在老多写作过程中为老多提出了许多非常好和及时的建议，老多在此也要表示由衷的感谢。

　　和老多写的《贪玩的人类1》一样，本书不是什么中国科学技术史，也不具有多少资料价值。另外书中还有一些与科学没有直接关系的章节，写这些章节的目的是为了更清晰地了解我们过去的一些成就和缺憾。本书有多处引用著名学者见解的段落。老多不是史学家，更不是科学家，乃纯粹的草民一个，因此引经据典必不可少，请看官原谅老多的无知和浅薄。

老　多

2011 年 5 月 13 日

目　录

TanWan De RenLei3　贪玩的人类3

引　子

一

　　1918 年，陈独秀先生高喊："只有'德先生'和'赛先生'可以救中国！"

　　如今近 100 年的时间过去了，不管"德先生"如何，"赛先生"在中国肯定已经是家常便饭且无处不在，也绝对不算什么新鲜事了。而且没有这位"赛先生"似乎还不成，谁也不想再回到没有"赛先生"的时代。"赛先生"，也就是科学。科学不但让"嫦娥二号"围着月亮拍照片，而且让我们身边所有的事情都变得容易了。比如，我们想从北京去趟天津，或者是更近一点的廊坊，谁也不会想起带上点盘缠，烙上两斤糖饼，骑着毛驴去了。就算是骑着最烂的自行车，那也离不开科学。那些被大家追捧，把狗仔队累得半死的影视明星们，没有科学他们也别想在一夜之间红遍大江南北。如今不只在中国，在全世界，科学都是最主流的文化。没有科学的生活是人们不敢想象的。

可是，当我们眼巴巴地盯着教授，想听听科学是从哪里来的时候，神气活现的教授说出来的答案，不是姓哥（白尼）的，姓伽（利略）的，就是姓牛（顿）的，总之是一大堆外国姓氏、外国名字，怎么就没有一个姓张姓王的中国名字呢？这也许就是所谓的"李约瑟难题"里说的："为什么现代科学只在欧洲文明中发展，而未在中国（或印度）文明中成长？"①

而对李约瑟这个难题，人们的看法也不尽一致。有些人可能会嘴一撇，头仰得高高的，对此嗤之以鼻，理由是中国文化博大精深，科学算什么？有些人则可能会眼泪汪汪地讲出一段段悲伤的往事，让人听了以后鼻子发酸。他们把这满腔哀怨都发泄在中国的封建传统文化之上，视封建文化为罪魁祸首。不过也有人和前面两种都不一样，他们觉得过去的事情既然已经过去，那就让它过去吧，不必纠缠。只要我们从现在起开始玩，那今后的天地不一定是谁的呢！只要 2020 年不是世界末日，那就看看到底谁玩得更好、玩得更牛，因为科学就是被一群对大自然充满好奇的人玩出来的。

李约瑟凭什么提出这么个大难题，把咱们的历史学家累得差点吐血呢？原来他还说了下面一段话："在不同的历史时期，即在古代和中古代，中国人对于科学、科学思想和技术的发展，究竟做出了什么贡献？虽然自从耶稣会传教士在 17 世纪初叶来到北京以后，中国的科学就已经逐步'熔化'在现代科学的大熔炉之中，但是，人们仍然可以问：中国人在这以后的各个时期里都有些什么贡献？中国的科学为什么会长期大致停留在经验阶段，并且只有原始型的或中古型的理论？如果事情确实是这样，那么，中国人又怎么能够在许多重要方面有一些科学技术发明，走在那些创造出著名的'希腊奇迹'的传奇式人物前面，与拥有古代西方世界全部文化财富的阿拉伯人并驾齐驱，并在公元 3～13 世纪保持一个西方所望尘莫及的科学知识水平？"①这里老李的意思是，中国人在公元 3～13 世纪是全世界最牛的，可就是因为"长期大致停留在经验阶段""只有原始型的或中古型的理论"，以致后来能让"嫦娥二号"

① （英）李约瑟. 1975. 中国科学技术史. 北京：科学出版社.

围着月亮拍照片的科学理论没出现在中国。

李约瑟说的没错，科学从孕育到出生，中国人是有过很多重要贡献的，尤其是在古代。那时候，科学就是一群满怀好奇心的人在玩，中国外国都一样。中国古代的圣贤们也曾经有过许多非常惊人的发现和非常伟大的理论，圣贤们创造出的许多学问，有些至今还在为我们所用与研究。但为什么李约瑟先生要说，中国的科学技术只停留在经验的层面上，只有原始型的或中古型的理论呢？难道中国古代圣贤们的伟大理论和科学一点关系都没有？

关于这个问题，我们只能回过头去找答案。回多久？回过去几千年。这时我们可以看到，人类的文明史几乎都是从几条河沟子边上开始的：尼罗河、幼发拉底河、底格里斯河、恒河、黄河。欧洲人玩的科学主要来自前面的三条河：尼罗河、幼发拉底河和底格里斯河，也就是古埃及和古巴比伦。被称为世界上第一位科学家的古希腊人泰勒斯，就是因为他年轻的时候游历了古埃及和古巴比伦，在那里得到几何、代数还有天文等真传，回到老家米利都玩出了理性思维，也就是后来的科学思维。

生活在另外两条河边的人当年在干啥？他们也在玩，现在通行世界的所谓阿拉伯数字就来自印度，而中国人玩出来的指南针、火药、印刷术、造纸术等，都为后来世界科学的发展做出了极大的贡献。

那中国和西方有什么不一样，为什么只停留在经验的层面上呢？是因为中国人笨吗？显然不是，原因是中国人和外国人玩的不一样。

啥叫玩的不一样呢？中国古代知识分子，或者叫文化人儿一生最大的愿望是"治国、平天下"，为了能治国、平天下就必须玩修身、齐家。怎么才能修身、齐家呢？修身、齐家不用剪子不用刀，而是要面壁十年，苦读先贤的经典，饱读诗文，苦练书法。在这个过程中，文化人儿就必须忘掉身边的世界，即所谓"两耳不闻窗外事，一心只读圣贤书"。还有一件事是他们最爱干的，那就是坐在书堆里玩"考据训诂"，在中国古代文化人儿的心里，对古代圣贤的各种训诫或者玄妙理论做考据训诂是他们最大的乐趣，为此他们愿意贡献整个人生。

二

啊叫"考据训诂"呢？中国古代（公元前3世纪左右）开发出的一种学问——"训诂学"。什么叫训诂学呢，训诂学古时也叫作"汉学"或者"小学"，其实是一种治学的方法。由于古籍都是用当时的书面语言写的，流传下来以后书面语言已经发生很大的变化，研究古人著作里圣贤们使用的词语与当代意义有什么不同，读音有没有差别，以及这些词语的渊源典故等，就是训诂。而做这个工作就必须考证，要有证据，这就是"考据"，于是就有了"考据训诂"。比如，宋朝大儒朱熹对《论语》里的著名段子——"子曰：学而时习之，不亦说乎？有朋自远方来，不亦乐乎？人不知而不愠，不亦君子乎？"的考据训诂，朱熹这样写道："说，悦，同。"他说这里的"说"字和喜悦的"悦"字是一个意思，孔夫子时代这两个字是通用的。如果不知道古代"说"和"悦"是一个意思，读这句话的确会有点懵，怎么叫不亦"说"乎呢？为啥是"说"呢？而"人不知而不愠，不亦君子乎"的"愠"字，也不太好理解。朱熹是这样训诂的："愠，纡问反。愠，含怒意。"首先他解释读音，"愠"读"纡"（也就是 yùn，同"运"音），另外这个字含有"愤怒"的意思。朱熹这么一解释，"人不知而不愠，不亦君子乎"的意思就明了了，就是人家不了解你、不搭理你，你却不生气，这样的品行就是君子也。

语言和文字是随着时代的发展不断演变的，现代语言的变化我们都有体会，前些年的流行语，过了几十年就可能发生很大的变化，何况千百年前圣贤写的段子，现在有些肯定看不懂了。考据训诂，现在叫考据学，这门学问不光中国有，外国也有，考据学是历史学家必须掌握的一门重要学问。

2000多年来，考据训诂在中国太重要了，不光历史学家，几乎所有的读书人都宁愿花上一辈子时间去玩。他们为解释和考证圣贤写某个字的渊源，可以查书万卷，洋洋洒洒地写上一篇几万字甚至几十万字的《集注》或者《释要》。但是，对于圣贤为什么要写这些字，在写这些字之前，或者之时他们看到了什么、在想什么，也就是圣贤们用这些词语描述的事情，背后所呈现出的思想和思维方法却几乎没人研究。比如孔子在什么情况下说"人不知而不愠，不亦君子乎"？对此朱熹没有解释。为什么呢？因为在朱熹看来，圣人说的话就是真理，一字值千金，除了他们使用过的那些玄妙词语值得推敲研究加以注释，并牢牢地背诵下来以外，他们的思想和思维方法是不必做任何解释和考证的。

于是在中国学者们玩考据训诂的时候，中国老百姓凭着他们的各种生活经验，创造出了李约瑟说的："走在那些创造出著名的'希腊奇迹'的传奇式人物前面，与拥有古代西方世界全部文化财富的阿拉伯人并驾齐驱，并在公元3～13世纪保持一个西方所望尘莫及的科学知识水平。"

在那个漫长时代，外国学者们玩啥呢？他们玩神学和经院哲学，和我们玩考据训诂差不多，都是把古代圣贤说的任何一句话当成一字千金的金科玉律。

不过，到了13世纪，外国的情况开始变化了，有个叫罗吉尔·培根的人出现了。罗吉尔·培根生活的时代（1214～1293年）是中国的南宋末年到元朝初年时期。他出生的时候，据说广东建立了一所颇具规模的书院——禺山书院。当广东的禺山书院里聚集起一帮玩考据训诂的中国书生的时候，在几千公里以外英国牛津冷冰冰的教堂里，罗吉尔·培根写出了他著名的百科全书式的著作《大著作》。在这本书里，罗吉尔·培根提出了人之所以会犯错误的四个方面：①过分相信权威；②习惯；③偏见；④对已有知识的自负。于是，一场静悄悄的变革在欧洲开始了，这就是著名的文艺复兴。

培根逝世250年以后的1543年，弥留中的哥白尼，伸出手摸着自己的著作《天体运行论》，一个全新的时代从此开始。在《天体运行论》里哥白尼说："托勒密总结前人400多年的观测成果，把天文学发展到几乎完美的境地，就惊人的技巧和勤奋来说，托勒密都远远超过他人。可是，我们察觉到，还有非常多的事实与他的体系应当得出的结论不相符，另外还发现了一些他所不知道的运动……"[①] 不知道的运动是什么呢？那就是凭经验做梦也想不到的"日心说"。哥白尼在对古希腊托勒

---

① （波兰）哥白尼. 2006. 天体运行论. 叶式辉译. 北京：北京大学出版社.

密这个大圣贤考据训诂的基础上玩了一个脑筋急转弯，啥是脑筋急转弯？那就是批判的态度。批判不是否定圣贤，拿圣贤不当干粮，而是在圣贤的基础上玩出新花样。所以哥白尼从托勒密的"地心说"玩出一个"日心说"。李约瑟老爷爷说的科学也就从哥白尼玩的脑筋急转弯中产生了。

原来考据训诂加上脑筋急转弯，以批判的态度去训诂古代圣贤就可以玩出新东西。中国一直都在玩考据训诂，却没人玩批判思维，所以有些本来是中国人的发明，却被人家老外发扬光大了，咋回事呢？中国的大儒和大学者们都特爱研究《易经》，中国解释《易经》的书很多。不过大家研究《易经》都是对阴阳八卦和所谓"元亨利贞"这些字里包含的伦理德行，或者玄妙的哲学和玄学意义充满了兴趣。2000多年来，对这四个字所代表的道德意义之博大所做的考据训诂的论著可谓汗牛充栋。可2000多年来却没有人对《易经》的八卦中所包含的数学意义产生兴趣，从来没有一个中国学者从数理的角度去考据训诂八卦的数学意义，而这件事却被一个德国人莱布尼茨抢先了。于是本来是中国人玩出来的东西，却被爱玩脑筋急转弯的老外给挖掘出了其中的奥妙了。

那么李约瑟说的，中国在公元3～13世纪让西方人望尘莫及的科学知识水平又都是啥呢？科学无论是在现在还是在古代都属于生产力，是关系大家柴米油盐的事情。而李约瑟说的，让西方人望尘莫及的科学知识水平都不是中国做学问的文化人儿玩出来的。因为中国古代的读书人是不在意这些柴米油盐问题的，他们基本是一群"四体不勤、五谷不分"的"书呆子"。所以那些关系柴米油盐的科学技术，几乎都是满手老茧的穷酸匠人玩出来的，是他们从实际生活中总结出来的经验。这些满手老茧的匠人虽然玩出了许多很牛的技术发明，比如让我们很骄傲的四大发明，可他们不识几个字，也没有能力从他们的发明中发现科学规律，读书人看不起他们，也不屑帮他们总结。结果就是老李说的"只停留在经验的层面上"和"原始型的或中古型的理论"了。

说来说去，大家都是从古代圣贤那里找东西玩，中国外国都一样。只不过中国的考据训诂一直没变，玩的套路几千年如一日。外国人从13

世纪玩出一个脑筋急转弯,开始用批判的思维去研究圣贤的说法。结果,我们没走出经验的层面,外国人却玩出了新花样,玩出了能够认识自然规律的科学理论。

三

本书是想把中国从古代到近代,能够称得上玩家的人大致地梳理一下,并通过比较的方式去了解他们与西方人在思维上的异同,希望能从这些梳理和比较中,为今天的我们带来一些有益的思考。

要做这些比较和梳理,就必须走进历史中去。历史很庞杂,从何入手呢?无论历史如何庞杂,着眼点都是科学,也就是柴米油盐、看星星,还有好奇心。这里我们把人类历史分成几个阶段,即远古阶段、启蒙阶段（历史书上叫奴隶社会）、蒙昧阶段（这时候历史书上欧洲可能叫中世纪,中国统统叫封建社会）、科学发展阶段（中国叫近代）,一直到现代。

先来看看西方的历史,看看科学究竟是怎么来的。远古阶段就不聊了,西方人从启蒙阶段开始,受古埃及和古巴比伦文化的启发,玩起了科学。同时也冒出来好多像苏格拉底、毕达哥拉斯、柏拉图还有亚里士多德这样的圣贤。不过他们玩到公元3世纪左右就歇了,为什么呢?那是因为公元3世纪左右,西罗马帝国灭亡,欧洲逐渐进入了蒙昧阶段(中世纪),啥科学理论,统统不让玩了!为什么不让玩呢?因为那时候欧洲被教皇管着,教皇拿着《圣经》告诉大家,世界是上帝创造的,这是唯一的真理!《圣经》开始统治着欧洲,学者们除了研究《圣经》,就是各种基督教的信条,对古代流传下来的各种文献、典籍做注释,和中国学者对古代圣贤的著作考据训诂很像。公元8~9世纪,古希腊亚里士多德的著作突然出现在欧洲,于是有人把亚里士多德的著作也融进基督教的经典之中,"除了《圣经》,亚里士多德被视为唯一值得信赖的导师"[①]。学者们都老老实实地研读《圣经》和唯一值得信赖的导师亚里士多德的著作,可以玩考据训诂,但是没事别瞎琢磨。谁要是胆敢违背

---

① 亨德里克·威廉·房龙. 2002. 人类的故事. 高源译. 西安: 陕西师范大学出版社.

上帝和圣贤们的教导，那肯定是被抓进大牢，还可能被锁在柱子上一把火给活活烧死。伽利略上大学的时候，就曾经因为对亚里士多德的说法提出疑问，被老师赶出了教室。

不过，虽然欧洲受到教皇的严格控制，但亚里士多德的著作中还是埋藏下大量古希腊理性思维的种子，并且有人还在孜孜不倦地研读着。

又过了200来年，从13世纪开始，古希腊理性思维的种子终于像一颗颗干枯了千年的莲子，渐渐苏醒了，一场被称为文艺复兴的运动在欧洲悄然兴起。文艺复兴不是把上帝赶走了，上帝仍然是所有欧洲人心中不可亵渎的精神支柱。不过那时的玩家们发现，上帝不是唯一的救世主，救世主还包括他们自己。像哥白尼这样的玩家们，拿着《圣经》或者圣贤们的书除了考据训诂以外，还用自己的眼睛去观察、用自己的脑袋去思考，圣贤们的真理被这些玩家们来了一个又一个的脑筋急转弯。

不过一开始，这些玩家们并不受欢迎，他们都被看成是异端，是不食人间烟火的神经病。不仅如此，赞成哥白尼观点的布鲁诺，还被教皇扔到火堆里给活活烧死了。

是新知识的迅速传播帮助了玩家，他们的思想很快传向整个欧洲，逐渐被大众了解并开始接受。文艺复兴时期，新知识的迅速传播是要好好感谢中国玩家的，为啥要感谢中国人呢？因为13世纪在成吉思汗的铁蹄踏进欧洲的同时，也把来自中国的造纸术和印刷术带进了欧洲，造纸术和印刷术为播撒玩家的科学思想提供了强大的动力。昂贵的羊皮卷被廉价的纸质书籍代替，知识如潮水般涌入欧洲的各个角落。于是，一个个把我们带进科学的玩家出现了，如哥白尼、伽利略、开普勒、牛顿，从此欧洲逐渐走出蒙昧，奔向科学发展阶段，成为现代主流文化的科学也从此走向了全世界，直到今天。

中国的情况如何呢？在启蒙阶段，中国人也和欧洲人一样，由于对大自然充满无限好奇，中国的玩家，包括我们的轩辕黄帝、墨子、管子、石申、甘德、吕不韦等，也玩出了很多令人叫绝的学问，玩得不比当时的古希腊、古罗马逊色。

接着在差不多的时候，中国也进入了蒙昧阶段（就是历史书上的封建社会）。这个阶段从秦始皇称帝开始，到汉朝的汉武帝一声令下"罢黜百家，独尊儒术"，中国也和欧洲一样不让玩了，诸子百家只剩下一个儒家，其他各家各找各妈，然后销声匿迹。中国的蒙昧阶段不是因为宗教的神学，而是被所谓封建文化统治着。中国的封建文化和欧洲的神学一样不容易对付，欧洲人的脑袋上顶着一个上帝，中国人的脑袋上虽然没有上帝，但花样更多，什么天人合一、阴阳五行、封建伦理、礼教、孝悌一大堆的道道和规矩。那时候的中国人只有两种选择：一种是"学而优则仕"，读书做官；另一种就是不必认识一个大字，老老实实地当农民，没事别去瞎琢磨、瞎玩。学而优则仕的文化人儿们开始主要是对圣贤玩考据训诂，宋朝以后一直到明清时代，又有人玩出了宋明理学。这也没啥不好，可中国的文化人儿还讲究"两耳不闻窗外事""四体不勤、五谷不分"。而李约瑟先生说的，玩出具有让西方人望尘莫及的科学知识水平的那些人，不是这些手无缚鸡之力的文化人儿，而都是些默默无闻的匠人。

突然有一天，基督教的上帝想起了中国。16 世纪，大明朝的万历年间，几个洋和尚从广东爬上中国的海岸，他们来干啥？他们想把西洋人崇拜的上帝介绍给中国人。不过洋和尚在传教的过程中，一不小心把那时候欧洲人正在玩的科学也给带进来了。这就是被后来许多学者称为"西学东渐"或者"走出中世纪"的时代。洋人的玩意儿马上引起好多中国玩家的兴趣，这其中有徐光启、王徵、李之藻、方以智等。北京大栅栏的书摊上也出现了《几何原本》《火攻挈要》《远镜说》《仪象志》《穷理说》和《远西奇器图说》等专门介绍数学、西洋火器、光学、力学和机械等当时科学技术的书。

那个时候，伟大的哥白尼先生刚刚去世，伽利略、开普勒等大玩家正玩得起劲儿，牛顿还没有出生。按说科学在中国和外国几乎是同步出现，在大明朝还没被努尔哈赤的八旗子弟拿下的时候，科学的曙光就要照耀中国了，可这曙光又跑到哪里去了呢？

科学的曙光不但没有照耀中国，中国的文化人儿还在玩考据训诂，没人去琢磨脑筋急转弯，而宋明理学又通过考据训诂把儒家的学问玩到了更加玄妙的境界。方以智是明末清初一位很有学问的大学者，他写了一本书《物理小识》，算是当时最有科学味道的一本书了。方老先生在书中对物质和运动的解释是，"一切皆气所为也，空皆气所实也"，还有"星、月皆水体，水能摄物，故星、月摄日于体中而生光焉"①。而在方以智出生前两年，也就是 1609 年，开普勒已经计算出行星运行规律；在方以智以仍然十分幼稚又没有逻辑性的语言写"物理小识"的时候，牛顿已经提出力学三大定律和万有引力定律。

不过就算方以智在科学上不成熟，还十分幼稚，继续玩下去不就成熟了、不幼稚了？可还是没人玩。不光没人玩，皇帝自以为天下第一，洋人算啥，那时的中国人把外国人全都看作是不值一提的蛮夷之人。皇帝就知道苏州、杭州还有承德的避暑山庄好玩，从来也不出国旅游。西方人送来的什么望远镜、自鸣钟和越南人送来的猴子、狒狒、大象一样，都是糊弄妇人高兴的奇技淫巧。

可是没想到 1840 年出事儿了，还是大事儿，人家几千个英国佬凭着几杆洋枪，把大清朝几十万八旗子弟给打得落花流水。这下皇帝老子梦醒了，原来外国人的奇技淫巧如此厉害，于是第二次"西学东渐"来了，洋务运动兴起（"洋务"开始叫作"夷务"）。不过洋务运动也不是让谁开始玩科学，而是想赶快学点西方的技术，然后好对付西方人，所谓"以夷制夷"，并不是真的喜欢科学，想用科学的方法治理国家。正如梁启超先生在《李鸿章传》里评论李鸿章所创洋务运动时说的那样："其于西国所以富强之原，茫乎未有闻焉，以为吾中国之政教文物风俗，无一不优于他国，所不及者唯枪耳炮耳船耳铁路耳机器耳，吾但学此，而洋务之能事毕矣。"②什么意思呢？意思是说李鸿章觉得洋务运动的任务，就是把外国"枪耳""炮耳""船耳""铁路耳""机器耳"，也就是外国洋枪洋炮的制造方法学会，洋务运动就圆满完成了。为啥这么认为呢？原因是"吾中国之政教文物风俗，无一不优于他国"，也就是说咱们中国的政治、教育、民间风俗都是最棒的，没有一样比外国差，所以根本不必做任何改变。可是 1894 年甲午战争，"无一不优于他国"的大清帝国惨败在日本人手下。李鸿章的洋务运动之梦随之破碎，李鸿章的梦虽然破碎了，但是中国没有死！

---

① 杨小明，高策. 2008. 明清科技史料丛考. 北京：中国社会科学出版社.
② 梁启超. 2010. 李鸿章传. 西安：陕西师范大学出版社.

以上就是本书将要讲述的故事线索。读历史学家写的中国历史，大家会在书里看到很多人，他们不是帝王将相，就是中国传统文化里的精英或者英雄人物，比如"至圣先师""万世师表"的孔夫子，"朝发枉渚兮，夕宿辰阳"的屈原，"对酒当歌"的曹操，"壮怀激烈"的岳飞……大家在这本书里看到的人，虽然也在历史之中，但是基本看不到什么文化精英或者英雄，那会看到谁呢？会看到一些玩家，一些实实在在推动中国历史发展的、更值得我们记忆的玩家。

另外，本书还希望每一个中国人，无论是年轻人、中年人抑或是老年人，都能用一种批判和反思的眼光，去重温那段漫长的、曾经令我们无比骄傲的中国历史。

下面就让我们从头说起。

第一章　从头说起

　　科学是被一群充满好奇心的人玩出来的。玩出来的科学又可以分为两部分：一部分是技术科学，或者叫实用科学；另一部分是理论科学，也有人叫纯科学，古代现在都一样。

五千年前

中国人，是人类历史上最早一拨创造出文明的人。中国历史虽然不是全世界最长的，但也有 5000 年以上的漫长时光。在这条流淌了 5000 多年的历史长河里，中国人曾经玩出过很牛很棒的古代科学技术。

那么古代的科学和现在的一样吗？那时候一没计算机、二没国家自然科学基金，从条件上说，确实不具备现代科学搞科研的条件，但从根本上说古代和现在都一样。因为科学是被一群充满好奇心的人玩出来的，玩的条件啥时代都有，而且啥时代的人都会。那古老时代的科学是个啥样子呢？现在我们把科学分为两部分：一部分是技术科学，或者叫实用科学；另一部分是理论科学，也有人叫纯科学。古代也差不多，科学基本也分为这两部分。

所谓技术科学其实就是关系大家衣食住行的那些事儿，尤其是在遥远的古代，柴米油盐更是关系到生死存亡的大事情。人只有吃饱喝足穿暖了才有精神去研究文学艺术，一边喝着武夷山的大红袍，一边吟诗作画、写意泼墨。所以邓小平同志说了："科学技术是第一生产力。"

所以远古时代的人玩的基本是技术科学，因为那时候吃饭穿衣是头等大事。远古时代，中国农业、陶器、铜器、纺织等许多方面的科学技术都曾经非常牛。玩技术科学一方面需要玩家有好奇心，另一方面还需要心灵手巧，有点耐心。大家都种庄稼，但爱玩的人却因为心里的好奇总是试着用一些新的办法，当然可能失败，但只要他手足够巧，并且有足够的耐心，最后就能玩成功。种庄稼的新技术就产生了。

理论科学离吃饭问题就比较远了，比如万有引力定律和广义相对论啥的。这些和衣食住行、油盐酱醋差了十万八千里，而且看上去啥用处都没有。所以纯科学和大家的日常生活关系不大。

可古时候也有人在玩和日常生活没啥关系的纯科学。比如看星星，其实就是天文学。玩这些是因为玩家心中对夜空中的各种现象充满了好奇，是对浩渺夜空的观察。当然古人的观察还没有形成真正的理论，古代的天文学理论最早出现在公元 1 世纪左右，中国叫盖天说，外国叫地心说。而科学的天文学理论，也就是日心说则出现在 16 世纪。不过远古时代古人的观察和原始积累，也就是李约瑟说的"经验阶段"和"原始型的理论"，都为后来公元 1 世纪甚至 16 世纪建立的天文学理论奠定了基础。

玩技术科学的人，一般总会得到大家的赞扬。比如第一个烤出香喷喷蛋糕的人，肯定会得到老婆的赞许和孩子们沾着蛋糕渣儿的小嘴的一顿狂亲；可是第一个发现火星"会在天上行走"的人，基本不会得到这样的待遇。不但得不到，可能朋友们对他玩这些还表示极大的不理解。这些玩理论科学的人，很可能属于不受人待见的边缘人物，可是很多伟大的科学理论就是这些不受人待见的边缘玩家玩出来的。

在还没有文字的时代，古人的故事都是靠神话故事和传说流传下来的。神话故事和传说虽然大多数讲的都是神仙和英雄，俊男和靓女的故事，不过也掺和了一些和科学有关的故事，比如远古时代让大家从树上下来，教大家在地上盖房子的有巢氏、发明用火的燧人氏、发明文字的仓颉。中国古代的神话故事和传说里，虽然讲了不少和科学有关的故事，但是这些故事的真实性是说不清楚的，不知是真是假。

那在没有文字的古代，就一点关于科学的靠谱信息都没有吗？神话故事和传说不靠谱，有个地方有靠谱的信息，啥地方呢？那就是考古学家发掘出来的古代遗迹。考古学家的发现，为我们了解遥远的古代中国人玩过什么和科学有关的故事，提供了很多非常有趣的而且是千真万确的靠谱信息。

在大量的考古遗迹中，考古学家发现了很多古代工匠制作的各种器具，有生活用的，也有祭祀用的。这些器具包括精美的石器、骨器、玉器、陶器、青铜器、纺织品等。考古学家发现的这些价值连城的大宝贝，从科学的角度看，基本都属于和生活有关的技术科学。那和生活不怎么沾边的纯科学，是不是也有考古发现呢？还真有，咋回事儿呢？

古墓魅影

1987 年年底，有几个运气极好的考古学家，在河南濮阳挖出一座年代非常久远的古墓，根据碳 14 的测定，这座古墓已经有 6460±135 年的历史。[①] 令人奇怪的是，古墓里，墓主人的左右两旁，即东西两侧有两个用蚌壳堆起来的塑像。其中一个像龙，另一个像只野兽。此外在墓主人的脚下还用蚌壳堆了一个三角形，三角形边上放着两根小孩的胫骨。考古学家们围着这个奇怪的墓葬来回转悠，纳闷极了，这些用蚌壳堆起来的塑像到底是什么意思呢？难道墓主人原来是个猎人？不像，应该是个君王，起码是个村长，是干部。"两个塑像是不是青龙白虎啊？"有个人悄悄说了一声。啊！对啊！青龙白虎！就是青龙白虎！

什么是青龙白虎呢？青龙白虎就是中国古代天象中四象里的东、西两象！那一堆像龙一样的蚌壳是青龙，野兽样的就是白虎，那个三角形和胫骨的组合就是现在大家都非常熟悉的北斗七星。原来这些塑像竟然是 6000 多年前人们看到的天象图。这个天象图哪儿来的？就是古人看星星看出来的。看星星不会看见天上掉馅饼，看星星也没啥具体的用处，属于现在说的纯科学的范畴，虽然那时候还没有成为科学。

中国古人看星星都看出了啥名堂呢？中国古代对天象最早的认识，可以从《易经》里了解到。《易经·系辞上》里如此写道："易有太极，是生两仪，两仪生四象。"古人看了很多很多年的星星发现，太阳落山以后，星星就出现了，而漫天的星斗都围着一个点旋转，这个点就是太极，旋转的结果就是四季和四个方向中出现的不同的星星，古人把这些星星看作是龙、虎、鸟、龟四种动物。这四种动物除了代表四个方向，称为四象，还分别代表了天国里的四宫：东宫青龙、西宫白虎、南宫朱雀、北宫玄武，四宫还代表四季。其中夏天是东宫青龙，是现在天蝎座的位置。晴朗的夏夜，我们仰望夜空，可以看见美丽的银河，顺着银河向南看，会看见几颗很明亮的星星组成的一个星座，样子像一只卷起尾巴的大蝎子，这个星座就是天蝎座，天蝎座就是中国古人说的青龙。青龙里面有一颗红色的星星，中国叫心宿二，据说那就是青龙的龙心。冬天是西宫白虎，是现在的猎户座。猎户座是冬天最大也是最美丽的星座。晴朗的冬夜，抬头就可以看见一个由四颗星星组成的巨大矩形，矩形的中间还有三颗连着的星星，这就是猎户座，三颗连着的星星被想象成猎

---

① 陆思贤，李迪. 2000. 天文考古通论. 北京：紫禁城出版社.

2011. 老多

户的腰带。

而北天上的北斗七星，被古人想象成一个大车轮，叫作"帝车"，《史记·天官书》里说："斗为帝车，运于中央，临制四乡。"北斗七星携带着青龙白虎，自东向西周而复始地运转，生生不息。当青龙出现在东方，预示着春天来临；青龙位于天顶时，则已经是盛夏；而白虎从东边升起时，秋风就会袭来；白虎来到天顶，天寒地冻的冬季就来到了，如此循环往复，永无止境。多么美妙而又生动的图景，如此的盖天说，就是古人玩出来的，看星星看出来的。而且古代积累的这些天文学知识，都成为后来天文学不可缺少的基础，也是天文学史学者的宝贝。

再回到那座古墓，古墓里那些用蚌壳堆起来的塑像就是青龙白虎，不是那位在墓里躺了 6400 年的老先生告诉我们的，他要是说话考古学家肯定当场吓晕。古墓里的贝壳塑像是青龙白虎和北斗星这些结论，是考古学家根据古代文化认识和古天文学知识，费尽心思推测出来的。而另外一个考古发现，那就不用猜了，为啥不用猜呢？因为人家古人明明白白地都给写下来了。这个就是 1978 年在湖北随州市附近发现的一座战国墓。

此墓就是著名的曾侯乙墓。乙是人名，他是战国初年东周列国之一曾国的国君。乙死了以后据说葬于公元前 433 年左右，也就是说这位曾经在湖北一带叱咤风云、独领风骚的尊贵国君已经在坟墓里躺了 2400 多年了。让考古学家嗨到爆的是，这座古墓居然没有被盗墓贼光顾过，墓中的宝物尽数被考古学家挖了出来。其中很有名的是一套编钟，据说还可以奏出美妙的音乐。而墓中一个彩漆木箱，更让关心古代天文学的考古学家眼珠子大亮，曾侯乙的弟兄们在箱子盖上明明白白地写着二十八星宿的名字。

什么叫二十八星宿呢？二十八星宿就是古人对夜空中黄道之上二十八组比较亮的恒星的总称。由于这二十八组星星又分布在四宫当中，每宫七组，所以也就有了四宫二十八星宿的说法（这里的"宿"字念 xiù，而不念 sù）。现代天文学采用古希腊的星座图来确定和辨别恒星的位置，而二十八星宿也是出于同样的目的。就和谷歌地图一样，地图是地上用的，星座和二十八星宿就是天上用的天象图。只不过这张天象图和地图感觉不太一样，看上去神神秘秘的。中国天文学家直到今天仍然喜欢用二十八星宿里的名称来称呼一些恒星，比如参宿一、心宿二、天津四、五车二、轩辕十四等。

二十八星宿在非常古老的时代就被爱看星星的玩家们给玩出来了，但这是不是中国人首先玩出来的，为此，考古学家还在争论不休。不过无论是不是中国玩家首先玩出来的，从曾侯乙墓里的木箱盖上，就可以很确定地看出，2400 年前中国的玩家就在玩这个玩意，不仅玩，还陪伴着国君一起去了天国。

四宫和二十八星宿都是古代玩家描述夜空中恒星位置和变化的，而关于太阳系里的几颗行星和不期而至的彗星古人也玩得非常出彩儿，考古发现也为我们提供了不少有趣的故事。

1972 年，幸运的考古学家在湖南长沙马王堆发现了几座西汉的墓葬，其中发现了很多帛书。这些帛书可是无价之宝，因为那上面有古人画的几十个彗星图（可以辨认的有 29 个），还有关于水、金、火、木、土五颗行星运行的记载。

有人可能会问，彗星样子长得很特别，古时候的人一眼就能看出来，这个不新鲜。可行星和恒星在夜空中样子几乎是一样的，它们之间的不同古人是咋分辨出来的呢？他们难道有望远镜？

这就和前面说的四宫和二十八星宿有关了。四宫、二十八星宿就像加勒比海盗的藏宝图，在整个夜空上展开了一张神秘的天象图。有了这张天象图，穿行在里面的行星就被古人给看出来了。只不过不是玩家也别想从藏宝图里看出啥来，为什么呢？因为古时候的人确实没有望远镜，而且行星的运动又非常缓慢，每天移动的距离是看不出来的，要看很久才会发现它们是在动。所以要想看出行星的运动，只有对着夜空，以二十八星宿为坐标不断地看，看一两个晚上根本没门儿，起码要看上几年甚至几十年才可能知道一颗行星的运行规律。所以，没有望远镜又不爱玩的人哪有那闲工夫整天站在夜空底下看星星，就算天上到处藏着宝贝。

如今，看星星仍然是那些好奇心极强、又酷爱玩的人的事儿。6000

多年前的人呢？看星星的肯定也是爱玩的那帮人。而且看星星就是天文学产生的原因之一。那时候不像现在，天空都是灰蒙蒙的，就算你有很牛的望远镜，晚上也看不见几颗星星。几千年前没有空气污染更没有城市的灯光（夜里城市明亮的灯光现在叫光害，也属于污染之一），当太阳刚刚沉入西边的天际，无数的繁星就出现在深蓝色的天幕之上，随着天色逐渐由深蓝变成漆黑，璀璨的星光便布满苍穹。就像如今的驴友们，周末来到野外露营，如果赶上好天气，深更半夜钻出帐篷，站在夜空下看到的情形是一样的。

满怀好奇的古人，半夜三更来到空旷的原野之上仰望苍穹，当他们惊异地看着漫天星光在诡秘地闪烁的时候，一定在问，这些星星都是来自何方？它们为什么每天晚上都如此准时地来到这里？古人对此毫无了解，他们多么想搞清楚这到底是怎么一回事。为此他们感到了自己的无知和愚蠢，于是科学产生了。就像亚里士多德说的那样："古往今来人们开始哲理探索，都应起于对自然万物的惊异……一个有所迷惑与惊异的人，每自愧愚蠢；他们探索哲理只是想脱出愚蠢……"①

为脱出愚蠢，古代满怀好奇的玩家们每天晚上都站在夜空下，他们观察着星空中每时每刻的变化，并且牢牢记在心中。第二天、第三天、第四天，一年过去了，两年、三年……十年、几十年，就这样，一代接一代的玩家不断地仰望天空，他们看着、观察着、记录着。直到几百年，甚至几千年以后，终于有一天，他们好像发现了宇宙中隐藏的秘密。什么秘密呢？那就是这些看似杂乱无章、看似无序的星星背后，隐藏着某种神秘的规律，宇宙并非杂乱无章，并非无序。于是天象被描绘成各种美好神圣的图形，青龙、白虎、朱雀、玄武，二十八星宿也就出现了，穿行其中的彗星，还有水、金、火、木、土五颗行星也被发现了。

不过中国古代看星星，和我们现在了解的天文学不一样，现代天文学家把星星分为恒星、星系、星云还有行星、彗星什么的，关心的是恒星或星际物质自身的物理化学性质和运行规律。比如恒星距离我们有多远，由什么物质组成，行星上到底是不是和咱们地球上一样也有高山湖泊，还是有一团浓密的、能呛死人的气体等。中国古代看星星的人关心

---

① 亚里士多德.1983. 形而上学. 吴寿彭译. 北京：商务印书馆.

的不是这些。那中国古人关心什么呢？

天垂象，见凶吉

最早告诉我们古人看星星关心的是什么的，还是《易经》。

《易经》也叫《周易》，是中国最古老的书籍之一，是谁写的没人说得清。有人认为是根据伏羲创造的八卦和各种言论集合而成的。司马迁在《史记》里说是"文王拘而演周易"，太史公认为是周文王写的。周文王是周朝开国帝王周武王的父亲。不过不管是谁写的，这本书在中国几千年的历史上影响极大。

《易经》上说："观乎天文，以察时变。""天垂象，见凶吉。""在天成象，在地成形，变化见矣。"什么意思呢？中国的古文用一般读书的方式读，还真不太容易闹明白，可如果晃悠着脑袋，抑扬顿挫地念出声音来，就可以感觉到其中的奥妙了。比如晃悠着脑袋念"观乎天文，以察时变"，哦，这里的意思是，看星星可以察时变，啥是"时变"呢？时变就是时间、时令、时节的变化，其中包括所有和时间有关的变化，比如太阳的升起和落下、季节的变化、朝代的更替，包括咱们老百姓的生老病死。而"天垂象，见凶吉"，是说天上的太阳、月亮、星星呈现出的景象，如日食、月食、天上的流星或者彗星等，这些都和我们的凶吉祸福有关。再晃悠着脑袋念"在天成象，在地成形，变化见矣"，奥妙就晃悠出来啦。这句话的意思就是，天上和地下是互动的，天上的各种形象，比如二十八宿的样子，彗星出现的位置，与地上的山水地形、风雨雷电、地震洪水，甚至政治战争之间有着极大的关联性。天上如果发生了什么事情，比如彗星出现、火星逆行，那么地上也会出事，不是地震就是闹洪灾，或者改朝换代。

读《易经》这些话，大家都知道中国古代看星星是为啥了吧？古代的中国人通过长期的观察，发现了宇宙的秘密，发现了苍穹上繁星的运行规律。不过那时候没有科学，古人又想知道这些规律是怎么回事，于是一些聪明的古人就把宇宙的这些规律和不规律的事情和人自身的福祉联系起来了。中国传统文化中所谓"天人合一"和"天命"的观念就是这么来的。这些来自客观观察又变成主观臆想的观念，自从不知什么时候被玩家玩出来以后，一下子就流传了几千年。

那为什么古人会琢磨出这样一套"天人合一"和"天命"的理论呢？他们难道不知道天上那么老远的星星其实和我们没啥关系吗？就算我们银河系的邻居仙女座大星系，两家人正以极大的速度互相接近，可真的撞上还需要几十亿年的时间，为此担忧岂不就是杞人无事忧天倾了？不过邻居相撞的事，是美国大科学家哈勃在 20 世纪发现红移现象以后才证实的，古时候的人哪里知道这些？古人确实不知道星星离我们这么老远，和我们根本没关系，他们就是觉得星星离我们很近很近，而且地上发生的事情和天上肯定是有关系的。

"观乎天文，以察时变""天垂象，见凶吉""在天成象，在地成形，变化见矣"及"天人合一""天命"这些说法、这些概念，最初也是出于好奇心。和现在一样，晚上一出门如果天气好，满天闪烁的星星肯定会让人忍不住朝天上看。除了星星，天空上有时还会发生日食、月食，还会看见一颗长着尾巴的彗星飘过，此外还有突然间无声无息划过天际的流星。这些现象如果在现代，大家都知道发生的原因，也都知道和我们的生活没有关系。但古人却不知道，在这些奇怪而又诡秘的现象面前，古人感到十分纳闷，不知道是咋回事。不爱玩的、好奇心不强的人看了几次也就不看了，因为他们更关心的也许是晚上吃什么，不是天上那些莫名其妙的星星，好奇心不在那上面。可爱玩的、好奇心强的人就不一样了，他们因为不明白，而且总是得不到解释，所以好奇心越来越强，于是几乎每天都要去看。看来看去他们发现，原来星星每时每刻都在围着北边的天极不停地转动，北斗星就像一个大车轮，不同的季节斗柄会指向不同的方向，而且每个季节看到的星星都不一样。于是，玩家们把天上的星星想象成一张张图画，夏天天上飞着一条青龙，冬天变成了一只白虎。另外，青龙和白虎周而复始地出现，与人们的生活的确是息息相关，当青龙从东方升起的时候，万物开始复苏，播种的时节就要来到了。白虎的到来则预示着收获季节和寒冬即将来临。可这都是为什么呢？古人还是不知道。

除了不同季节出现的青龙和白虎以外，还有一些事情显得更神奇，比如隔壁老爷爷去世的那天夜里，有人在外面看见一颗特别明亮的火流星划过天空，火流星和老爷爷的去世是不是有什么关系呢？还有一些事也非常奇怪，一个非常残暴的国王被刺客杀死了，国王被杀前后那几天，天上出现过一颗长着长长尾巴的彗星；还有一年发大水淹死了很多人，那一年也有一颗明亮的彗星光临过。

　　就这样几千年的时间过去了，奇怪的事情也越来越多。那时候玩家们没人懂得天体物理学，没有望远镜，更不知道我们脚下只不过是浩瀚宇宙里一个不起眼的小球球。但是有一点古时候的玩家和现在的物理学家、天文学家是一样的，那就是他们也有好奇心，也在思考。

　　玩家们对眼前发生的事情做不出更合理的解释，怎么办呢？他们就从可以理解和观察到的经验中去思考和解释。心中充满好奇的玩家们看到，天上发生的事情和我们眼前发生的那些灾祸和变故似乎总是存在着某种联系。于是根据这些现象，他们推论：天地之间并不遥远！不但不遥远而且和我们的命运是有联系的。甚至我们的一切都是受天驱使的，比如"天上一颗星，地上一口丁"。于是，"天人合一""天命"的观念就逐渐产生了。

　　此外，古人还想，如果天上的星星都和我们眼前的世界一样，那天上的星星也应该和地上一样有皇宫、有城市、有市场吧？于是古人把天国想象成"三垣四象二十八星宿"。这是怎么回事儿呢？所谓三垣就是紫薇垣、太薇垣和天市垣。紫薇垣是啥地方？就是天国里的皇宫，天上的最高领袖玉皇大帝住在里面。太薇垣是大臣们议事的地方，也是天上的城市。天市垣就是天国里的市场。市场卖啥？起码可以买到王母娘娘种的蟠桃。四象前面说了，是四个方向，四季；二十八星宿就是黄道上的二十八组闪亮的星星。天上的最高领袖，也就是玉皇大帝，他老人家在紫薇垣里管理着整个天空，怎么管理呢？他老人家驾着"帝车"，也就是北斗七星，围着天极，带着三垣四象二十八星宿在天上周而复始地转动，"斗为帝车，运于中央，临制四乡"。

　　这就是中国的古人，在漫漫长夜般的远古时代玩出来的玩意儿。尽管历史学家对于这些天文知识，到底是产自中国还是来自印度或者古巴

比伦还在争论，不过无论如何，许多考古发现已经完全可以证明，在6000多年前的中国，就已经有人在玩这些，而且玩得很开心。

上面说的这些玩家都来自非常古老的远古时代，他们毫无顾忌地凭着自己心中的好奇在玩，他们看星星，并记录下星星的轨迹，然后去思考、去玩。那个时代中国、外国都差不多，天文科学就产生于那个遥远的时代。古希腊和古代中国的人们描述的天象也有些像，他们把夜空上的星星分为好几十个星座。他们也认为天上的星星和地上人的生活有关，他们玩的叫占星术，就是拿黄道上的十二个星座，来预测人或者国家的旦夕祸福。如今小孩子和年轻人都特关心，自己出生的日期属于哪个星座，这些星座不属于中国文化，而是来自古希腊占星术里的黄道十二星座。

不过经过漫长的时间以后，西方人逐渐从主观唯心的观念向理性思维转变，他们用更加客观的方法——数学的和逻辑的方法去观察、计算和思考。虽然开始他们和中国人的想法差不多，看星星也都是为了解决地上的问题。但数学和逻辑的方法，让一些人从中发现了新的东西，于是在400多年前，从哥白尼开始，现代科学天文学初现端倪。

中国为什么一直没有摆脱宿命和唯心的观念，玩出科学的天文学呢？有两件事阻碍了中国古代天文走上科学的道路。

首先是迷信思想。东汉的班固在《汉书》里说："天文者，序二十八宿，步五星日月，以纪吉凶之象，圣王所以参政也。"中国古代是以臆想出来的"天人合一"和"天命"的思考去看待天空的。古人认为天是最大的，"父者，子之天也，天者，父之天也"[①]。因此在中国2000多年的封建历史中，看星星的"天"文被看作是非常重要的所谓术数之学。无论哪个朝代的帝王都非常重视对天象的探究和计算，流传下来的"二十四史"里，几乎每一部都有有关天文的《天文志》。从周代开始，王宫里就设有专门掌管天文的官员"冯相氏"和"保章氏"，这个官员到汉朝合二为一叫"太史令"，明代以后称为"钦天监"。这些官员是天文学家但不是科学家，也不可能把天文带上科学之路，为啥呢？这些官员看星星的目的，就是班固说的"以纪吉凶之象，圣王所以参政"。什

---

① 董仲舒. 2011. 春秋繁露. 周桂钿译注. 北京：中华书局.

么意思呢？因为天上的星星在不断运动，二十八星宿按照不同的季节会出现在天空不同的位置上；另外还有几颗不老实的星星，它们穿行在各个星宿之间，有时还会飘忽不定，这些就是行星；此外还有不期而至的日食、月食、流星、彗星、客星等。这些天象的变化被古人看作是凶吉祸福的预兆，也就是老天爷的圣谕圣旨都包含在这些天象中。所以冯相氏、保章氏、太史令们要时刻注意天上各个星的动向，从这一点上说，他们是天文学家。他们观察天文现象是为啥呢？比如皇家的胖公主要结婚，要举办盛大婚礼，皇帝给自己的亲闺女选了个好日子。但是皇帝还是不放心，于是派人去问太史令，这个日子是不是可以举办大婚典礼。于是太史令根据他观察的天象，然后拿起《易经》对照研究做思考状，思考过后上报吾皇："欧！"或者"不可以！"为什么呢？说"欧"是因为太史令发现，某颗星星正好在一个位置，这个位置属于"五九、飞龙在天"，大吉大利也！说"不可以"是他发现火星正在龙心（心宿二）之下徘徊，"九二，潜龙"不吉利也！这样的太史令就是算命先生，和科学半毛钱关系都没有，他能把天文带进科学才是见鬼。

　　再有就是中国民间几乎没人玩天文。虽然官方迷信，但老百姓只要有人玩，早晚都会走上科学之路。像欧洲玩出科学天文学的哥白尼、开普勒、伽利略，他们都不是拿俸禄的官员，只是普通老百姓。但在中国2000多年的历史上却没有这样的人。为什么呢？因为中国老百姓不敢。所谓天文，就是天上的事儿。天是最大的事儿，所以研究天上的事情是至关重要的大秘密，这么重要的机密怎能让老百姓知道？那是绝对不行的！所以2000多年来，天上这些秘密老百姓是不能知道的，也是不可以去关心的。老百姓不但不可以关心，瞎研究甚至是要杀头的。刘基是明朝的一位开国元勋，他做过掌管天文的太史令，他最清楚皇家对天文的训诫，所以他"以《天文书》授子琏曰：'亟上之，毋令后人习也'"[1]。啥意思呢？意思就是刘基拿着不知哪部史书的《天文志》跟他儿子说："儿啊，老爸告诉你一件顶顶重要的事情，那就是可千万不能让咱们家的后代学习天文啊！学了是要被杀头的！"可见在中国封建时代老百姓玩天文是被严格禁止的。

---

[1] 江晓原.2007. 天学真原. 沈阳：辽宁教育出版社.

中国历史上那些著名的天学家，比如张衡、一行、祖冲之、郭守敬等，他们不是太史令也是朝廷掌管与天学有关事务的命官，他们研究星星都是为诸如皇帝登基选黄道吉日或者为皇子、公主婚丧嫁娶选良辰吉日等，也就是给皇帝老子占星算命，和现代天文学的目的相去甚远。所以后来尽管中国古代在天学观测上曾经做出过很多伟大贡献，但都不是玩家在玩，而是那些太史令或者钦天监受皇帝的驱使去占卜未来，和巫师没有什么大区别（关于中国人的贡献后面将有专门的章节谈）。而且中国这样的天文学一直延续到 20 世纪初，直到西方人在中国建立了科学的天文台。

　　1609 年，伽利略发明了折射式天文望远镜；1668 年，牛顿发明了反射式天文望远镜；18 世纪，欧洲已经建立起了很多使用天文望远镜的天文台。中国第一个使用望远镜的天文台是上海佘山天文台，1899 年由法国传教士建立。1901 年，佘山天文台安装了中国第一台望远镜——60厘米折射式双筒望远镜，当时这台望远镜被称为"远东第一"。如今佘山天文台里还保存着几张 1905 年由这个天文台的 60 厘米折射式双筒望远镜拍摄的太阳黑子照片。1905 年也是爱因斯坦发表《论动体的电动力学》等五篇论文，提出狭义相对论、质能关系公式（$E=mc^2$）和光电效应等著名理论的那年。而 1905 年是清朝光绪三十一年，那时中国人还不知道太阳是一颗正在燃烧的火球，还把太阳黑子叫作"黑气"或者"日中鸟"。不过在那一年的 9 月 2 日，光绪皇帝下诏，废除科举制！9 月 4日复旦公学，也就是复旦大学正式成立。冉冉升起的科学之光渐渐开始照耀华夏大地。

第二章　玩家墨子

墨子是中国历史上绝无仅有的一位集哲学与科学于一身的学者。他的很多科学发现和科学思想与古希腊科学家同期，甚至早于古希腊。但是在墨子以后的中国文化里，中国却没有出现科学思想。这里的原因值得思考。

春秋一木匠

自从有了文字，被记载下来的玩家也就越来越多了。不过在中国历史上，被历史学家记录下来的人大多数都是帝王或者英雄，历史学家都爱聊这些人的故事，像刘邦、李世民。当然历史学家也会聊一些不是帝王或者还没当上帝王的人，像项羽、曹操、孙权、刘备。英雄就更多了，张翼德、关云长、黄忠、林冲、武松、鲁智深，他们的故事满天飞，就算是草莽英雄，像陈胜、吴广、张角、洪秀全，他们的故事也基本上是妇孺皆知，是最吸引历史学家视线的人物。玩家们虽然对科学有过很多贡献，甚至是伟大的贡献，可他们一般都是普通老百姓，没当过官，也不是啥英雄，结果大多数都被历史学家忽略了。

当然，不是所有中国古代的玩家都没被记载下来，被记载下来的玩家里，有一个很早也很牛的，他就是墨子（约公元前468～前376年）。墨子为什么运气这么好，被记载下来了呢？那就是因为他当过官，尽管墨子出身估计也是一个平民老百姓，可他在宋国当过大夫，所以被司马迁记载在《史记》里。太史公这么写道："盖墨翟，宋之大夫，善守御，为节用。"①意思是墨子是宋国的大夫（大夫在战国时期是国君之下仅次于卿的高级官员）。司马迁还说他善于防守抵御敌人，并提倡勤俭节约。

关于墨子这个人的名字似乎还有不少争议：有人说他姓墨名翟，就像《史记》里司马迁说的；也有说他姓翟名乌；还有人说墨子是印度人，原因是中国古代把印度叫摩罗差，墨和摩同音，所以有人说墨子指的是摩罗差，这个说法基本是胡扯。不过不管他姓甚名谁，反正大伙儿都叫他墨子，不大习惯叫他翟子，更没人觉得他是印度人。

墨子生活的年代被历史学家称为战国早期，战国早期到底是个什么样，穿什么样的衣服、住什么样的房子，有没有红烧肉吃、二锅头喝，没人能说清楚。大家对那个时代的了解基本来自《尚书》《竹书纪年》《春秋左传》，或者司马迁写的《史记》等史籍。只是《尚书》《竹书纪年》

---

① 司马迁. 2008. 史记·孟子荀卿列传. 韩兆琦主译. 北京：中华书局.

《春秋左传》，与司马迁都没提红烧肉和二锅头那段儿，他们说的基本上是国君还有他们喜欢的漂亮妃子的故事，比如《史记》里就有一大段写周幽王和褒姒的故事。

那么战国时代是从何而来呢？

历史学家一般认为夏、商、周三个时代是中国文明史的起源，称中国的上古三代。夏朝据说存在于 4000 多年前，因为当时没有一个字的记载，所以夏朝在人们心里是一个梦幻般的时代。关于夏朝那点事儿，除了《尚书》《竹书纪年》《春秋左传》，还有《史记》里有一些十分模糊的描述以外，其他基本来自民间传说或者鬼故事之类了。

到了商朝，算是能看见一点痕迹了，考古学家在殷墟发现了刻在乌龟壳上的文字——甲骨文。甲骨文记载的虽然都是祭祀占卜的事情，但这些记录可以让历史学家闻到一点点味道了。甲骨文的研究还证实了学者一直以来对殷商时代的许多疑问，根据考古学家的研究，甲骨文记载的殷商时代王室的变迁，与司马迁在《史记·殷本纪》里记载的基本一致。

接着是周朝来了，从周朝国人暴动、厉王出逃开始，也就是公元前841 年，中国有了明确的年代，也从此步入能基本了解的时代。

根据《史记》的记载，周朝的开国皇帝武王把商纣王打败以后，"乃罢兵西归。行狩，记政事，作《武成》。封诸侯，班赐宗彝，作《分殷之器物》。武王追思先圣王，乃褒封神农之后于焦，黄帝之后于祝，帝尧之后于蓟，帝舜之后于陈，大禹之后于杞。于是封功臣谋士，而师尚父为首封。封尚父于营丘，曰齐。封弟周公旦于曲阜，曰鲁。封召公奭于燕。封弟叔鲜于管，弟叔度于蔡。馀各以次受封"①。什么意思呢？这里就是在描述周武王打败纣王以后，回归西部，把自己的功绩记录下来，撰写《武成》，把缴获的器物分发给功臣，并记录在《分殷之器物》这本书里。再有就是把神农、黄帝、尧、舜、禹等贵族们的后代，还有跟着他出生入死、一块儿打败和消灭纣王的各位功臣，分封到全国各地为诸侯。这次分封诸侯就是中国著名的分封制，中国所谓封建时代自此发端。

---

① 司马迁. 2008. 史记·周本纪. 韩兆琦主译. 北京：中华书局.

此后周武王定都镐京，镐京在现在的陕西西安的西边，从这个时候开始历史学家称西周。西周开始的时候，周天子"纵马于华山之阳，放牛于桃林之虚；偃干戈，振兵释旅：示天下不复用也"[①]。这些话的意思是，周武王把战马放归山林，兵器也收藏起来，军队解散，并且昭示天下，从此再也不必用兵打仗了。美国大作家、大胡子海明威万万没想到，3000多年前就有中国版的《永别了武器》。周武王去世以后，周成王即位，他又"兴正礼乐，度制于是改，而民和睦，颂声兴"[①]。从周成王开始兴起正规的礼乐制度，一改殷商时代的旧面貌，从此百姓和睦相处，歌唱太平盛世的颂歌四起。

　　被司马迁形容得美妙无比的时代，持续了200多年。美妙的时代渐行渐远，诸侯割据、军阀混战的局面愈演愈烈，所谓春秋时代来临了，这个时代史称东周。

　　中国历史中的改朝换代一般都有故事，《东周列国志》里聊了西周是怎么变成东周的故事："褒人赎罪献美女，幽王烽火戏诸侯。"故事说周幽王有一天在后宫发现一美女褒姒，一见倾心，马上带入内宫。褒姒很快就给幽王生了个胖小子，幽王这个美，立马把原来的太子废了，把这孩子立为太子。褒姒是褒国人为了赎罪送来后宫做丫鬟的一个女子，丫鬟一夜之间就当上了皇后。从这件事可以看出周朝的啥礼乐制度，其实还是皇帝老子一个人说了算。不过如果那时候就有人人平等的观念，大家都遵守的制度、法律，就不会有后来的中国封建历史，也就听不到就知道泡妞的昏君周幽王烽火戏诸侯，最后落得一个亡国之君下场的精彩故事了。故事的结尾是周幽王被原来的国丈、幽王原配夫人的老爸、被废太子的外公、愤怒的侯爵申侯给杀了，西周从此结束。

　　西周结束以后为啥叫东周呢？那是因为周幽王死后，申侯并没有自己坐拥天下，而是让自己的外孙、被废的太子继承王位，这个王是周平王。周平王上台第一件事儿是把都城从镐京迁往东边的洛邑。洛邑就是现在的河南洛阳。国都的位置从西边的陕西迁往东边的河南，所以叫东周。东周又分为两个时代，先是春秋时代，接着就是战国时代。墨子就生活在战国时代初期。

---

① 司马迁.2008. 史记·周本纪. 韩兆琦主译. 北京：中华书局.

春秋战国可能是中国历史上最漫长的一个时代，从周平王即位（公元前 770 年）到秦始皇称帝（公元前 221 年），时间是 549 年。而且春秋战国也是一个奇妙的时代，在 500 多年的时间里，蹦出来一大堆被后人称为诸子百家的伟大圣贤，他们的事迹和他们写的书一直流传了 2000多年。而且很巧的是，那时不但中国如此，在遥远的古希腊也冒出来一大堆圣贤，因此全世界的历史学家对那个时代都充满了好奇和兴趣。

而墨子就来自这个神奇的时代，是春秋战国时代的圣贤之一。那墨子究竟是个怎样的玩家呢？

有几本古籍记载了墨子，如《吕氏春秋》《韩非子》《淮南子》，还有《史记》等。但是这些古籍关于墨子的介绍，很少聊老先生的生平，即使聊也是几笔带过，想在古籍里找到墨子的姓名、籍贯、出生地、身高、体重、学历什么的，估计没多大的希望。所以墨子这个人长什么样、多高、是什么地方的人，全都是个谜，关于墨子所有的个人信息只能从上面那些书的只言片语中去揣摩，猜测。这就难怪会有人猜墨子是个黑脸庞的印度人了。

墨子具体生活在啥时代，他的生卒年是何时，按照《史记》上说："或曰并孔子时，或曰其后。"意思是他也可能和孔夫子同时，也可能在孔子之后，说不清楚。清代学者孙诒让先生是研究墨子的大学者，他说："墨子之生盖稍后于七十子，不得见孔子，然亦老寿……"[①] 他认为墨子比孔夫子的七十弟子还小一些，所以他没见过孔子，但是他也很长寿。

关于墨子出身，估计不是什么有钱人家，传说墨子曾经是个木匠，自称贱人。贱人在古代和现在的意思不一样，古代一般老百姓、工匠都属于贱人。读书人，像孔夫子那样的是士人。另外，据说墨子在木匠的祖师爷鲁班面前说自己是鄙人，这些传说是不是靠谱谁也说不清。不过有些信息应该是比较靠谱的，啥信息呢？"墨子学儒者之业，受孔子之术"[②]，这是刘安在《淮南子》里写的，他说墨子也是学习了儒家的学问，学习了孔夫子的六艺之术的。那他怎么学呢？2400 年前还没有小学、中学、大学一说，连后来在中国实行了一千多年的科举制度也还没开发

---

① 孙诒让. 2001. 墨子闲诂·尚贤上. 北京：中华书局.
② 何宁. 1998. 淮南子集释·卷二十一·要略. 北京：中华书局.

出来，上学去什么地方呢？那时有学问的人就是老师，比如孔子，他会收很多弟子，他把自己的学问教给弟子。孔夫子号称有"弟子三千"，3000人相当于一所六个年级，每个年级十个班，每班50个小朋友的小学了。这些学生里出了"七十二贤人"，贤人应该和现在学霸的意思差不多。孙诒让说的"七十子"，就是指孔夫子的"七十二贤人"。这些贤人学霸后来也许都成了老师，到处宣扬孔夫子的学问，墨子就是在其中一位贤人那里"学儒者之业，受孔子之术"。孔夫子的儒家学问在那时候属于比较流行的学问，受到不少人的追捧，有点像现在大家都喜欢追明星，都想上春晚一样。

前面说了，春秋战国是西周灭亡以后的几百年时间。那时候"纵马于华山之阳，放牛于桃林之虚；偃干戈，振兵释旅""兴正礼乐，度制于是改""民和睦，颂声兴"的时代已经远去，天下从大治走进大乱，各个诸侯国玩起合纵连横，结果闹得民不聊生。一时间军国主义盛行，诸侯国之间互相霸占地盘。孔夫子据说是西周贵族遗老遗少的后代，他对当时的时局感到很沮丧，很想恢复周公时代的礼乐制度，他建议大家要"君君、臣臣、父父、子子"，要克己复礼，子曰："克己复礼为仁，一日克己复礼，天下归仁焉。"孔老夫子的意思是让大伙有点君臣父子这样的孝悌规矩，别老把自己当根葱，多点仁爱之心，办事都厚道点、仁义点，讲点周公时代的礼节。

另立山头玩科学

墨子开始也是满怀崇敬，每天晃悠着脑袋吟诵着孔家的经典，虔诚地学习着孔家之道。不过不知从什么时候开始，墨子突然不想学了，"以为其礼烦扰而不说，厚葬靡财而贫民，服伤生而害事，故背周道而用夏政"[①]。这几句是《淮南子》里说的。意思是墨子觉得孔子的礼数很烦人，孔子主张厚葬死人的周礼，是劳民伤财，让活人变穷，伤害活人。于是墨子不但不学儒家了，还提出一大套和儒家的周礼分庭的理论——夏政（夏政就是夏朝的治国之策，墨子玩的是不是夏政也不一定，只是

---

① 何宁. 1998. 淮南子集释・卷二十一・要略. 北京：中华书局.

中国人有尊古尊圣之风，明明是自己的发明，却怕躺枪，不敢说是自己的发明，一定要找个古代的圣贤来替自己挡枪）。

这位墨子老先生在孔夫子尸骨未寒的时代就举起了和孔夫子作对的大旗，这是为什么呢？这就是传说中的"百家争鸣"。"百家争鸣"是温文尔雅的学者不同思想观念之间的争论，虽然也可能争得脸红脖子粗，但他们不是搞阶级斗争。孔子的学问、老子的学问就算再牛，他们也不会因为有人不赞成自己的观念就给人小鞋穿。各个学派之间、同一学派的不同流派之间，既相互批评又相互学习和借鉴。

那墨子的夏政是怎么回事呢？他的夏政就是：尚贤、尚同、兼爱、非攻、节用、节葬、天志、明鬼、非命、非乐，一共十大命题。

"尚贤"就是任人唯贤，为贤是举，只要你有本事，不管你以前是个乞丐、叫花子还是花花公子、大富婆都是好样的。"官无常贵而民无终贱，有能则举之，无能则下之。"① 他说官不可能永远富贵，而老百姓也不会永远贫贱，有本事的就要推举上去做官，无能的人再大的官也要拉下马。这说法，别说 2400 多年前，就是现在也是正确得不得了的理论。难怪墨子那时候大大地风光了一阵，墨子的理论被称为显学。显学的意思就是很受人欢迎、被人待见。估计孙中山先生当年没少看关于墨子的书，所以才提出他的"天下为公，世界大同"的理想。

据说"兼爱"是墨子十大命题里的精髓。什么叫"兼爱"呢？墨子说："圣人以治天下为事者也。不可不察乱之所自起。当察乱何自起？起不相爱……子自爱不爱父，故亏父而自利……诸侯各爱其国不爱异国，故攻异国以利其国……是何也？皆起不相爱。"① 啥意思呢？墨子的意思是，国家出了乱子，如果去查乱子的起因，肯定是因为不相爱。怎么叫不相爱呢？墨子举例说明：第一，如果儿子只爱自己，不爱父母，就会做亏欠父母而只是自己得利的事情；第二，诸侯如果只爱自己的国家，而不爱邻国，那么就会为自己国家的利益去攻打邻国。这里墨子说的所谓不相爱，其实就是现代语言里的自私自利。梁启超先生对墨子这段论述非常赞同，他说："此言人类种种罪恶，都起于自私自利。但把

---

① 孙诒让. 2001. 墨子闲诂·尚贤上. 北京：中华书局.

自私自利的心去掉，则一切罪恶，自然消灭。"①

墨子关于"尚贤""兼爱"的论述十分讲求逻辑性，论证过程中论点、论据无一不有，其中的道理让人一目了然，所以墨子比孔子技高一筹。

不过墨子的"尚贤""兼爱"和孔子的儒家道德还没有什么太大的冲突，与孔子分庭抗礼的主要是"节用""节葬"等。另外墨子在人与人之间的关系上，还非常推崇平等。这与儒家观念也是大相径庭的。怎么回事呢？孔子克己复礼的理想靠啥？靠的是"君君、臣臣、父父、子子"，啥叫"君君、臣臣、父父、子子"？其实就是人和人之间的关系。这里"君君、臣臣"是指皇帝和臣子之间的关系，就是中国传统里的忠君思想，所谓"为人臣者，君忧臣劳，君辱臣死"②。这里"君君、臣臣"的关系是自下而上的，是单向的、无条件的。皇帝无论是混蛋还是傻瓜，都必须忠君。反过来皇帝可以随意要臣子的命。"父父、子子"就是所谓孝悌，也是中国传统的重要部分，现在大家还经常在喊"百善孝为先"。孝悌和君臣关系一样，就是"其为人也孝弟……君子务本，本立而道生，孝弟也者，其为仁之本与"！③中国的孝悌观念也是单向的、无条件的，孝悌只是儿子对父亲、弟弟对兄长，反过来无孝悌可言。所以"君君、臣臣、父父、子子"不是人与人之间平等的观念。

而墨子说："今天下无大小国，皆天之邑也。人不分幼长贵贱，皆天之臣也。"④意思是无论大国小国，都是地球上平等的国家，所谓"皆天之邑也"。人也是如此，无论是小孩还是大人，有钱人还是穷人，都是一样的"天之臣"也。墨子说的这些是什么意思呢？意思就是人与人之间是平等的，就是天赋人权的思想。让人类走进现代文明的天赋人权思想，是18世纪法国伟大启蒙思想家卢梭提出来的，墨子提出这个思想比卢梭早了22个世纪！

可是有思想、有学问的墨子运气并不好，300年以后，从大汉朝皇帝汉武帝开始，中国人开始玩起"罢黜百家，独尊儒术"，儒家的六艺之学

---

① 梁启超. 2008.《墨子》代序《墨子之根本观念——兼爱》. 里望，徐翠兰译注. 太原：三晋出版社.

② 左丘明. 2005. 国语·越语下. 济南：齐鲁书社.

③ 古文中，"孝弟"同"孝悌"——编者注.

④ 孙诒让. 2001. 墨子闲诂·法仪. 北京：中华书局.

不但成了主流，还把其他各家学问都打入冷宫。汉朝以后，墨子基本消失在人们的视野中，在2000多年的时间里，再没有学者研究过墨子。不过记载墨子学说的《墨子》一书好歹流传下来了。就这样一直来到清朝乾隆年间，一位叫毕沅的学者首先从故纸堆里翻出《墨子》研读起来。

《墨子》这本书大部分应该是墨子的弟子根据老师的言论编纂的，和孔子的《论语》很像。《墨子》一共有十五卷七十一篇文章，其中前九卷的内容基本都是墨子的哲学思想，也就是前面聊的那些"尚贤""兼爱""节用""节葬"等；第十卷到第十一卷有七篇文章，有人认为是出于墨子本人之手；第十二卷到第十五卷，基本是墨子关于如何攻守城池，主要是守备的方法，就是司马迁在《史记》里也提到的"善守御"。从这几卷可以看出，墨子非常精通守备城池的各种工程，比如修建城墙、使用云梯等。《备城门》里谈到如何构筑城门："故凡守城之法，备城门，为县门沉机，长二丈，广八尺，为之两相如。""三十步置坐候楼，楼出于堞四尺，广三尺，广四尺，板周三面，密傅之，夏盖其上。"前一句是说城门要设的机关——"沉机"，还有城门的规格，"长二丈，广八尺，为之两相如"，两相如的意思是两扇城门一样大；后一句说的是城上还要设突出城墙的观察楼——"坐候楼"。可见墨子对这些事情都了如指掌。

被认为是出于墨子手笔的那几篇文章中的四篇，即《经上》《经下》《经说上》和《经说下》，清末大学者孙诒让经过研究发现，其中包含了很多科学的内容，"以下四篇皆名家言，又有算术及光学、重学之说，精妙简奥，未易宣究"。孙诒让说，这几篇属于名家的言论（名家是春秋战国诸子百家中的一家），里面还谈到了算术、光学、力（重）学等，聊得很简要，又很深奥，不容易看懂。

究竟怎么"精妙简奥，未易宣究"呢？比如《经上》里有这么几句："平，同高也。""中，同长也。""厚，有所大也。""圆，一中同长也。""方，柱隅四欢也。""倍，为二也。"这些啥意思呢？第一句应该是平行线，"平，同高也"；第二句应该是指圆心，"中，同长也"；第三句是指厚度，"厚，有所大也"；第四句是指圆形，"圆，一中同长也"；第五句是矩形，"方，柱隅四欢也"；第六句是倍数，"倍，为二也"。这些基本

属于几何学的内容，也就是孙诒让说的算术。

而孙诒让说的光学主要包含在《经下》和《经说下》中。"临鉴而立，景到。""多而若少，说在寡区。""景，二光夹一光，一光者景也。""景光之人煦若射，下者之人也高，高者之人也下。足敝下光，故成景于下。""景，日之光反烛人，则景在日与人之间。""木正，景长小。大小于木。则景大于木，非独小也。"这些都是光学的内容，这些内容就像孙诒让说的，"精妙简奥，未易宣究"，很难看懂。不过即使看不懂具体的意思，却完全可以看出，墨子是在聊和光有关的各种现象，比如折射、反射、小孔成像等。

墨子聊的这些，如果拿到现在根本不算事儿，上过两年初中的小朋友都明白。不过 2400 年前聊这些，而且是一个中国人在聊，不是古希腊人聊，这就十分令人惊讶了！怎么和古希腊扯一块了？中国古代一直都不缺少通过观察和实践经验去认识自然、搞发明创造的人，就像李约瑟说的那样，中国"在公元 3～13 世纪保持一个西方所望尘莫及的科学知识水平"。但是中国古代搞发明创造的都是匠人，他们不具备古希腊式的理性思维，中国的匠人创造不出科学。什么叫古希腊式的理性思维呢？其实就是科学思维，科学思维可以从观察和经验中发现自然规律，自然规律是超乎观察和经验的。所以创造"希腊奇迹"靠的不是工匠，也不是经验，靠的是具有理性思维的，像泰勒斯、亚里士多德这样的希腊学者。像古希腊的泰勒斯："他从埃及人那里学了几何之后，第一个在圆周里面画出直角三角形……他观察到在某一时刻我们的影子与我们的身高等长，于是利用金字塔投下的影子测出了它们的高度。"[①]

中国古代却缺乏这样的学者，中国古代的学者也会观察，但是他们没有发现自然规律，却臆想出各种最后成为迷信的观念，比如"仰则观象于天，俯则观法于地……于是作八卦"，八卦得到的是什么呢？"初九，潜龙，勿用……九五，飞龙在天，利见大人"，这些不是客观规律。而此时此刻却冒出来一个墨子，这是不是太令人惊讶了呢？！

前面看到的是墨子的几何和光学，老先生发现的还不止这些，还有

---

① 第欧根尼·拉尔修. 2011. 名哲言行录（上）. 马永翔，等译. 长春：吉林人民出版社.

更令人惊讶的："力，刑之所以奋也。力，重之谓下，与重，奋也。"[①]"端，体之无厚而最前者也。"[①] 这几句啥意思？第一句墨子聊的是力，他描述的这个力不是力气的力，而是普遍存在于宇宙万物中的自然力，就是后来伽利略和牛顿研究的力学的力。后面一句是墨子提出的，构成宇宙万物的原子论——端。所谓"端"就是事物最前面的那个小东西，是不能再前、不能再小的东西，意思就是组成万物最基本的那个东西，把这个东西叫原子的是古希腊的留基伯，"留基伯第一个以原子为第一原则"[②]。

科学思维之光

从墨子的这些学问我们可以看到，与古希腊人相比，中国人一点儿都不笨。中国人只要具备独立思考和理性思维的能力，就可以创造出杰出的哲学思想、杰出的科学来。

咱们来看看墨子是怎么独立思考的，什么是理性思维。

先来看看墨子那些哲学理论是怎么产生的。刘安说墨子开始也是恭恭敬敬地读孔子的书，受孔子的教导。这个和大家都一样，但是有一点他和当时人们不一样，什么地方呢？那就是独立思考。当时大家都抱着《论语》摇头晃脑地背诵"君子务本，本立而道生，孝弟也者，其为人之本与"！孝悌的具体行为就是要厚葬，还要守孝三年。其他的人，包括孔子的"三千弟子、七十二贤人"，读了孔子这些话，没人会思考为什么孔子要说这些话，更没有人想这些话对不对。为啥不问也不想呢？因为大家都把孔子视为神一样的圣人，他说的话就是金科玉律，是至理名言，读书人只管把他的话逐字逐句背下来就可以了。不过墨子读了以后他问了，而且觉得不对。他认为这种没头没脑的孝悌是"靡财而贫民，服伤生而害事"。于是他提出了自己的主张，"尚贤""兼爱""节用""节葬"等。所以墨子的哲学出自他独立思考的精神。

那墨子的科学是从哪儿来的呢？在墨子生活的时代，关于几何、光学还有力学的神话、传说都还没编出来，墨子怎么会知道这些知识呢？

---

① 吴毓江. 2006. 墨子校注（上）. 孙启治点校. 北京：中华书局.
② 第欧根尼·拉尔修. 2011. 名哲言行录（上）. 马永翔，等译. 长春：吉林人民出版社.

难道也和伏羲一样，是看见"龙马负图出河，始作八卦"[1]，墨子创造几何、光学和力学，也是因为哪天夜里突然受到了上天的神启？其实如果读了《墨子》就会知道，墨子不但是个哲学家，提出了与众不同、和孔子不一样的"尚贤""兼爱"等哲学观念，同时他还是个"贱人"。这个"贱人"不但会木匠活，还会各种活计。墨子这个"贱人"在 DIY 各种具体事情的时候积累了很多经验。不过墨子没有把经验里得到的东西变成臆想和神话，而是变成了理性思维。什么是理性思维呢？理性思维就是从客观的个别事物和经验中发现事物的规律。于是具备理性思维的墨子和发现圆周里面可以画直角三角形的泰勒斯一样，发现盖房子时大门、窗户、廊柱等都有一对同高又平的组合，于是他告诉大家"平，同高也"；另外他还从经验里发现，无论是房子，还是方的柱子、方的桌子还有什么方形的物体，都是"方，柱隅四欢也"。"平，同高也"（平行线），"方，柱隅四欢也"（矩形）这些是已经脱离实际经验、脱离个别事物的具有普遍意义的概念，这些概念就是事物所具有的规律性，也就是科学。这些科学知识不需要神启，而需要脑袋瓜里有根理性的弦儿。

可是有个问题来了，既然 2400 年前的墨子都可以提出如此牛的各种哲学和科学理论，就算有些比古希腊晚，但是在墨子以后的中国文化里，怎么就没有产生科学呢？难道就是因为墨子的学问被打入冷宫一直得不到重视吗？墨子的学问被打入冷宫不受重视，可能是一个原因，但不是最主要的原因。那啥是最主要的原因呢？那就是中国文化从来不注意也没有人去研究圣贤们的思想。科学是从独立思考和理性思维里长出来的苗苗，独立思维和理性思维是产生科学的土壤，不懂得独立思考和理性思维，没有土壤，科学从哪儿长呢？

中国传统怎么不注意圣贤的思想，不懂得独立思考和理性思维呢？比如读圣贤书，中国从汉朝开始兴起读六经之风，到了南宋五经又发展为十三经。无论是读六经还是读十三经，有人会问为什么吗？比如大家都读过《论语》开篇的那句名言："学而时习之，不亦说乎？"谁会问为什么学而时习之就会不亦"说乎"吗？这个事儿几千年来，直到今天好像都没人问过（这个问题的答案不是这里要讨论的，想了解请在后面

---

[1]　徐文靖. 1986. 竹书纪年统笺//浙江书局. 二十二子. 上海：上海古籍出版社.

的章节里找）。这句话背下来很容易，但是不问为什么会知道孔子怎么想吗？肯定不知道。于是中国人就这么糊里糊涂地背着孔子的至理名言过了几千年。在这样的传统、这样的学习方式中，恐怕即使墨子没有被冷落，他的学问也未必会在科学的路上走下去，而墨子还十分不成熟的科学，却很可能会变成一些迷信的佐料。怎么会这样呢？咱们看看古希腊的科学是怎么玩出来的。

古希腊第一个被称为科学家的人是泰勒斯（公元前624～前547年）。泰勒斯出生在米利都。米利都在现在的土耳其西部，地中海东岸。泰勒斯还有两个学生：一个是阿那克西曼德（约公元前610～前545年），一个是阿那克西美尼（约公元前570～前526年）。这三位学者后来被称为米利都三杰，他们三个人的哲学被称为米利都学派。他们有啥大学问呢？我们来看书上怎么聊的："他是第一个观测过小熊星座的人，依靠它，腓尼基人有如在大道上航行……他看来是第一个研究天文学的人，也是第一个预言日蚀并确定冬至和夏至的人……据说他还第一个宣称，太阳的尺寸是太阳运行轨道的七百二十分之一，月亮的尺寸同月亮运行轨道的比例也是如此。他是第一个将每月的天数确定为三十日，而且有些人说，他也是第一个讨论物理学问题的人。"[1]这里聊的都是泰勒斯，那他的弟子阿那克西曼德如何呢？"他把无限者规定为原则或元素，而没有将之定义为空气或水或其他东西。他认为部分变化，整体不变；大地呈球形，处在中部，占据着中心的位置；月亮闪耀着借来的光，其光亮来自太阳；此外，太阳和地球一样大，由最纯净的火构成。他第一个发明了日晷、指时针……他还制造了时钟以报时。他第一个在地图上描绘大地和海洋的轮廓，此外他还制造了地球仪。"[1]泰勒斯另外一个学生阿那克西美尼，"他说基质是气，灵魂是气；火是稀薄化了的气；当凝聚的时候，气就先变为水，如果再凝聚的时候就变为土，最后就变成石头"[2]。

从前面那些记载可以看出，古希腊米利都学派的科学和墨子相比，并没有高明到哪里去。但是他们的思想却像接力棒一样，被后面的人接

① 第欧根尼·拉尔修. 2011. 名哲言行录（上）. 马永翔，等译. 长春：吉林人民出版社.
② 罗素. 2013. 西方哲学史. 何兆武，李约瑟译. 北京：商务印书馆.

过去传递下去了。这是怎么回事儿呢？"他的科学和哲学都很粗糙，但却能激发思想与观察。米利都学派是重要的，并不是因为它的成就，而是因为它所尝试的东西。他们所提出的问题是很好的问题，而且他们的努力也鼓舞了后来的研究者。"①米利都学派虽然不是万世师表，但是他们把独立思考和理性思维的接力棒留下了，于是传递下去，直到科学之光逐渐升起。

所以在古希腊，泰勒斯就算是个最伟大、最牛的科学家，他也不会是万世师表。"他们没有任何要保护'先哲古训'的想法。希腊给这个世界带来了一股新的力量，那就是个人倾向和成见必须要服从于真理的观念。"②西方人不会为他建立一所所泰勒斯学院。发现科学的真理是随着人们对宇宙、对大自然不断深入的观察和认识，不断发展、不断进步的过程，科学真理、科学规律不是金科玉律，更不是教条。所以就算哪个泰勒斯的脑残粉建立了泰勒斯学院，他的科学照样也会变成垃圾。

所以在中国传统中，即使墨子的学问没有被打入冷宫，他关于几何、光学和力学的说法，也会像背诵孔夫子的至理名言一样，被学生们逐字逐句地背下来，谁也不会去问墨子这些几何、光学和力学的说法是怎么来的。《淮南子》里说的，墨子"学儒者之业，受孔子之术，以为其礼烦扰而不说，厚葬靡财而贫民，服伤生而害事，故背周道而用夏政"，这些话里包含的墨子思想变化的原因是什么，也不会有人去问，而只是把这段话作为一个故事讲给大家听。墨子作为圣贤之一，他的思想不被人理解和认识，科学也不可能自己长出来。

传统的中国文化缺乏独立思考、理性思维的精神，所以即使墨子没有被打入冷宫，中国传统文化也不太会有可能让科学的种子发芽。

---

① 罗素. 2013. 西方哲学史. 何兆武，李约瑟译. 北京：商务印书馆.
② 依迪丝·汉密尔顿. 2014. 希腊精神. 葛海滨译. 北京：华夏出版社.

第三章　古书浩如烟海

中国浩如烟海的古籍里，值得一读的其实不是很多。有人做过统计，统计结果听起来很伤咱们中国人的自尊：中国像《易经》《论语》《老子》《墨经》《黄帝内经》《天工开物》《梦溪笔谈》和《本草纲目》，以及唐诗、宋词这样具有原创性又有可读性的书籍不超过1000种。

书海寻源

读书人这个称呼在中国应该是一种尊称，而且不带有等级贵贱的区别。一个人无论是当官的还是老百姓，无论是穷人还是富人，如果这个人还被称为读书人，这个人就肯定是个有知识、有涵养、懂礼貌、讲规矩的人。为啥一定要叫读书人呢？也许因为大家认为知识、涵养还有礼貌、规矩等，都是通过读书得到的。因此书在中国也是非常受重视的，所谓"书中自有黄金屋，书中自有颜如玉"。意思就是只要读了足够多的书，就可以得到官职，娶上漂亮的太太。虽然大多数人并没有因为读书而混上一官半职，娶的老婆也没有绿林好汉或者山大王的压寨夫人那么漂亮，但读书仍然是古代中国老百姓实现理想的唯一途径。

中国是一个文明古国，中国人对书又如此重视，在几千年的历史中保存和流传下来的书籍非常多，可谓浩如烟海。不过浩如烟海这个概念比较模糊，到底怎么浩如烟海，确实值得考据训诂一下。中国历史上到底有多少书流传到了现在呢？这个数字似乎还没有人准确地统计过，而且也基本上无法统计。不过从一些图书馆公布的馆藏古籍数量中可以了解一个大致的情况。国家图书馆的官方网站上这样说："馆藏有27万余册中文善本古籍，其中宋元善本1600余部；164万余册普通古籍。"[1]北京大学图书馆官方网站显示："收藏古籍约150万册，其中善本约20万册。"[2]复旦大学图书馆是"善本书7000余种，古籍近6万册"[3]。只这几个图书馆就有如此多的古籍，动辄十万、百万级，中国还有很多其他藏有古籍的图书馆，那加在一起看来也只能用浩如烟海来形容了。

什么叫善本呢？想知道啥是善本也要稍微训诂一下。善本这个概念，一是从书抄写或者刻印的时间角度（古时候没出版社，所以没有出版时间）而言的，从宋朝开始（公元960～1279年）到清乾隆六十年

---

① 国家图书馆官方网站，www.nlc.gov.cn。
② 北京大学图书馆官方网站，www.lib.pku.edu.cn/portal。
③ 复旦大学图书馆官方网站，www.library.fudan.edu.cn。

（1795年）止，时间跨度最长800多年。第二是书的价值和保存得是不是完好，没有价值的、残破的书不能称为善本，只能归于普通古籍中。

中国是从什么时候开始有书的呢？中国有近5000年的文明史，有记载的历史大约不到3000年。所谓有记载其实就是那会儿有了文字，后来又有了书。中国历史上第一本书是哪一本，这件事似乎也没个谱。加上我们今天看到的书是经历了一个演变过程的，前面说过，最早的文字记录是甲骨文，那还不能叫作书。后来有了竹简，竹简应该算是最早的书了，因为竹简上已经可以刻上或者写上完整的文章了。接着出现了一种非常高级的书，那就是帛书。帛书有点像现在的豪华精装本，而且比豪华精装本还要昂贵，帛书每个字都是写在贵重的丝绸上的。不过这些古代的文献由于太珍贵了，不可能放在当当网或者图书馆让大伙买来或借来瞎翻。要想看看帛书，就要钻进博物馆恒温恒湿的地下书库，看的时候估计旁边还要站着个膀大腰圆的保安。

流传下来，还能让大伙看到，据说最早的一本书是《尚书》，《尚书》的意思是"上代以来的书"。《尚书》分为虞、夏、商、周四书，一共有58篇文章，是一本记载了1500多年历史的史书。这本书可能是上古时代的书记官给帝王们写的各种纪要。比如现在的秘书对董事长、CEO、CFO等高层领导开会时说的话、发布的命令、给员工的训话、指示或者在大会上的发言（典、谟、训、诰、誓、命）等的记录。后来被孔老夫子统统编辑了一下，于是一本举世无双的《尚书》就出炉了。这本书可是一件宝贝，不过当年那些书记官们万万没想到的是，几千年以后居然还会有人看他们这些纪要，后悔当初没有写得通俗点。因为写得不够通俗，所以除了研究古文的行家，现在估计没几个人能看明白。

还有一本没几个人能看明白的书就是《易经》，这本书的时代比《尚书》稍微晚一点。《易经》是一本算命的书，现在大家都知道的"八卦"就来自这本书。《易经》探讨了自然中的各种事物，而且认为这些事物都与人的生老病死、旦夕祸福有关，所以"天垂象，见凶吉"。西方学者在了解了《易经》以后，发现了《易经》在哲学上的意义，对于八卦的图形，黑格尔这样说："那些图形的意义是极其抽象的范畴，是最纯粹的理智规定。中国人不仅停留在感性的或象征的阶段，我们必须注意——他们也达到了对于纯粹思想的意识……"①德国大数学家莱布尼茨还认为,八卦就是数学中的二进制。这些说法是西方哲学家通过理性的思考得到的,是西方哲学家对《易经》的解读,而且确实也是《易经》在算命以外的高妙之处。可是,中国人自古以来只是拿着《易经》,掐着手指头去算风水、相命和占卜,并不知道《易经》里还探讨过哲学和二进制。

《易经》里还提到另外两本书,一本是《连山》,一本是《归藏》,这两本书加上《易经》统称为《三易》。不过《连山》和《归藏》据说在唐代都失传了。1993年考古学家在湖北江陵的王家台一座秦代的墓葬里发现了大量竹简,其中有很多是关于《归藏》的,但因为保管不善,全都烂掉了。

流传下来的古籍都大致写了些什么内容呢?按照清代编纂的《四库全书》,中国的古籍可分为经、史、子、集四大类。其中比较重要,在几千年的中国传统文化中具有代表性的应该算是经、史两类,有所谓十三经、二十四史等。这些经、史囊括了中国的大部分文化精髓,也是国学中最重要的部分。

十三经就是前一章聊过的从汉朝六经发展而来的儒家经典,包括《易经》《尚书》《诗经》《周礼》《仪礼》《礼记》《春秋左传》《春秋公羊传》《春秋谷梁传》《论语》《孝经》《尔雅》和《孟子》。这十三本"经"是孔夫子和儒家先辈的著作,是他们对这个世界的认识和理解。这里的"经"不是庙里和尚们念的那种"经",而是圣贤们的经典。只不过这些经典自从成了经以后,无论是小学生还是老大爷,念起来也跟和尚念经的味道差不多,连念带唱,还要摇头晃脑。

"史"就是像《史记》那样,由历代书记官记录的关于各个时代的历史,一直延续到清朝。记录的史实延续了几千年,如此浩大的工程,是全世界绝无仅有的,也是中国历史的见证。这些史书主要是关于各个时代帝王将相的传记或者事迹,用现在的话说就是董事长、CEO或者CFO等大领导,起码也是部门经理这一级的传记,蓝领阶层包括普通白领的那点事儿基本不涉及。比如《史记·项羽本纪》:"项籍者,下相人

---

① 黑格尔.2014. 哲学史讲演录. 贺麟, 王太庆等译. 北京: 商务印书馆.

也，字羽。初起时，年二十四。"云云，项羽是当年敢于和秦军叫板、叱咤风云的猛士，号称西楚霸王，绝非平头百姓。

胡适先生有那么一阵子特别不喜欢中国的传记，他说："两千年来，几乎没有一篇可读的传记。因为没有一篇真正写生传神的传记，所以两千年中竟没有一个可以教人爱敬崇拜感发兴起的大人物！并不是没有可歌可泣的事业，只是被那些谀墓的死古文骈文埋没了。并不是真没有可以教人爱敬崇拜感慨奋发的伟大人物，只是都被那些滥调的文人生生地杀死了。"[1]看样子胡适先生是恨透了文言文，尤其是骈文，不愧是力主白话文的一员猛将。骈文是魏晋以来兴起的一种文风，讲究文字的句式、对仗、华丽辞藻等，却内容空泛，如同文字游戏，没有血肉。

经、史、子、集的"子"，就是除了孔夫子的儒家以外，先秦各家的著作，比如《老子》《庄子》《墨子》《孙子》《荀子》和《韩非子》等；还包括后代一些学者的著作，比如南北朝刘勰的《文心雕龙》、北宋沈括的《梦溪笔谈》；此外中国古代医学、算学、兵学、天学、农学等各种属于古代科学技术的著作等也都属于子类。

而"集"就是《楚辞》《唐诗》《宋词》和《文选》等这样的诗集文集。

在流传下来的众多古籍中，有一类比较特别，应该属于中国特色，那就是可能有成千上万部书都是为一本书所作的解释，比如为《周易》或者《论语》作注释。自古以来写这样的书是学者们的顶级追求，几乎所有著名学者都给《周易》或者《论语》作过注。这样的书一般书名后面都会加个注、本义、说解、丛考、治要、批注、解义和闲话等。为什么这么多人都去解释一本书呢？这就与中国古代文人治学的态度有关了。中国古代文人治学最大的特点，也是文人最大的追求就是对古代圣贤，主要是春秋战国时期儒家的著作玩考据训诂，这样的态度一直延续到近代。那么几千年来的考据训诂，对圣贤的思想都有什么认识，踩在圣贤们的肩膀上又走出多少新的圣贤、新的哲学家呢？咱们来看看。

从汉朝以后的三国时代一直到近代，很多大学者都对《易经》作过

① 胡适.2009.丁文江传.北京：东方出版社.

注。经过大学者作注的《易经》，里面那些神秘信息会有啥变化、进步和发展吗？下面我们来看看三位著名学者对《易经》"坤卦"的几句彖文是如何解释的。首先什么是乾和坤呢？这是中国古人不知什么时候发明的概念。《易经·说卦》里是这么解释的："乾为天，为圆，为君，为父，为玉，为金，为寒，为冰，为大赤，为良马，为老马，为瘠马，为驳马，为木果。坤为地，为母，为布，为釜，为吝啬，为均，为子母牛，为大舆，为文，为众，为柄，其於地也为黑。"（这么乱，又毫无逻辑的堆砌起来的词儿，都是啥玩意儿？请原谅中国古人，那时候除了墨子懂逻辑，其他包括孔子、老子、庄子、孟子在内的人可能还不懂啥叫逻辑）那什么是"彖"呢？按照司马迁的说法："孔子晚而喜易，序彖、系、象、说卦、文言。"[1]意思是孔子晚年开始喜欢读《周易》，为《周易》写了彖、系辞、象、说卦、文言。这些都是给《周易》里的内容作的解释，彖是其中之一。《周易》是周文王作的，其中只有卦，而加上孔夫子的彖、系辞、象、说卦、文言，就叫十翼，有了十翼的就不叫《周易》，而叫《易经》了。

孔子怎么为坤卦写彖呢？"彖曰：至哉坤元，万物资生，乃顺承天。"
咱们来看大学者是咋解释的。

第一来看三国时代魏国大学者王弼（公元226～249年）。他为《易经》作的注可能是流传下来最早的一部《易经》注疏。他对这段彖文的注释是这样的："'至哉坤元'者，叹美坤德，故云'至哉'。'至'谓至极也，言地能生养至极，与天同也。但天亦至极，包笼於地，非但至极，又大於地。故言乾言'大哉'，坤言'至哉'。"这些话都啥意思呢？别着急，咱们慢慢地读。他先解释了啥叫"至哉坤元"。他说，这句话是在赞美"坤"的美德。"至哉"的"至"字是指极致，意思是坤，也就是代表"地、母，布，釜，吝啬，均，子母牛，大舆，文，众，柄，黑地"等的坤，可以供养万物到极致，"与天同也"，和天是一样的。后面几句他又解释了一下乾和坤的不同。他说，虽然坤"与天同也"，和天一样，但是坤还不是天，天更大，更极致。天是啥？"乾为天，为圆，为君，为父，为玉，为金"也，天是乾，所以"大哉乾元"，而坤就是

---

① 司马迁. 2008. 史记·孔子世家. 韩兆琦主译. 北京：中华书局.

"至哉坤元"嘞。老先生文绉绉地把"大哉"和"至哉"的不同如此解释了一通，这就是传说中的咬文嚼字吧？接着他又解释何为"万物资生"："万物资生者，言万物资地而生，初禀其气谓之始，成形谓之生。乾本气初，故云资始，坤据成形，故云资生。"他说"万物资生"就是说万物是从地上长出来的，"言万物资地而生"。那万物靠啥才长出来的呢？"初禀其气谓之始"，"初禀"的意思就是开始，开始是因为有一口气，这口气就是万物生长的开始；"成形谓之生"，万物有了形儿，就叫作"生"；"乾本气初，故云资始"，那口气儿是从乾那儿吹出来的，所以乾叫资"始"；"坤据成形，故云资生"，坤是让万物有了形儿，所以就叫资"生"也。又扯出个"资始"和"资生"的区别。王弼生活在骈文兴起的时代，他倒是没有受骈文的影响，还懂得用比较的方法来说明问题。但他咬了半天文，嚼了半天字，仍然还是文字游戏，这些"大哉""至哉""资始""资生""气儿"和"形儿"等，毫无实质内容，全都是空洞的臆想，和客观世界毫无关系，和哲学也不沾边。

900 多年以后，宋朝从北宋变成了南宋，南宋有个大儒叫朱熹（1130～1200 年），他也给《易经》作了一注，名为"周易本义"。咱们看看朱熹的解释是不是有点啥新意。对于孔夫子给坤卦作的象，在《周易本义》里朱熹这样写道："此以地道明坤之义，而首言元也。至，极也。比大義差缓。始者，气之始。生者，形之始。"①朱熹啥意思呢？他说，象里说得很明白，这里用大地说明了坤的含义，"此以地道明坤之义"；"而首言元也。至，极也。比大義差缓"，意思是，这里先用元字来解释，元字的意思就是极致，元字和大字比较，大要差一点，"比大義差缓"。接下来"始者，气之始。生者，形之始"的意思是说，"始"的意思是最初的气儿的开始，"生"的意思是已经成形的万物的开始。这里朱熹和王弼一样，都在纠缠大呀、至呀、元呀、资始、资生、气之始、形之始等字义上的差别，他们觉得这样解释"大哉乾元"和"至哉坤元"的不同，就是大学者该干的事儿了。从王弼到朱熹，《易经》被研究了 900 多年，朱熹的解释和王弼一模一样，毫无新意，中国更没有因为《易经》的研究而出现一个新的思想家、新的哲学家。王弼和朱熹

---

① 朱熹.2009. 周易本义. 廖名春点校. 北京：中华书局.

俩大学者，只是在咬文嚼字，说一些四六不靠的车轱辘话。

第三个学者是近代的尚秉和先生（1870～1950年），尚先生写了一本《周易尚氏学》。其中也有对那句坤的象言的解读："何休公羊传元年注云。元者气也。万物资坤元以生。"[①] 尚先生啥意思呢？他说，从公羊传的注解可以知道，宇宙都开始于元气，万物由元气而生；"元者气也"。世间万物是坤在元气的基础上产生的，"万物资坤元以生"。

中国没有出现过科学的接力赛，但是中国学者玩考据训诂，却是一场延续几千年的接力赛。玩《易经》的考据训诂这场接力赛第一棒的是三国的王弼。100年以后东晋的韩康伯（大约公元350年）接过王弼的接力棒，给《易经》作了注。又过了200年唐朝来了，唐朝大儒，孔子31世孙孔颖达（公元574～648年），接过韩康伯的接力棒，在王弼和韩康伯《易经》注的基础上又写《周易正义》。然后过了600年左右朱熹来了，他又来了一本《周易本义》。接力棒传到20世纪初，尚秉和老先生来了，《周易尚氏学》隆重登场。从王弼到尚秉和，这场接力赛跑了1701年。可是所有的人对这几句象文的解释，都离不开元气、至极、资始等臆想出来的东西，完全无视人类对宇宙万物认识的进步。这种永远不会进步，永远自我陶醉、原地踏步的接力赛，学问再大，书写得再多，再浩如烟海，对人类文明的进步会有什么意义和价值呢？

所以中国浩如烟海的古籍，值得一读的其实不是很多。有人做过统计，统计结果听起来很伤咱们中国人的自尊：中国像《易经》《论语》《老子》《墨经》《黄帝内经》《天工开物》《梦溪笔谈》《本草纲目》，以及唐诗、宋词这样具有原创性又有可读性的书籍不超过1000种。也就是3000多年来所有古籍中，只有几十万分之一的书属于值得一读的原创作品。

怎么这么少呢？我们来看看被称为旷世大典的《永乐大典》。这是明朝万历皇帝组织了100多人的编辑部，花了十几年时间编纂的一大套中国经典集。"凡书契以来经史子集百家之书，至于天文、地志、阴阳、医卜、僧道、技艺之言，备辑为一书，毋厌浩繁！"这是《永乐大典》序言里写的，啥意思呢？就是说，这部《永乐大典》是从中国有书契（书

---

① 尚秉和.1980. 周易尚氏学. 北京：中华书局.

契就是契刻文字）就是有甲骨文以来（其实没那么早），到明朝永乐年间（约公元前 300～公元 1400 年）的经史子集百家之书，其中包括天文、地志、阴阳、医卜、僧道、技艺之言，不厌浩繁，编成的大典也！这部大典到底有多少部书呢？22 937 卷也！够厉害吧？不过仔细再去看，首先这 22 937 卷里有目录 60 卷，这样大典里收集的书就剩下 22 877 卷了。中国古代学者写一部著作，少则一两卷，像《论语》一卷，老子《道德经》是上下两卷；多则几十卷，像《庄子》24 卷，《吕氏春秋》26 卷，《黄帝内经》36 卷。除了《论语》是一卷，《道德经》是两卷，这 2 万多卷加起来估计能有几千部著作，而几千部著作里又有多少是各位大儒、大学究给《易经》《尚书》《论语》《道德经》《庄子》和《孟子》作的注呢？这么一算，原创书还能剩下几本？看来只有 1000 本值得一读的原创书，还真不是夸张。

缺乏原创

如此浩繁的古籍里为什么只有这么一点原创作品呢？文化人儿的创新精神都跑哪儿去了呢？

关于中国缺少创新这个问题，有一位著名的学者认为，第一是集权制度（被他称为封建官僚制度）的原因。这种制度的好处是整个国家可以做到劲儿往一块使，只要皇帝一声令下，就可以举全国之力，完成超级大项目，比如修长城、修大运河等。坏处也是因为全都是皇帝一个人说了算。如果皇帝喜欢玩，有创新的念头，那么那个时代也就会出现一些玩家和创新人物。比如东汉汉章帝就是一个比较朴素开明的皇帝，主张"与民休息""好儒术"，他还喜欢书法，其草书被后代称为"章草"。除了汉章帝外，后来的汉明帝时期还出现了像王充、张衡等这些中国历史上著名的大学者。可中国历史上大多数，甚至几乎所有皇帝都非常在意自己的权力，即使自己喜欢在宫里玩，也不许老百姓随心所欲地玩，老百姓甚至连说话都要被限制。因此在说错了话都要坐大牢的时代，民间即使有玩家玩出什么新观念，也很难传播给大众，创新精神彻底被压制。

第二是地理的原因。中国的疆土由于被北边的大漠、西边不可逾越的高山、东边和南边的大海包围着，外界对中国的威胁比较小。这样的地理位置，好处是国泰民安，蛮夷之人别想随便就溜进中国欺负咱；坏处是中国人对外面的世界毫无了解，大山西边的洋人在玩什么基本不知道，有如井底之蛙。其实中国在历史上与外国的交流还是有的，比如考古发现证明铁器就是从西域那边传来的。不过这种交流并非中国主动，都是外国人送上门来的。汉朝张骞出使西域的目的是联合那里的大月氏人一起打匈奴，大月氏的风俗习惯对中国的老百姓没发生任何影响，中国的裁缝根本不知道大月氏人流行什么式样的衣服。在张骞开辟的丝绸之路上往来的，基本上都是骑着骆驼的阿拉伯倒爷，很少能见到中国人的身影。唐僧取经的故事大家都知道，但历史真实情况根本不是唐王御准西天取经那么美好，而是一个叫玄奘的和尚不满足粗制滥造的佛经译本，想要西行求取真经，而唐太宗拒绝给他办签证！玄奘最后没有办法冒险偷渡出境。可见当时社会对与世界交流的抵触。好不容易取来的佛经，经过中国人的改造，连编造佛经的印度师傅都不认得了。没有与外界交流的兴趣，固守一片土地，这样的文化缺少创新精神也是一种必然了。

这里所谓的封建官僚制度是指秦朝建立以后实行的制度，而不是之前《封神榜》里说的武王伐纣以后西周建立的那种世袭的封建领主制度。秦汉以后，一直到清末，这2000多年的时间里一直实行的就是这种封建官僚制度。汉武帝"罢黜百家，独尊儒术"以后，中国文化进入一元化的时代，儒家经典是读书人的必读书，其他各家的学说一概不是正统。儒家圣贤说的话就是权威，就是金科玉律，连皇帝老子都不敢对圣贤们有半点疑问。连像北魏、辽、金、元、清等本来不受儒家教诲的鲜卑、契丹、女真、蒙古族、满族，在进驻中原得到政权以后，也都逐渐投入儒家的怀抱。皇帝如此，所有的读书人对孔夫子的哲学那就只有更加崇拜，到处都建起孔庙，孔夫子被尊为"先师""先圣"和"万世师表"，谁还有胆量小看或者怀疑圣贤？其他百家之书只能当闲书看看。

这样，读书人除了对先师、万世师表顶礼膜拜以外，就是一个劲儿地埋头给圣贤书作考据训诂。于是2000多年来绝大多数的读书人把一生的精力都放在不断揣摩和研究圣人们说的每一句话，甚至每个单词是什么意思，来自什么典故上面，即使他们研究的是非正统的百家之书，比如《老子》《庄子》和《韩非子》啥的，也是如此，忙得不亦乐乎。两耳不闻窗外事，一心只读圣贤书，读了一辈子书、做了一辈子学问，学富五车、满腹经纶。而没有时间去独立思考，去玩具有原创思想的著作，结果原创的又有可读性的书籍不超过1000种。

这么说来，我们本来认为浩如烟海的文化古籍、博大精深的中国文化，就那么不好玩，那么迂腐，都是糟粕吗？其实放眼世界，哪个文明古国不仅文化博大精深，又有浩如烟海的古籍呢？哪个文明古国不是从原始、荒蛮，经过不断的努力和奋斗，不断进步、不断发展，才最终走向文明的今天的呢？在不断进步、不断发展的过程中，只有时刻去发现自己的不足，发现自己的缺点，才会懂得今后如何去改正，如何更好地发展和进步，所谓"知不足，然后能自反也"①。而夜郎自大、自吹自擂，只会让自己停止思考，妄自尊大，从而停止进步。给自己的古代文化冠以浩如烟海、博大精深等高帽，其实是给自己戴上了停止思考、自高自大、不懂自省的枷锁。所以只有以批判的思维理性地去看待和思考中国的古代文化，我们才有可能从中国古代文化里发现中国人曾经的智慧。

胡适先生在谈整理国故的时候这么说："'国故'包含'国粹'，但它又包含'国渣'。我们若不了解'国渣'，如何懂得'国粹'？"②他还说："这300年之中（他是指从明末开始的，中国学者的文化反思），几乎只有经师，而无思想家；只有校史者，而无史家；只有校注，而无著作。"何止300年，中国几千年文化里又出过几个像苏格拉底、柏拉图、培根、笛卡儿、伏尔泰、康德、黑格尔、马克思这样引领人类文明大踏步前进的思想家呢？可以说几乎一个都没有！这样的国故、国学再不用理性和批判的思维彻底梳理一下，就像胡适说的那样："国学还是沦亡了更好！"②

那怎么才算是理性和批判的思维呢？

就拿我们最尊敬的孔夫子来说吧，孔夫子的学问，以及他的哲学主

---

① 王文锦. 2001. 礼记译解（上）. 北京：中华书局.
② 胡适. 2015. 胡适文存. 上海：上海科学技术文献出版社.

要留在一本书里，这本书就是《论语》。《论语》是一本不到两万字的书，这本书里有许多至理名言，看上去对于我们这些后生做人做事都很有益处。比如关于礼节和仁义道德的——"礼之用，和为贵""克己复礼为仁"；关于不同年龄的——"三十而立，四十而不惑，五十而知天命，六十而耳顺，七十而从心所欲不逾矩"；关于学习态度的——"敏而好学，不耻下问"；关于做生意的——"欲速则不达，见小利则大事不成"；关于烹饪的——"食不厌精，脍不厌细"；关于退休以后的——"不在其位，不谋其政"；关于女人的——"唯女子与小人为难养也"；关于死人的——"鸟之将死，其鸣也哀，人之将死，其言也善"。《论语》的结语是："不知命，无以为君子；不知礼，无以为立；不知言，无以知人也。"这些至理名言和道德训诫，一直到现在还在被大家传诵。孔夫子说得对吗？咱们来看看别人怎么评价的，别人是谁？

明朝万历年间（1583年）从意大利来了一位著名的传教士利玛窦，他来中国以后就再也没有离开，在中国生活了27年，1610年去世，他的墓地在北京。在中国生活期间他写了很多日记和见闻，就是后来出版的《利玛窦中国札记》。在这本书里他这样评价中国的哲学和孔夫子："他们没有逻辑规则的概念，因而处理伦理学的某些教诫时毫不考虑这一课题各个分支相互的内在联系。在他们那里，伦理学这门科学只是他们在理性之光的指引下所达到的一系列混乱的格言和推论。"[①]

利玛窦这些话啥意思呢？"这一课题各个分支相互的内在联系"是什么意思？这里所谓"各个分支相互的内在联系"，就是指逻辑学中概念的内涵和外延的关系。所谓一个人说话逻辑性强，一般就是指这个人谈话，会沿着一个适当的内涵和外延进行，比如聊苹果，可能会聊到果树，还可能聊到植物，也可以聊生物，因为这些事物的概念内涵和外延是相容的。如果一个人说话一会儿说爸爸、一会儿说石头，然后又扯到苹果，这样说话的人属于东一榔头西一棒子，是没有逻辑性的。而孔夫子的《论语》里，大部分都是这种东一榔头西一棒子的话。咱们中国人读孔夫子的书，出于对孔子的崇拜，看不出其中没有逻辑。而利玛窦是外国人，他不是崇拜，而是以客观的态度读《论语》，于是《论语》的

① 利玛窦，金尼阁. 1983. 利玛窦中国札记. 何高济，王遵仲，等译. 北京：中华书局.

逻辑性问题被他发现了。

"在理性之光的指引下所达到的一系列混乱的格言和推论。"又是什么意思呢？这句话用现在的话说就是心灵鸡汤，《论语》里的每一句格言都像一碗一碗的心灵鸡汤。什么是心灵鸡汤呢？就是某件事物看上去最好的答案，比如"欲速则不达"。那么这句格言不对吗？一部分的确是对的，但世间的事物却没有那么简单，怎么个不简单法呢？就是利玛窦说的"这一课题各个分支"。世界上发生的每一件事情，再简单都可以是一个课题，这个课题会有很多分支。只有充分地对各个分支之间"相互的内在联系"有所了解，才会对事物做出合理的和正确的判断。而无视"课题各个分支相互的内在联系"，只是从某一个分支去看，可能欲速不达是对的，但各个分支综合起来，也许需要的就不是欲速不达，而是兵贵神速了。

《论语》里的至理名言，大都是没有对事物做出任何分析、任何论证听起来似乎很有道理的心灵鸡汤，所以被习惯于独立思考判断事物，而不是喝鸡汤长大的利玛窦说成是"在理性之光的指引下所达到的一系列混乱的格言和推论"。

不过对于孔夫子，利玛窦并不是一概否认，一棍子就把孔夫子打回原始时代。他在说过上面的话以后又如此评价道："中国哲学家之中最有名的叫孔子。……的确，如果我们批判地研究他那些被载入史册中的言行，我们不得不承认他可以与异教哲学家（这里是指所有非基督教的哲学家——作者）相媲美，而且还超过他们中的大多数人。"[①] 利玛窦在这里提到了批判。所以运用批判思维，批判地研究孔夫子，批判地研究中国古代文化，才是正路，才能像胡适先生说的那样，把国粹和国渣梳理出来，才能从中国古代文化中发现真正有价值的财富。300 多年前一位意大利传教士都懂得批判精神，如今的我们就更不能忽略掉批判精神，批判精神才是人类文明进步真正的动力。

那怎么才能从孔夫子这些至理名言中去发现更有价值的东西呢？如果不是以考据训诂的方法，而是用历史的眼光去看，那么我们就会发现，孔夫子这些看似毫无逻辑的至理名言，会透露出一种思维和精神，

---

① 利玛窦，金尼阁. 1983. 利玛窦中国札记. 何高济，王遵仲，等译. 北京：中华书局.

啥思维和精神呢？就是我们现在所说的理性思维和创新精神。孔夫子也有理性思维和创新精神吗？我们试想，在 2500 多年前，能够总结出如此高妙的做人做事的伦理学名言的人，如果不是花几十年间如同一只"丧家犬"①那样，周游列国，在游走的过程中，仔细地观察各国的社会、政治及文化现象，并且经过认真的理性思考，他有可能总结出那些至今还味道十足的心灵鸡汤吗？孔夫子这些心灵鸡汤如果不是从别人那里拿来加热一下，而是他自己辛辛苦苦熬出来的，这不就是一种创新精神吗？所以如果不去考据训诂，而是从历史的角度，从司马迁满怀深情地在《史记·孔子世家》中讲述的孔子的人生经历和坎坷人生去看、去分析，孔夫子就是中国 2500 年前的一位伟大的创新者！在已经失去秩序、失去公平的春秋时期，疾恶如仇而又温文尔雅的孔夫子，的确算得上是一位具有优美品格的圣人。只是孔夫子没想到，他琢磨出来的解决方案，也就是他克己复礼的理想，并非创新，而是倒退。当然，没能为未来世界设想出一个全新的解决方案，也不是孔夫子的错，毕竟他生活在 2500 多年前，那时的人们对自然、对人类社会还没有像今天这样的认识。

　　尽管如此，如果我们换一种思考方式，那也许孔老夫子是这样对我们说的："孩子们，我啰啰唆唆写了一万多字，可不是想让你们把我那些絮絮叨叨的话，当成至理名言，当成金科玉律，当成鸡汤喝。我是想告诉你们：首先，像我一样仔细地、认真地去观察，哪怕像一只丧家犬一样；接着，用你们自己的脑子去思考，然后你们就会像我一样，从你们自己的脑袋瓜里得到属于你们自己的至理名言，属于你们那个时代的真理。"可是 2500 年来，根本没有人听到孔老夫子这些话，谁也没发现，孔夫子絮絮叨叨的"废话"背后还有理性思维和创新精神，大家只知道一个劲儿摇头晃脑地背诵孔夫子絮絮叨叨的"废话"，背诵了 2500 年，还把"废话"都当成了金科玉律，当成鸡汤喝个没完。

　　而欧洲的哥白尼和伽利略，他们的《天体运行论》和《关于托勒密和哥白尼两大世界体系的对话》，就是对他们之前 1400 多年的圣人亚里士多德和托勒密思想体系的重新思考和批判。他们没有死守着亚里士多

---

① 孔子当年背井离乡，四处游说，难免颠沛流离，因而被一个郑国人讥讽为"丧家犬"，孔子得知后，不仅没有反驳，还大度且不无自嘲地说："对极了。"司马迁. 2008. 史记·孔子世家. 韩兆琦主译. 北京：中华书局.

德和托勒密 1400 多年前的方法和结论，而是学习和继承了亚里士多德和托勒密认真观察和思考的理性思维精神，于是近代科学就在批判的继承中诞生了。人类的进步从来都是在批判、扬弃和创新的精神里得到动力的。

不过，如果汉武帝没有"罢黜百家"，中国历史上再能出现几个具有批判和创新精神的读书人，那么就像前面提到的那位著名学者说的，"情况将会完全不同。那将是中国人，而不是欧洲人发明科学技术和资本主义。历史上伟大人物的名单里将是中国人的名字，而不是伽利略、牛顿和哈维等人的名字"。他甚至说，如果是那样，将是欧洲人学习中国的象形文字，以便学习科学技术，而不是中国人学习西方的按字母顺序排列的语言。

可为什么这位学者说的没有成为现实呢？就是因为欧洲的伽利略、牛顿、哈维这些科学巨人，他们没有抱着古希腊的经典去顶礼膜拜，玩考据训诂，他们站在了巨人的肩膀上，以批判和创新的精神玩出了新的科学、新的科学思想。

皈依中国的洋教授

说前面那些话，而且如此深刻地认识中国让我们这些中国人都感到汗颜的著名学者是谁呢？他就是前面很多次提到过的李约瑟先生，他是一位黄头发蓝眼睛的标准英国佬。他写了一部关于中国古代科学的著作《中国科学技术史》（*Science and Civilization in China*），在他以前，中国还没人写过中国人自己的科学技术史。这部 7 卷 32 册的巨著，是凭着李约瑟在中国各地游历考察，研读和收集了大量的古代科学资料，对中国古代科学发展的历史所做的非常出色的研究结晶。经过几十年的研究，李约瑟的结论是："一个拥有如此伟大的文化的国家，一个拥有如此伟大的人民的国家，必将对世界文明再次做出伟大贡献"。[①] 这本书改变了西方人在历史上对中国对世界科学的贡献的蔑视态度和偏见。

很有趣的是，李约瑟开始并非一个历史学家，他原来是剑桥大学一位生物化学家。他 1932 年发表的《生物化学与形态发生》和 1939 年发

① 李约瑟. 1975. 中国科学技术史. 北京：科学出版社.

表的三卷本《化学胚胎学》，已经让他在生物化学界具有相当的学术地位，1941 年他当选英国皇家学会会员。可这么一个英国的生物化学家怎么会对中国古代的科学如此感兴趣呢？这还要感谢一位贤良的中国女性——鲁桂珍。

鲁桂珍是谁呢？鲁桂珍是剑桥大学的一位来自中国的女博士生，和现在大量的女博士一样，是去插洋队的。鲁桂珍出生在南京，毕业于南京金陵女子大学。抗日战争初期，鲁桂珍的未婚夫（据说是飞行员）战死沙场，马革裹尸，悲痛欲绝，从此断了结婚的念头。1937 年她远赴英伦留学，决心献身科学事业。

在剑桥大学，鲁桂珍在李约瑟妻子多萝西门下攻读博士。多萝西也是剑桥大学的生物学家、英国皇家学会会员。据说有一次鲁桂珍敲多萝西的门，开门的却是一位身材高大、英俊潇洒的中年男子，两人四目相对、相互放电，于是一场中西文化的碰撞开始了。鲁桂珍虽然算不上美人儿，但她小巧玲珑、性格活泼，深得李约瑟夫妇喜爱，经常邀请到家中一起喝茶进餐。有一次，李约瑟谈起为什么中国的科技如此落后。鲁桂珍甩了刀叉拍案而起："什么科学落后，完全是'西方中心论'的偏见，你们了解中国古代文化吗？"小女子咄咄逼人的问话把李约瑟给问住了，也从此让他们成为一生的知己。

那天他们边谈情说爱边抽着烟斗，鲁桂珍第一次教李约瑟写下了一个中国字——烟。李约瑟看着自己有生以来写的第一个中国字，对中国的好奇便一发不可收拾。从此，这位英国生物学家开始学习汉语。鲁桂珍像教孩子一样教这个年近不惑的"幼儿"怪腔怪调地学说"阴平、阳平、上声、去声"，歪歪斜斜地学写横竖撇捺，"幼儿"却也乐在其中。鲁桂珍最终让这个曾经的生物学家成为一个伟大的中国科学技术史专家。李约瑟曾说："命运使我以一种特殊的方式皈依到中国文化价值和中国文明这方面来。"[1]

鲁桂珍对李约瑟同样是一往情深，一朝相许，终生不渝。鲁桂珍竟然真的一直没有结婚。直到他们俩都已经 90 多岁高龄，李老原配夫人多萝西去世，在朋友的劝说下，两个有情人才终成眷属。如今李约瑟和

---

[1] 李约瑟. 1975. 中国科学技术史. 北京：科学出版社.

他的原配夫人多萝西，以及鲁桂珍的墓，并排伫立在剑桥大学李约瑟研究所一棵美丽的菩提树下。另外，李约瑟把他的《中国科学技术史》第一卷《总论》献给了鲁桂珍的父亲，其实他更应该献给鲁桂珍（关于这件事，有兴趣的读者可以参看《中国科学技术史》第一卷序言中致谢的第一段）。

"假如鲁桂珍没有在1937年去英国，恐怕科技史学界就不会出现一个李约瑟，而仅在生物化学界有一个约瑟夫·尼达姆。""鲁桂珍是不朽巨著《中国科学技术史》的引导者、激励者，正是她引发出了一个不朽的李约瑟。"这是学界对李约瑟和鲁桂珍的评价。

李约瑟研究中国的古籍可不是在玩考据训诂，他是抱着"中国在理论和几何方法体系方面存在的弱点，又为什么并没有妨碍各种科学发现和技术发明的涌现"[①] 这样的疑问和态度，对大量的古籍进行了潜心研究。而且他发现："中国这些发明和发现往往超过同时代的欧洲，特别是在15世纪之前更是如此。"[①] 比如他在《管子》一书中，发现了管子关于月亮的盈亏对某些海洋生物影响的描述（这个关于海胆的描述，也曾经被与管子差不多同时代古希腊的亚里士多德提出过，而且这个现象如今已经得到现代生物学家的证实）。这个黄头发蓝眼睛的英国佬竟然在中国的古籍《管子》中，发现了中国的读书人自己几千年来都不曾发现过的中国古代关于科学发现和技术发明的证据。

因此中国古代的圣贤其实是非常有智慧是非常伟大的。只是自从汉武帝以后，迂腐的后代读书人只会对圣贤们说的那些话是来自哪个典故争论不休，而忘记他们其实是非常关心这个世界、关心大自然的，对世界和大自然充满了好奇。不是古代圣贤没干好事，而是这些可怜的后代干了几千年的傻事。

同时李约瑟认为："有一点是肯定的：没有一个民族或一个多民族集体曾经垄断过对科学发展所做出的贡献。各个民族的成就，应该由全世界人民携起手来共同赏识，纵情高歌。"[①]

如果中国古代圣贤的智慧，他们的观察和思考，能够得到一次具有创新和批判精神的挖掘和梳理，去其糟粕，让圣贤们思想中的精华、真

---

① 李约瑟. 1975. 中国科学技术史. 北京：科学出版社.

正的智慧发扬光大，那么我们这个世界将会得到一次伟大的突破。就像许倬云老先生说的那样："两千余年前的文明突破，几个主要文明先行的圣哲，为人类界定了存在的价值。这次突破，是为再度阐释那些圣哲界定的价值，使人类主宰了千万年的世界上，真的有了人类长久憧憬的新天新地、新的伊甸、真正天下为公的大同境界。在此时，中国人责无旁贷。"①

尽管科学是没有国界的，可如果真的会有这次突破，而突破又是让一帮蓝眼睛黄头发的洋哥们儿给玩出来的，那我们就真的很没面子了！

① 许倬云. 2006. 万古江河. 上海：上海文艺出版社.

第四章 几本奇书

　　历史上有那么一些人，他们爱玩。于是，他们在中国几千年波澜不惊的历史长河里，激起了一个个小小的涟漪。他们是谁？他们就是一些无拘无束甚至敢于挑战权威的玩家。他们以这样的态度写了一些书，在中国历史上，有人把这样的书叫作奇书。

怪异山海经

"五花马，千金裘，呼儿将出换美酒，与尔同销万古愁。"如此潇洒脱俗的诗句只有李白这个大玩家能忽悠出来。

"大江东去，浪淘尽，千古风流人物。"这样风流倜傥的词句也只能出自苏东坡这个大玩家之手。

除了唐诗、宋词这样的诗词歌赋是出自李白、杜甫、苏东坡这些玩家的笔下以外，前面提到的，中国浩如烟海的古籍里硕果仅存的那1000来本被称为值得一读的书里，还有多少是出自玩家的手笔呢？

所谓玩家就是无拘无束，自由奔放，凭着心中的好奇心去玩、去思索的人。会玩可不是一件简单的事情，会玩的人是需要有挑战自我、挑战权威的批判精神，有博采众长、不拘一格的方法的。比如小女孩玩跳皮筋，她们总是要挑战最高的那个阶梯。玩网络游戏更是如此，不去挑战难度更大的玩法，那就别浪费每小时好几块钱的上网费和电费，赶快回家睡觉吧。

先秦时代的中国和古希腊差不多，玩家比较多，现在被大家称为百家的，像孔子、墨子、老子、庄子等的许多"子"，都来自那个时代。不过自从汉武帝以后，玩家就少了，"子"也没有再出现过。之所以再也没"子"了，一方面是因为皇帝老子不太主张玩；另一方面是因为人们对孔夫子和其他所有先哲的哲学都充满了敬畏，谁也不敢把自己玩成一个新的"子"。于是先哲们给的结论，他们的名言警句都成了百分百的金科玉律，需要做的就是把先哲的话背下来，并且牢记在心，除此之外就是去仔仔细细地研究圣贤们说的那些深奥而又美妙的语言。

不过历史上还是有那么一些不信邪的人，他们爱玩，于是，他们在中国几千年波澜不惊的历史长河里，激起了一个个小小的涟漪。他们就是一些无拘无束，甚至敢于挑战权威的玩家，他们以这样的态度写了一些书，在中国历史上，有人把这样的书叫作奇书。

其中最早的一本奇书是《山海经》。《山海经》是本什么书呢？这本书在司马迁《史记·大宛列传》里提起过，怎么提的呢？《史记·大宛列传》是记载张骞出使西域的故事的，司马迁一开始这样说："大宛之迹，见自张骞……"他的意思是有关大宛的信息，最早都是张骞发现的。大宛在哪里呢？大宛在现在的乌兹别克斯坦，在中国的正西。司马迁在《大宛列传》里讲了一个很长的故事，"骞以郎应募，使月氏，与堂邑氏胡奴甘父俱出陇西……"故事描述了张骞如何应募出使西域，刚到匈奴（大概是现在的内蒙古西部）就被匈奴扣留软禁，留居匈奴十年。张骞在匈奴娶了老婆，又生了孩子，可张骞的汉人习俗一直未改，更没有忘掉自己身负的重任。十年后，张骞逃出匈奴，艰难地来到大宛，在大宛人的帮助下，张骞到达大月氏。在讲故事的过程中，司马迁还讲了西域各国的风土人情、地貌风物等，写了好多。司马迁在讲完张骞的故事以后，最后补充了一句话："至禹本纪，山海经所有怪物，余不敢言之也。"①司马迁就是在这里提到了《山海经》。他啥意思呢？意思是说，我讲了半天西域各国的故事，但是《山海经》里提到的关于西域的所有怪物，太不靠谱，我不敢说，也不敢引用。

原来《山海经》是写西域、写各种怪物的书。不过里面写了什么怪物，让司马迁觉得都不靠谱呢？汉朝时中国的西域（那时所谓的西域就是出了玉门关再往西的地方），曾经有过很多小国家，《大宛列传》提到的就有大宛、月氏、大夏、康居、安息、身毒等。古代交通不便，也没有啥通信，所以几千公里以外的西域各国就像谜一样，充满了神秘的色彩。对于西域的神秘，《山海经》起到了推波助澜的作用，怎么个推波助澜呢？比如《山海经》里也提到了月氏："国在流沙外者，大夏、竖沙、居繇、月支之国。……皆在流沙西，昆仑墟东南。昆仑山在西胡西。皆在西北。"②这里的月支应该就是司马迁说的月氏。《山海经》里说月支和大夏等国家都在西胡以西的昆仑山东南。《山海经》里写的昆仑山可就邪乎了："昆仑南渊深三百仞。开明兽身大类虎而九首，皆人面，东向立昆仑上。"②什么意思呢？就是说，在昆仑山南边有个300仞（古代一仞，大约0.2米）的深渊，那地方叫开明，里面生活着一种怪兽，这家伙和老虎差不多大，长着九个脑袋，脑袋上全都是人的面孔，面朝

---

① 司马迁. 2009. 史记. 韩兆琦主译. 北京：中华书局.
② 方韬译注. 2009. 山海经·卷十一·海内西经. 北京：中华书局.

第四章　几本奇书 | 067

开明兽身大类
虎而九首，皆人面！

2011，老夕

东站在昆仑山上。难怪司马迁不会引用，确实有点不靠谱。生物学家肯定到现在也没发现过长着九个人脑袋的怪兽，发现了肯定也是当场吓尿。如此看来，《山海经》确实不太靠谱。

可这么一本不靠谱的书，为什么司马迁还会提起呢？显然在司马迁的时代，《山海经》是一本非常著名的书，知道的人很多，在排行榜上肯定是长盛不衰的畅销书，比《史记》流传得广泛多了。而且非常幸运的是，这本书流传了下来，现在我们还可以读到。

《山海经》这本奇书非常古老，什么时候出版，谁写的早就说不清楚了。传说是大禹让自己的弟兄们写的，"禹益作书"。可大禹的时代中国还没有文字，所以历史学家推测《山海经》最早很可能是一本图画书，司马迁看见的可能就是绘本《山海经》。而文字版的《山海经》是在司马迁去世以后100多年，由刘向和刘歆编纂成书的。这是怎么回事呢？刘向（约公元前77～公元前6年）是汉朝一位经学家。啥叫经学家？汉朝在汉武帝时代把儒家的六部经典列为六经，所谓经学家就是研究儒家六经，给六经作注的学者。据说当时世上流传着很多版本的《山海经》，刘向收集到了几百篇，他和儿子刘歆一起进行了一次编纂，从大量抄本里，去掉重复的，补充不足的，于是父子俩就编成了今天我们大家还可以看到的文字版《山海经》。

那刘向和刘歆编的《山海经》到底是一部什么样的怪书呢？经过二刘编纂以后，《山海经》成了一部大约三万字十八卷本的著作，其中有《山经》五卷，《海外经》四卷，《海内经》五卷，《大荒经》四卷。那《山海经》究竟是一本什么样的奇书、怪书，那些山经、海经写的都是啥呢？晋代的学者郭璞这么写道："世之览山海经者，皆以其闳诞迂夸，多奇怪俶傥之言，莫不疑焉……夫以宇宙之寥廓，群生之纷纭，阴阳之熙蒸，万殊之区分，精气混淆，自相喷薄，游魂灵怪，触象而构，流形于山川，丽状于木石者，恶可胜言乎？……是不怪所可怪而怪所不可怪也。"郭璞的意思是，大家读《山海经》，看到那些荒诞无稽、怪异的事情，都会怀疑这些事情的真假，"皆以其闳诞迂夸，多奇怪俶傥之言，莫不疑焉"；但是宇宙之大，生命之纷繁，事物的形象是千姿百态的，千姿百态的自然，会从大地的各个地方，如山川、石头、木头显示出来，真是说都说不完，"夫以宇宙之寥廓，群生之纷纭，阴阳之熙蒸，万殊之区分，精气混淆，自相喷薄，游魂灵怪，触象而构，流形于山川，丽状于木石者，恶可胜言乎"？所以说这些东西怪也的确很怪，说不怪也就不怪，"是不怪所可怪而怪所不可怪也"。郭璞的意思是，《山海经》里聊的那些看似怪异的事物，其实都来自自然界，只是我们没看见，所以觉得怪。郭璞这么说，是唯恐《山海经》被淹没，于是"为之创传，疏其壅阂，辟其茀芜，领其玄致，标其洞涉"。其实他也知道，《山海经》里很多事情都是神话传说，不是真实发生的事情。而也许正因为这本书太怪、太神奇，所以历朝历代，直到今天一直都有人孜孜不倦地研读、写注释。

《山海经》里有几个著名的神话，夸父追日是其中之一："夸父与日逐走，入日。渴欲得饮，饮于河渭，河渭不足，北饮大泽，未至，道渴而死。弃其杖，化为邓林。"[1]这个故事啥意思呢？意思就是有个叫夸父的（应该是神仙）追着太阳走，走到了阳光下，追渴了要喝水，喝啥水？喝渭河的水，喝就喝吧，可是他把渭河水全喝光了还是渴，他想继续往北走，那里有个大泽，大泽就是很大的湖或者海，结果还没走到夸父就渴死了，死后他拄的拐杖变成一片树林。此外"精卫填海""黄帝战蚩尤""烛龙"的故事也来自《山海经》。像女娲、羿、共工这些神话人物，《山海经》里也都提到过。

《山海经》里最主要的内容，还是郭璞说的"闳诞迂夸，多奇怪俶傥之言"。所谓"俶傥之言"就是不知是真是假、奇怪荒诞的一些记录，比如《南山经》里"南山经之首曰鹊山。其首曰招摇之山，临于西海之上，多桂，多金玉。有草焉，其状如韭而青华，其名曰祝余，食之不饥。有木焉，其状如榖而黑理，其华四照，其名曰迷榖，佩之不迷。有兽焉，其状如禺而白耳，伏行人走，其名曰狌狌，食之善走。丽麂之水出焉，而西流注于海，其中多育沛，佩之无瘕疾。"[2]这里说的临于西海之上，多桂，多金玉的鹊山、招摇山到底在哪里，谁也说不清楚。长得和韭菜一样又可以"食之不饥"的"祝余"草是什么，也没人见过。还有佩之

① 方韬译注. 2009. 山海经·卷八·海外北经. 北京: 中华书局.
② 方韬译注. 2009. 山海经·卷一·南山经. 北京: 中华书局.

不迷的"迷榖""如禺而白耳，伏行人走"名叫牲牲的野兽是什么，也基本不靠谱（有人认为是狒狒，但也是猜的）。"丽麂"更不知道是动物还是植物，是神仙还是什么怪兽。这里说的"西流注于海"的水，也让人摸不到头脑。懂点中国地理的人就知道，中国的地形是西高东低，向西流的河几乎没有，而西边更没有海，是沙漠。除非再往西几千公里，过了吉尔吉斯斯坦，那里才有海——里海，里海继续往西，就到黑海了。可这些不可能属于《南山经》的势力范围。

《山海经》里的这些"俶傥之言"，几千年来让学者们伤透了脑筋，因为学者们总希望能从这本书里找到或者看到大禹时代哪怕是一星半点的真实信息。那么《山海经》到底是一本什么书呢？到底想表达什么意思呢？

以往，学者们研究《山海经》的大前提，似乎总是希望与真实信息有联系。但是，可不可以换一种思维，假设《山海经》根本就没有一点想描绘大禹时代现实主义题材的打算，而是一帮子玩家出于好奇心而写的幻想小说集呢？如果是这样，那么想从《山海经》里寻找真实信息，就像在《海底两万里》里寻找真实的尼莫船长一样，变得没有意义了。

大禹时代是一个不被我们了解的时代，但是古人的生活是不是就那么落后、那么毫无生活品位而又无趣呢？用我们现代的生活标准去衡量，古时候肯定和现在不一样，没有麦当劳，没有粤式早茶，更没有可以嗨到半夜不回家的夜店。不过从《山海经》里我们可以看到，那时候的人有自己的乐趣、有自己的浪漫、有自己的生活方式，而且他们的生活也不失丰富多彩。比如他们把那座临于西海之上的招摇之山，描绘得那么奇怪、那么不靠谱，这是因为他们的脑袋里已经对大自然中的一切充满好奇和幻想。就像现在的电玩游戏里那些不靠谱却又非常吸引玩家的人物、场景和装备一样。好奇和幻想不是任何人都有的，必定来自一群对生活充满信心的淘气包，他们对有没有麦当劳或者粤式早茶兴趣不大，却每每看着眼前的大山发呆。他们精神上的需求大于麦当劳和粤式早茶所能提供的，这些人就是玩家。于是，那座为他们提供了食物、药材和各种美妙物品的山，被这些玩家想象成充满浪漫和神奇的地方，他们用各种各样不靠谱、却是来自心中的美好想象和幻想，描绘出了一部奇书——《山海经》。

有人说《山海经》，"它涵盖了上古地理、天文、历史、神话、气象、动物、植物、矿藏、医药、宗教等方面的诸多内容，可以说是上古社会生活的一部百科全书"[①]。不过，充满神话、虚构怪兽和奇谈怪论的《山海经》，作者也许并没有想写成一本百科全书，而是古代一群凭着强烈的好奇心，充满自由浪漫、无拘无束思想的玩家玩出来的经典。只不过在他们尽情抒发自己对自然无限遐想的时候，一不小心也映射出他们当时的生活情景，这种情景不是告诉我们那时是不是有麦当劳，而是告诉我们他们生活得非常开心，他们也有像我们在夜店嗨到半夜不回家的快乐心情。

浪漫主义并非只是一种情绪上的发泄，她是人类文明中不可或缺的一种思维，是创新精神的土壤。不仅文学艺术领域需要浪漫主义，任何的人类活动如果有了浪漫主义思想这片土壤，那么就会大大推动文明前进的步伐。欧洲 19 世纪浪漫主义兴起的时期，也是科学得以大踏步前进的时期，爱因斯坦、奥本海默还有许许多多开创了全新物理体系的科学家，他们就是在浪漫主义的土壤中，创生出那些完全超乎人类经验范畴的科学概念。可惜几千年来我们的学者几乎没有人试图去了解古人在《山海经》中体现的这种宝贵的浪漫，这些可爱的浪漫和幻想生生被考据训诂的汪洋大海彻底淹没了。

鸡犬升天淮南子

还有一本很值得我们夸耀，也可以称为奇书的书，这本书就是《淮南子》。《淮南子》又称《淮南鸿烈》，成书于汉武帝初期。这是一部巨著，据《汉书·艺文志》的说明："淮南内二十一篇，外三十二篇。"不过现在还能看到的只有二十一篇，据说都属于其中的内篇。

《淮南子》是大汉朝开国皇帝刘邦的孙子刘安（公元前 179～前 122 年），召集一帮文人术士一起编纂的。照东汉高诱的说法，这本书是"天

① 方韬译注. 2009. 山海经·前言. 北京：中华书局.

下方术之士多往归焉，于是遂与苏飞、李尚、左吴、田由、雷被、毛被、伍被、晋昌等八人，及诸儒大山、小山之徒，共讲论道德，总统仁义，而著此书"①。高诱说很多术士都跑到刘安那里，于是刘安召集了其中八位，一起编纂了《淮南子》，这八位史称淮南八公。《淮南子》究竟是本什么书呢？聊之前先大致了解一下这本书的历史背景。

刘安生活的时代是汉朝建立初期，这个时代不但老百姓的生活百废待兴，文化上也是百废待兴。几十年前由于秦始皇焚书坑儒，书都被烧了或者藏起来了，中国文化遭到灭顶之灾。但是秦始皇不懂，文化是烧不尽的。就在他死后几十年，文化又从秦朝焚书坑儒的余烬里复生了，百家的书籍又出现在世上。到了汉武帝时代，代表着儒家、墨家、老庄、阴阳各家的书籍纷纷出现。读书人又有书读了，而刘安就是这个时候出现的一个读书人。

刘安是刘邦的孙子，属于官二（三）代、富二（三）代，不过他并不得意。他爸爸刘长是刘邦的七儿子，汉朝建立以后被封为淮南王。据说当时淮南王的地盘很大，包括现在的河南、山东、江苏、安徽、浙江等大片土地。可刘长是个纨绔子弟，仗着自己是皇子，无视国家律法，非常骄横。据说在他的属地，实行的不是汉朝的法律，而是他自己制定的法律。到了汉文帝时代，刘长更是不得了，"及孝文帝即位，淮南王自以为最亲，骄蹇，数不奉法"②。意思是，汉文帝即位以后，刘长觉得自己和皇帝最亲，非常骄横，不遵守法令。"蹇"的意思是傲慢。不但如此，他竟然勾结匈奴想造反，结果事情败露。汉文帝是他同父异母的兄弟，汉文帝没有杀他，而是给他免去爵位，发配蜀郡。在发配途中刘长自觉无颜，自杀了。刘长死后，刘安继承了爸爸的爵位成为淮南王，这个淮南王的地盘只剩下以前的三分之一。有这么个父亲，刘安肯定不是很自在，一直有谋反的心思，但是总找不到机会，"时欲叛逆，未有因也"。不过刘安并没有继承他老爹骄横的性格，司马迁说刘安"淮南王为人好读书鼓琴，不喜弋猎狗马驰骋，亦欲以行阴德拊循百姓，流誉天下"②。他爱读书弹琴，不喜欢带着猎犬骑马打猎这种贵族式的生活，

---

① 高诱.1986. 淮南子·叙目//浙江书局. 二十二子. 上海：上海古籍出版社.
② 司马迁.2009. 史记·淮南衡山王列传. 韩兆琦主译. 北京：中华书局.

他更喜欢给老百姓做点好事，所以刘安的名声很好，是个有教养的文化人儿。

那时候的文化人儿都干啥呢？从秦朝覆灭到汉朝建立，时间只是几十年，所以汉朝文化起码在一开始还是秦朝的延续。秦朝宰相李斯提出了所谓"安宁之术"，为达到"使天下无异意"的目的，孔子的儒家学说开始得到重视。到了汉朝，汉初的流行文化虽然开始偏重老庄，但儒家仍然属于正统。所以汉朝初期的文化人儿，不是读老庄就是读孔子，其他百家书读不读无所谓。不过刘安不是这样，他不玩随波逐流，他玩博采众长。刘安采取了不偏不倚、不囿于成见的态度，他读百家书。他认为"百家异说，各有所出"①。"百家之言，指奏相反，其合道一体也。若丝竹金石之会乐同也，其曲家异而不失于体。"②意思是百家的学问各有所长，就像乐队里的各种乐器，虽然各自发出不同的声音，但合在一起就是一首和谐美妙的乐曲，所以只读孔子、只读老庄不行。而《淮南子》就是他采取这种博采众长的思维而写的一部，包括宇宙论、政治、生活等各方面的论著。写这部书干啥呢？中国古代的文化人儿都喜欢玩政治，无论是孔子，还是老子、庄子，他们写书、聊天儿，目的都是给帝王看的。刘安也是如此，他希望汉武帝可以采取多元化、博采众长的治国之策。

开始刘安还是很受重视的，"时武帝方好艺文，以安属为诸父，辩驳善为文辞，甚尊重之"③。意思是说那时候汉武帝也很喜欢文学艺术，而刘安作为汉武帝的叔叔，他很有辩才，文章写得也好，所以很得汉武帝的尊重。刘安在完成了《淮南子》内篇以后，就把这部著作献给了汉武帝，"上爱秘之"④，意思是汉武帝非常喜欢，赶快收藏起来。汉武帝还很喜欢和刘安边吃饭边聊天，"每宴见，谈说得失及方技赋颂，昏莫然后罢"④。意思是经常宴请刘安，一起谈论各种问题，一直聊到天黑才算完事儿。

可不幸的是，《淮南子》进献给汉武帝没几年，另一个专门读孔夫

① 何宁. 1998. 淮南子集释·卷二·俶真训. 北京：中华书局.
② 何宁. 1998. 淮南子集释·卷十一·齐俗训. 北京：中华书局.
③ 司马迁，《史记·淮南衡山列传》。
④ 班固. 2007. 汉书·淮南衡山济北王传. 北京：中华书局.

子的大文化人董仲舒，他向皇帝提出了"大一统"理论，建议汉武帝"罢黜百家，独尊儒术"。而汉武帝又偏偏采纳了董仲舒的意见，从此博采众长的多元化思维算是彻底没了希望。

刘安后来的命运也比较悲惨，最终他还是谋反未成而自杀。有个很有趣的传说，说刘安是吃了自己炼的仙药升了天，他吃仙药死了以后，炼仙药的勺子和杯子让他家养的小鸡、小狗舔了一下，结果也跟着刘安一起跑神仙那里享福去了，"一人得道，鸡犬升天"这个成语就是这么来的。

《淮南子》不仅倡导文化的多元性，而且是一部描述自然哲学的书。《淮南子·原道训》是这本书的第一卷，这一卷应该说是刘安整个认识论的总纲。"道"是《淮南子》的纲，这个"道"来自老庄开创的道家思想。

关于道和宇宙万物之间的关系，刘安的认识是："夫道者，覆天载地，廓四方，拆八极，高不可际，深不可测；包裹天地，禀授无形……山以之高，渊以之深；兽以之走，鸟以之飞；日月以之明，星历以之行；麟以之游，凤以之翔。"[①]什么意思呢？这些话是刘安对道和宇宙万物之间关系的阐述。他首先认为，宇宙万物都归于道。这个道和其他古代学者没啥区别，但其他学者却基本把这个道归于虚无的世界，归于什么元啊、亨啊、利啊、贞啊，还有气啊等臆想出来的概念。而刘安不是这样，他认为，浩渺的宇宙尽管看上去"高不可际，深不可测"，但宇宙承载的世间万物各有其道，所谓"兽以之走，鸟以之飞；日月以之明，星历以之行；麟以之游，凤以之翔"，并非虚无的元、亨、利、贞。这样的思想可能不是刘安自己创造的，而是他读了百家的各种著作以后，从百家"丝竹金石"的合奏中得到的。而且刘安不光只是读书，他还观察。传说刘安会炼仙药，说明他不光是读书人，还是个实践家。所以他对万物的了解和总结，除了来自读百家书，还来自自己的观察。刘安的这些思想，与当时臆想的、宿命的"天人合一""天命"等思想是完全相悖的，用现在的说法，刘安是属于唯物主义的思维方式。这在 2200 多年前的人类思维中是非常难能可贵的，不比古希腊唯物主义思想来得晚、

---

① 何宁. 1998. 淮南子集释·卷一·原道训. 北京：中华书局.

来得高妙。

在《淮南子》里，刘安对于天文、地理、农学、医学、军事和技术等领域都有独到的见解。关于天地最初的形成，他写道："天坠未形，冯冯翼翼……故曰太昭。道始生虚廓，虚廓生宇宙，宇宙生气。气有涯垠，清阳者薄靡而为天，重浊者凝滞而为地。清妙之合专易，重浊之凝竭难，故天先成而地后定。"[①] 意思是在天地诞生以前，宇宙是"冯冯翼翼……"这就是开始（太昭），此后道生出还不清晰的轮廓，宇宙也就诞生了。宇宙开始是一团气体，气体广袤无垠，轻的气体上升而成天，重而浊的下沉而成地。由于轻的集合比较容易，重浊的凝聚比较困难，所以产生了天以后才产生地。这是刘安对宇宙是如何产生所进行的论述。这些论述虽然和现代天文学的观点想去甚远，却完全是他出于客观的观察和思辨得出的，与《易经》里"至哉坤元，万物资生""在天成象，在地成形"的天命思想截然不同。

不过《淮南子》和刘安的命运一样，在后来的 2200 多年里，真正认真研究《淮南子》的学者非常少。东汉的高诱也许是绝无仅有的研读《淮南子》的学者。不过到了现代，由于刘安那些令人惊奇的唯物主义学说，引起了中外学者，尤其是西方学者的注意，比如夏威夷大学哲学教授安乐哲（Roger T. Ames），他认为《淮南子》"是超越思想流派的纷争，融合了各派思想之精义，创造出的全新的哲学理论体系"。还有加拿大学者白光华（Charles Y. Le Blanc），他的博士论文就是一篇《淮南子》研究论文——《淮南子——前汉思想的哲学综合》。

刘安的思想在中国历史上，尤其是哲学史上，应该说是一颗璀璨的明星。只不过这颗明星的光芒一直被淹没在中国传统文化中不得显现。如果当年刘安的思想得以光大，今天的世界不知会是什么样子，可惜历史没有如果。

接着还有一本奇书，啥奇书呢？那就是东汉王充的《论衡》。《论衡》怎么是奇书呢？

---

① 何宁. 1998. 淮南子集释・卷三・天文训. 北京：中华书局.

和圣贤论短长的王充

中国历史上具有理性批判精神的人不多，敢于批判古代圣贤、批判古代权威的雷人就更少见了。历史上谁敢找孔夫子的麻烦，简直就是找死。可偏偏还就有个不怕死的，真敢拿孔夫子说事儿。这人是谁？他就是王充（公元27～约97年），王仲任老先生。

王充怎么会这么大胆，敢冒天下之大不韪，批判孔夫子呢？这和当时的社会风气还是有一定关系的。

前面聊过，秦朝时孔子就开始受到重视，到了汉朝，汉武帝听取了董仲舒"独尊儒术"的建议，就像公元4世纪以罗马为首的西方世界皈依基督教，把基督教定为国教一样，儒家学问在中国的汉朝，被正式提升为官方学说。孔夫子从一个"丧家犬"变成了万世师表，成了圣，成了神！而在此时，一种神秘主义风气悄悄地流行起来，这种神秘主义就是所谓"谶纬之学"。

什么是"谶纬之学"？这里所谓的"谶"，就是算命先生或者江湖术士编造出来的图形、隐语和暗语等。图形、隐语、暗语是干啥的呢？算命先生认为，这些可以预示凶吉。这些"谶"后来演变成了道士画符、寺庙里的求签和红白喜事跳大神作法等迷信活动。可这些一点技术含量都没有的公开欺骗和迷信活动，几千年来却阴魂不散，直到今天有的地方还很流行。就像求签，求签本来属于道教的产物，佛教是不赞成的，可是现在大多数佛寺里也可以求签。求签和"谶"啥关系呢？比如我们来到道教名山武当山，走进紫霄宫，最好玩的一件事就是抽签。一个人如果想求升官、求发财、求个大胖小子、求个平安等就可以找道士求签，有道士会为您服务。求签时，你得跪在道士脚下。道士装模作样，口中念念有词地抱着一个签筒来回地摇晃，随着签筒里竹签"嚓嚓"作响，有一根竹签会突然跳出来掉在地上。道士捡起竹签，只见竹签上有小字，上面写着此签为"上上签"或者"下下签"，另外还有"日出扶桑"或者"出门遇雨"等，这些就是所谓隐语或者暗语了。这时这位道士就会阴阳怪气地给你解释一通，弄得你一会儿哭、一会儿笑。不过出了武当山的山门，啥隐语、暗语，该干啥还是干啥，所谓"昨晚想了千条路，早上起来照样卖豆腐"。《四库全书总目提要》里这样说，"谶者诡为隐语，预决吉凶"，就是"谶"的含义。

那啥是"纬"呢？《四库全书总目提要》里把"纬"解释为："纬者经之支流，衍及旁义。"这里说的经就是指以孔夫子的儒家之道为代表的经典，也就是汉朝时开始流行的六经。所以这句话的意思是：纬是从儒家经典中派生出来的支流，并涉及经以外的意义。冯友兰先生对此有非常清楚的解释："孔子的地位在公元前 1 世纪中叶就变得很高了。大约在这个时期，出来一种新型的文献，名叫'纬书'。纬，是与经相对的，譬如织布，有经有纬。汉朝许多人相信，孔子作《六经》，还有些意思没有写完，他们以为，孔子后来又作《六纬》，与《六经》相配，以为补充。……当然，这些实际上都是汉朝人伪造的。"[1] 所谓《六纬》其实不止六部，日本学者所辑《纬书集成》里列出的主要纬书是《易经纬》《尚书纬》《诗纬》《礼纬》《乐纬》《春秋纬》《孝经纬》《论语纬》和《河图纬》等。

谶纬之学其实就是神化孔子，搞偶像崇拜，把孔夫子说成是黑帝的儿子等。还有个目的是想借用孔夫子的儒家思想，证明"天人感应""生而知之"等神秘主义哲学，所以他们把孔子奉为"前知千岁后知万世"的大圣人。

王充估计是对这套谶纬之学非常反感，于是他花了几乎一辈子的时间写了一本书《论衡》。而《论衡》可能是中国几千年的历史上即使不是唯一，也是少有的一本具有批判精神的书。

由于王充的批判精神在中国一向是不受欢迎的，所以历史上对王充的评价也是贬多于褒。《后汉书·王充传》对王充的评价还算不偏不倚，基本属于客观评价："充好论说，始若诡异，终有实理。"意思是王充喜欢议论，开始时就是诡辩，后来形成了一套实在的理论。《论衡》就是他的理论最终的结晶。

现在可以看到的《论衡》一共有84篇文章，分为18卷。

批判是王充的强项，"他以惊人的科学的怀疑精神，反对偶像崇

① 冯友兰. 2010. 中国哲学简史. 涂又光译. 北京：北京大学出版社.

拜"①。整本《论衡》大部分都是在找当时各种谶纬之学的毛病。但王充不是无理取闹、找茬打架，更不是诡辩，而是有理有据，用逻辑辩证的方法证明谶纬学说全都是"虚妄之言"。谶纬之学在现代大多数具有自然科学常识的人眼里，都是胡说八道，毫无道理，或者干脆就是骗子的骗术。可在将近 2000 年前的东汉却是一种非常流行的大众文化，就像现在大家都喜欢流行歌曲。你没事老拿流行歌曲说事，说人家是虚妄之言，那不是找不自在吗？除此之外，在批判流行文化的同时，王充还捎带着把孔夫子等各位圣贤给批了一通。没有一点无拘无束、天马行空的玩家精神，是不可能做出被冯友兰称为"惊人"的事情来的。

谶纬之学为了玩个人崇拜，神化孔子，编造了孔子有神功神力的故事，王充对此进行了批驳："传书言：孔子当泗水之葬，泗水为之却流。此言孔子之德，能使水却，不淹其墓也。世人信之，是故儒者论称，皆言孔子之后当封，以泗水却流为证。"②意思是孔夫子死后葬在一条叫泗水的河边，自从葬下孔子，泗水都停止流动，这都是因为贤德的孔子发了神力，让河水都停下来，以免淹了自己的墓。为此儒家认为，孔子的后人应当封以官爵，泗水停流就是证据。对此王充又做了一番辩证的推论，"江河之流，有回复之处，百川之行，或易道更路，与却流无异矣"。他说，江河自然就会改道，甚至停止，这是自然现象，最后得出结论："则泗水却流，不为神怪也。"所以泗水停止流动跟神怪，跟孔夫子没有关系。照王充的说法，泗水却流倒很可能是当时孔子的故乡被过度开发，植被遭到破坏，大地干旱造成的。

《论衡》还对许多广为流传的关于那些神奇先辈伟大功绩的故事做了批判。比如他就把尧射日论证了一番，结论是胡扯。"儒者传书言：尧之时，十日并出，万物焦枯。尧上射十日，九日去，一日常出。"③ 意思是，儒家传说尧的时代天上有十个太阳，大地被晒焦了，于是尧射下来九个太阳，只剩下一个太阳。接着王充写道："此言虚也。夫人之射也，不过百步，矢力尽矣。日之行也，行天星度。天之去人以万里数，

① 冯友兰. 2010. 中国哲学简史. 涂又光译. 北京：北京大学出版社.
② 王充. 2008. 论衡·第四卷·十六书虚篇. 长春：时代文艺出版社.
③ 王充. 2008. 论衡·第五卷·十九感虚篇. 长春：时代文艺出版社.

"尧上射十日,九日
去,一日常出"此言虚
也。

2011, 老多

尧上射之，安能得日。"①王充说，尧射日全是瞎话，靠人力射箭，最多射百步就"矢力尽矣"，太阳在数万里之外（其实是1.4亿多公里），尧能射到太阳，简直就是胡扯。尧是被中国人看作自己先祖的大圣人，王老先生竟敢如此贬低尧圣人，不是潇洒的玩家是什么。

还有星星的故事，王充也聊了。星星自古以来都是算命先生用来预测未来或者占卜凶吉的，所谓天人感应和星星的位置关系可就大了。王充却偏偏不信邪，他说星星的位置和运行不是因为什么天命，而是自然现象。"火星与昴星出入，昴星低时火星出，昴星见时火星伏，非火之性厌服昴，时偶不并，度转乖也。"②这里说的火星不是现在我们知道的好奇号还在慢慢爬的红色行星火星，古人说的火星是星宿二。星宿二是一颗红巨星，直径和地球围绕太阳旋转的轨道直径差不多，这颗红色的恒星每当夏夜就会出现在北半球正南方的天空上，因为是红色的，所以星宿二也叫作大火，或者火星，是中国星象里东宫青龙里的一颗星星。昴星是昴星团，也叫七姊妹星，有一个日本生产的汽车品牌名称"SUBARU"就是日文的昴星团。喜欢天文的人都知道，心宿二是夏天可以看到的一颗亮星，冬天就隐没在地平线以下，而到了秋天昴星团就渐渐升上天际，它的到来预示着秋天的来临，这两个天象不会同时出现。王充这里说的意思就是，星宿二和昴星团总是一前一后出现，从来不会碰到一起，原因不是算命先生说的那样——是因为火星厌恶昴星团，而是因为它们在天上旋转各有各的位置，所以出现的时间不一样。王充的结论是出于他的观察，而且与谶纬之学相信天命不同，他更相信自己的眼睛。他的这种看法甚至比古希腊托勒密对宇宙的描述更富有现代科学精神，因为托勒密也把宇宙中恒星的运转归于水晶天之上的上帝之手。

《论衡》里有《问孔》《非韩》《刺孟》等质疑和批判圣贤的篇章，有《变虚》《异虚》《感虚》《福虚》《祸虚》《龙虚》等质疑和批判天人感应、谶纬之学的篇章，有《死伪》《纪妖》《订鬼》《四讳》《卜巫》《难岁》等质疑和批判迷信的篇章。整本《论衡》充满了对权威、谶纬之学、迷信的批判。而且王充的批判是理性的，不是一棍子打死，更不像秦始

---

① 王充. 2008. 论衡·第五卷·十九感虚篇. 长春: 时代文艺出版社.
② 王充. 2008. 论衡·第三卷·十偶会篇. 长春: 时代文艺出版社.

皇焚书坑儒那样否定一切、打倒一切。这样的批判精神就是推动欧洲文艺复兴运动的思维方式，是罗吉尔·培根在他的《大著作》里提出的。而王充的理性批判早于罗吉尔·培根 1100 年，所以王充的《论衡》是奇书一本。

不过在中国历史上，没什么人觉得《论衡》是奇书。一向把给经典作注为己任的中国读书人，没有一个给《论衡》作注，所以《论衡》能流传下来就算非常庆幸了。胡适写过一篇介绍王充和《论衡》的文章《王充的论衡》。胡适非常详细地介绍了《论衡》这本书，他对王充的批判精神给予高度赞赏："王充在哲学史上的绝大贡献，就是这种评判的精神。这种精神的表现，便是他的怀疑的态度，怀疑的态度，便是不肯糊里糊涂地信仰，凡事须要经我自己的心意'诠订'一遍，'订其真伪，辨其虚实'，然后可以信仰。若主观的评判还不够，必须寻出证据，提出效验，然后可以信仰。这种怀疑的态度，并不全是破坏的，其实是建设的。因为经过了一番诠订批评，信仰方才是真正可靠的信仰。凡是禁不起疑问的信仰，都是不可靠的。"[①] 胡适先生说得太对了，文艺复兴因为有批判思维，所以不全是破坏的，文艺复兴破坏的是旧时代的糟粕，文艺复兴建设了一个全新的时代。

从《山海经》《淮南子》和《论衡》这三本奇书，我们可以得出一个这样的结论，无论是浪漫主义的幻想，博采众长、多元文化的主张，还是理性的批判精神，在中国几千年形成的传统文化中都不是正统。所以，《山海经》《淮南子》和《论衡》就算是奇书，也不会引起中国知识分子的兴趣，也不会认真去读、去思考。于是由孔夫子领衔的正统文化没有受到任何挑战，历史的长河就这样波澜不惊地继续流淌下去了。

不过此时的欧洲也同样遭遇着愚昧，从淮南子到王充生活的年代，差不多是罗马人发动第三次布匿战争、迦太基灭亡、伟大的阿基米德惨死在罗马士兵的刀下、凯撒大帝征服欧亚非，一直到基督教开始在欧洲广泛传播的时期。那时的欧洲人也没人知道什么叫幻想、博采众长、多元化和批判精神。不过笼罩在欧洲上空愚昧的迷雾却在比我们更早的时候被玩家们驱散，欧洲大地逐渐迎来了科学的曙光。

---

① 胡适. 2011. 中国哲学史大纲. 北京：商务印书馆.

第五章　被遗忘的玩家

谈起科学，大家的第一反应也许是科学都来自西方，科学似乎和中国传统文化毫无瓜葛。殊不知《黄帝内经》《九章算术》或《齐民要术》等这些来自远古时代的、被我们忘记了作者的书籍里却充满了科学。

远古创客

如今能让人飘在离地面几百公里的宇宙空间，能打印任何东西（包括汽车和比萨饼）的 3D 打印机，能在任何路面上背着几十公斤牛肉汉堡奔跑的机器大狗，还有让 MIT（麻省理工学院）的 Maker（创客）们脑洞大开、忙个不停的，统统都与 Science 也就是科学有关。如今科学已经到了无所不能、无处不在的地步。可是，这么牛的科学是打哪儿来的，从哪天开始的呢？科学不是天上掉下来的，我们称为现代科学的这件事儿，是 16 世纪从波兰人哥白尼哆哆嗦嗦地发表了他的《天体运行论》以后开始的。从那时起，在欧洲，胡思乱想的玩家逐渐和工匠们携起手来，使科学技术成为推动世界历史发展的新引擎。从此以后，欧洲人似乎成了这个世界上最牛最强的人。

为科学的进步做出伟大贡献的只有西方玩家和工匠吗？我们回过头去看一看，事情其实不完全是这样。咱们想想，在哥白尼睁着好奇的双眼想看穿宇宙以前，欧洲的玩家和工匠肯定比中国玩家和工匠厉害吗？肯定能玩过中国人吗？

这件事中国人自己没研究过，不过有个英国佬研究了，他就是李约瑟先生。李约瑟在研究了大量中国的古代经典，并在中国做了一番具体考察以后惊讶地说，中国与"拥有古代西方世界全部文化财富的阿拉伯人并驾齐驱，并在公元 3～13 世纪保持一个西方所望尘莫及的科学知识水平……中国的这些发明和发现往往远远超过同时代的欧洲，特别是在 15 世纪之前更是如此（关于这一点可以毫不费力地加以证明）[①]。"原来中国古代的创客、中国的能工巧匠一点都不怂。

那中国的能工巧匠都玩出了什么远远超过同时代欧洲的好玩意儿让李约瑟这么惊讶呢？咱们就来一次穿越，穿越到李约瑟说的古代中国。

晋代学者崔豹（崔豹生活的年代，正好是李约瑟说的上限，约公元 3 世纪）写了一本《古今注》。在这本书的一开始，崔豹讲了个故事：

---

① 李约瑟. 1975. 中国科学技术史. 北京：科学出版社.

"大驾指南车，起黄帝与蚩尤战于涿鹿之野。蚩尤作大雾，兵士皆迷，于是作指南车，以示四方，遂擒蚩尤，而即帝位。"①这里讲的是黄帝在涿鹿大战蚩尤的故事。大战开始以后，蚩尤做法，让天空起了大雾，士兵们什么都看不见，辨别不出方向了。于是伟大的黄帝造了一辆指南车，让士兵们在雾中也可以辨别方向。结果蚩尤被抓住宰了，黄帝即位。

崔豹说的这个指南车是啥装置呢？是指南针吗？据说指南车和指南针指示方向的方法是不一样的。指南针是依靠磁性指示南北方向，而指南车不是，指南车是一种可以由人操作的机械装置。指南车上站着一个伸着手的木头人，出发时调整好它手指的方向，这个方向就被固定下来。通过一系列复杂的机械，指南车无论走多远，路途多么曲折迂回，小车上木头人的手，总会永远指着开始设定的那个方向。所以指南车和指南针、GPS不一样，指南车的工作原理和雷诺发明的差速器原理倒是一样的，是由一堆差速齿轮完成的。

差速器是咋回事儿呢？差速器是为解决汽车转弯时遇到的难题而设计的。汽车转弯时，由于四个车轮走过的路径不是相等的，内外侧两对轮子的转速必须进行调整，如果四个轮子转速都一样，一拐弯车就翻了！怎么办呢？这个事儿在100多年前被法国的雷诺解决了，解决方案就是差速器。

中国科学技术史专家潘吉星先生认为，"指南车（south-pointing carriage）或司南车是含自动离合的齿轮系机械装置，保持一定行驶方向的车……指南车起源于西汉，但晋以后将其追溯到远古传说时期的黄帝时代或西周，是没有历史根据的……指南车的制造反映了古代机械工程方面的重大成就……"②这种"含自动离合的齿轮系机械装置"其实就是雷诺发明的差速器，中国比雷诺早玩出上千年。

古代中国人还有个发明，这个发明最早记录在一本描述汉朝社会生活的书《西京杂记》里。这本书里有这么一段记录："汉朝舆驾祠甘泉汾阴备千乘万骑。太仆执辔。大将军陪乘名为大驾。司马车驾四中道。

① 崔豹. 2011. 古今注·卷一·舆服第一//王谟. 增订汉魏丛书：汉魏遗书钞. 重庆：西南师范大学出版社，北京：东方出版社.
② 潘吉星. 2002. 中国古代四大发明——源流、外传及世界影响. 北京：中国科学技术大学出版社.

辟恶车驾四中道。记道车驾四中道……相风鸟车驾四中道……"①什么意思呢？这里"舆驾"两个字的意思是皇帝出游。自从秦始皇统一全国，中国的皇帝就开始了一种劳民伤财的活动"舆驾"。皇帝干吗要"舆驾"出游，他是去干啥呢？他可不是考察各地老百姓生产生活情况的，他是去祭神、寻仙，还有封禅，封禅就是祭天（封是天）又祭地（禅是地）。《西京杂记》里这几句话的意思是皇帝出游时皇家旅行团的规模，要有1000匹马的骑兵，还有各种车辆，有大将军的、有司马的，也有辟邪的，其中还有"记道车"和"相风鸟车"，这是什么车呢？"记道车"就相当于如今汽车上的里程表，"相风鸟车"是观察风向的风向仪。里程表和风向仪在汉朝就被中国人给玩出来了，还用在皇帝出游的"舆驾"队伍中。

记载记道车的古籍比记载指南车的要多一些，除了《西京杂记》，《古今注》《晋书》和《宋书》里都有相关的记载。各种古书里记载的这种车的名字不太一样，有叫记道车的，有叫大章车的，还有叫记里鼓车的。其中《古今注》是这样记载的，在讲完黄帝战蚩尤及指南车的故事以后，接着又聊道："大章车所以识道里也，起于西京亦曰记里车，车上为二层，皆有木人，行一里，下层击鼓，行十里，上层击镯。"②啥意思呢？这里把记里车叫大章车了，崔豹说大章车就是《西京杂记》里说的记里车，现在流传下来的《西京杂记》里写的是记道车。这种车之所以能知道走了多远，是因为车上有两层，走一里路，下层会击鼓一次，走十里路，上层会击镯一次。镯是古代一种打击乐器，应该和现在的铃铛差不多。古人巧妙地在大章车上弄出这两种声响，两种声响就像现在汽车里程表个位数和十位数的跳字一样，可以记录行走的距离了。

不过千百年来古籍里记载的这些发明，在中国早就失传了、消失了，没有人见过真的指南车、大章车和相风鸟车。古籍的记载没受到中国学者的注意，反而有外国学者注意到并做了研究。一位叫郎基斯特（G. Lanchester）的英国学者，通过对《宋史》中有关描述的研究，提出指南车的原理是差动轮结构，他以这个结构复原了一辆指南车，收藏在大

---

① 刘歆. 2011. 西京杂记·卷五//王谟. 增订汉魏丛书：汉魏遗书钞. 重庆：西南师范大学出版社，北京：东方出版社.
② 崔豹. 2011. 古今注·卷一·舆服第一//王谟. 增订汉魏丛书：汉魏遗书钞. 重庆：西南师范大学出版社，北京：东方出版社.

英博物馆里。近些年，著名古代科学技术史学家王振铎也对古代这些发明做了研究，他成功复制出指南车、大章车还有张衡的地动仪等古代发明。

卑贱的工匠

除了指南车、大章车，中国古代的玩家、能工巧匠们还玩出过许多非常巧妙的机械装置。比如利用水力作为动力而设计的水排，水排是一种由水力带动用于冶炼炉的鼓风机。水磨、水碓（利用水力舂米）、水纺车也是古代非常常见的机械工具。此外还有记录地震的候风地动仪、观测天象的浑天仪、水运仪象台等。这些装置上会使用轴承、齿轮、杠杆、曲轴等各种机械零件，这些也都是现代机械必不可少的。

除了机械，火箭也是中国玩家的一大发明，"对于火箭起源的年代，有不同的观点。南宋诗人杨万里在《酒酉赋后序》中记载了 1161 年长江下游采石之战中宋军使用的'霹雳炮'。潘吉星考证，'霹雳炮'是一种纸筒中装固体火药的大型'起火'式武器，点燃后发射升空，降落时自行爆炸"[1]。

这些发明在中国出现的时间都很早，大多数比其他国家的记载要早，有些甚至早很多。

不过很遗憾的是，中国古代很多伟大的发明是哪个玩家、哪个能工巧匠创造的，没有被记载下来。凡是被史书记载下来的发明人，大都是做官的人，如果发明人没当过官，那这个人基本就会石沉大海。像指南车，传说是黄帝发明的。黄帝就是轩辕黄帝，是当时最大的官，天子也。还有发明水排的杜诗，他是东汉光武帝时的侍御史，侍御史是御史大夫之下的一种官职，汉朝皇帝下面是三公——丞相、太尉、御史大夫，所以侍御史是只比三公小一点的官，应该相当于现代的文化部长。还有发明候风地动仪、相风铜鸟、浑天仪的张衡，他是汉朝的太史令，太史令官儿不算大，不过也是京城里的京官，和现在的副部长、局长差不多。发明水运仪象台的苏颂是个大官，他生活在宋朝中期，也就是 11 世纪，

---

① 陆敬严，华觉明. 2000. 中国科学技术史·机械卷. 北京：科学出版社.

他的官一直做到了宰相、太子太保。而古代更多做出各种发明的人却都是普通人，史书少有记载。

像李约瑟先生说的那样："由于中国过去的文化是那样偏重文学而轻视科学，所以在中国的史书上，简直很难找到有关科学发展方面的最有价值的资料。"①

诗词歌赋这些美妙的文学作品，就像悠闲生活中一朵朵美丽的鲜花，给人们的生活增添了无穷的韵味，可谓锦上添花。自古以来读书人为取得功名，为了能写上一手好字，作出一段美妙的诗文，宁愿忍受十年寒窗之苦。倘若他们有所成就，就会和他们的诗词歌赋一起流芳百世，直到今天还在大家嘴边唠叨。比如李白、杜甫、白居易、苏东坡等。但文学毕竟不能给老百姓当饭吃，不属于"第一生产力"，也不像各种实用的工具，每天都会在大伙身边转悠。

能工巧匠们源自生活，为生活的便利创造出的工具，除了可以提供克敌制胜的武器装备以外，看病、种田、盖房子、计算也都是万万离不开的。人要是生了病，看病治病不能离开医生，生了病只读读李白的绝句，抑或是观赏苏东坡的狂草肯定不行；种田是农民伯伯天天要干的事情，可他们也许不需要诗人坐在田埂上给他们吟诗作赋，但却离不开铁匠为他打造的镰刀和锄头；盖房子离不开的是瓦匠和木匠，他们恐怕不会玩蝇头小楷或者泼墨大写意；而且，瓦匠木匠不但要会盖房子还要会算，不会算，房子没盖好就塌了，但是他们必定不知道皇帝过生日的良辰吉日是怎么算出来的。

可是这些老百姓身边最常用的、能让老百姓过上踏实日子的，被李约瑟认为曾经是世界第一、谁也没中国玩得强的工具和技术，在中国却得不到重视，更不是读书人、知识分子主要关心的事情。编纂历史的官员，像司马迁、班固、范晔，他们编纂的历史里很少会提到这些人。没有知识分子关心，在社会上得不到传播，能工巧匠们的技术就只能靠父子师徒相传，所以中国古代大量的技术就这样逐渐失传了。比如考古发现的越王勾践剑，殷墟里制作精美的青铜器，这些宝贝的制造工艺至今还是迷。能工巧匠们许多巧妙的发明，由于没有人记载，被永远地封存

---

① 李约瑟. 1975. 中国科学技术史. 北京：科学出版社.

在层层历史迷雾之中。

　　更让我们感到很羞愧的是，即使有些技术发明被记录下来，可是记录的方式却非常令人遗憾，起码看了会让人很不舒服。怎么不舒服呢？我们都知道，《后汉书》里记载了蔡伦发明造纸术，《梦溪笔谈》里记载了毕昇发明活字印刷术。我们应该感谢范晔和沈括两位老先生，大笔一挥，为我们记录下了这两位影响了世界的发明家。可是，他们记载的方式却让人唏嘘不已，甚至心痛。这是怎么回事呢？两本书确实记载了这两项伟大的发明，可对于两个发明人，从两本书的记载中可以看出，作者对他们并没有太多的尊重，为啥呢？也许就是因为，他们不是官儿，而只是两个地位卑微的人——太监和布衣。

　　先来看《后汉书》，《后汉书》记录的是，从绿林英雄打败王莽的军队，恢复汉制以后，有200多年的历史。《后汉书》一共有正文九十卷，志第三十卷。正文前十卷写的是皇帝和皇后等的纪，接着的六十五卷写的是各个大臣和名人的列传，包括张衡（他是太史令）、董卓、公孙瓒、袁绍、刘秀、袁术和吕布等。正文的最后十五卷写的是包括循吏列传（循吏据说就是清官）、酷吏列传（酷吏应该相当于警察）、宦者列传（宦者就是太监），还有儒林、烈女、方术、东夷、南蛮等列传。现代大多数谈到蔡伦发明造纸术的书上都说，蔡伦的事迹记载在《后汉书·蔡伦传》中。那《后汉书》里真的有《蔡伦传》吗？根本没有！蔡伦的事儿是记载在《后汉书·宦者列传》里。宦者就是宦官、太监，宦官制度是中国包括西方文化里一种畸形、黑暗的政治之一。虽然历史上有过几个宦官风光一时，但绝大多数的宦官，他们都是地位卑贱、不被尊重的可怜人。蔡伦就是这样一个人。

　　那范晔是怎么记载蔡伦的呢？《后汉书·宦者列传》开头这样写道："《易》曰：'天垂象，圣人则之。'宦者四星，在皇位之侧，故周礼置官，亦备其数。……"[1]意思是说，根据《易经》上说过的"天垂象，圣人则之"，宦官像四星一样时刻伺候在皇帝两侧，这些都是周朝礼仪中的古制了。这里的四星是什么意思呢？就是所谓四仲中星，四仲中星在中国古代是代表春、夏、秋、冬四个季节的四颗星，即鸟星、火星、虚星、

----

[1]　范晔. 1965. 后汉书·宦者列传. 北京：中华书局.

昴星。宦官就像这四颗星星，春、夏、秋、冬年复一年都时刻围绕着皇帝，伺候着皇帝。范晔这一卷是告诉大家宦官制度的由来，是古已有之的一种制度。在介绍宦官制度的同时，也讲了几个有名的宦官，其中有蔡伦。不过蔡伦还不是这一卷第一个记下来的，第一个是一个叫郑众的人，因为他是伺候皇帝的贴身宦官，而且立过大功。蔡伦是这一卷里第二个被记录下来的宦官。范晔记下蔡伦就是因为蔡伦发明了造纸术吗？咱们看一下。《后汉书·宦者列传》里只有短短290个字的所谓《蔡伦传》："蔡伦字敬仲，桂阳人也。以永平末始给事宫掖，建初中，为小黄门。及和帝即位，转中常侍，豫参帷幄。"这句话的意思很容易看懂，说蔡伦是哪里人，永平末年进宫，建初年当上小黄门。小黄门就是小太监。汉和帝即位，他又做上了中常侍。中常侍应该是内宫里的太监。

"自古书契多编以竹简，其用缣帛者谓之为纸。缣贵而简重，并不便于人。伦乃造意，用树肤、麻头及敝布、渔网以为纸。元兴元年奏上之。帝善其能，自是莫不从用焉，故天下咸称蔡侯纸。"这就是记录蔡伦造纸的事迹，一共71个字，加上现代的标点符号是83个字。

"元初元年，邓太后以伦久宿卫，封为龙亭侯，邑三百户。"因为造纸有功，得到邓太后的奖赏，封为拥有三百户的龙亭侯。范晔选中蔡伦，把蔡伦写进了《后汉书·宦者列传》的真正原因，应该是这个龙亭侯的官职。如果不是龙亭侯蔡伦，范晔可能根本想不起造纸的蔡伦。

"伦初受窦后讽旨，诬陷安帝祖母宋贵人。及太后崩，安帝始亲万机，敕使自致廷尉。伦耻受辱，乃沐浴整衣冠，饮药而死。国除。"蔡伦命运的结局非常悲惨，因为卷入后宫嫔妃之间的争斗，他受窦太后指使诬陷宋贵人。窦太后死后，汉安帝要他自己去朝廷认罪受罚，他没有去，服毒自杀了。死后，他的"龙亭侯，邑三百户"统统被取缔。

范晔怎么也没想到，被他选入《后汉书·宦者列传》里的一个先被"封为龙亭侯，邑三百户"，然后又"国除"的蔡伦，他造的纸在1000多年后，成为传播文明信息、推动人类文明进步的强大动力。

关于沈括是怎么记载毕昇的，在后面的章节可以看到。

不被尊重的学问

　　不只与日常生活有关的用具和机器是哪个玩家、哪个能工巧匠发明的，历史上几乎没什么记载，很多记述了各种科学技术成就或者像百科全书那样介绍各种知识的书籍也不清楚是谁写的。其中有一本就是集上古时代医学之大成，并且直到今天，中医学者还在不断参考和运用的书——《黄帝内经》。

　　《黄帝内经》是中国最古老的一部医书，是中医的经典之作。中医和现代医学对病的态度完全是两码事，现代医学认为病都来自各种病毒、细菌的入侵，或者是暗藏在身体里的小坏蛋——癌细胞在作怪。比如猪流感，那就是因为一种本来只感染猪的病毒，突然变了花样，大胆和人类作对，开始感染人了。生物学的发展让现代医学变成了疾病学、病理学。病理学就是根据原因的不同把人不舒服的事情分成各种疾病，再对那些造成不同疾病的原因进行研究的学问。现代医学要做的事情是针对不同的疾病，使用不同的方法去对付，所以西医动不动就要吃消炎药、抗生素（这些药有人叫魔弹），实在不行就动刀子，把肚子或者脑袋开个大口子，把"小坏蛋"从里面取出来。

　　可中医不这样玩，中医认为人之所以生病，是因为阴阳不调，或者气血不通，每个人的病症虽然各不相同，但原因是相同的。比如一个人腿疼，医生会告诉他这是你的气血不通造成的；而一个人肚子疼，医生也有可能会告诉他是气血不通。不过由于每个人的情况不一样，一个人身体羸弱，说话都懒得动嘴，而另一个人看上去却很健壮，说话声音巨大，所以尽管都是气血不通，中医会根据每个人的不同特点采用所谓辨证施治的办法，让病人调和阴阳，血气畅通。如何来治疗病人，中医也有不同的办法，其中有吃药、针灸、按摩、艾灸、拔罐子等，当然也包括外科手术。吃的药都来自大自然，比如野草、树皮、树根，以及野生动物、虫子，连化石都可以入药。这些办法都是谁琢磨出来、玩出来的呢？

　　中国古代有很多著名的医生、郎中，像扁鹊、华佗都是人们熟知的，中医就是他们玩出来的。不过无论医生、郎中多高明，中医的根儿却在《黄帝内经》里，中医的所谓望、闻、问、切，经脉学说，辨证施治，协调阴阳和针灸等都是来自这本书。所以如今中医学院的学生，不通读和看懂《黄帝内经》是甭想毕业的。可是，这本中医学上最古老、最重要的经典著作是谁写的呢？这事儿没人说得清楚。

那《黄帝内经》是一本什么样的书呢？看书名就可以知道，这本书和黄帝有关，大家都把轩辕黄帝看作是中国人的祖先，如果是他写的书肯定是很牛的。但轩辕黄帝生活的时代真的有人写书吗？这事显然不太靠谱，那《黄帝内经》会是谁写的呢？按照西汉淮南子的说法，"世俗之人，多尊古而贱今，故为道者必托之于神农、黄帝而后能入说"。这话的意思是，世俗之人一般都尊崇古代的圣贤，世俗之人如果想建立一套自己的理论，即所谓"为道者"，就必须假借古代圣人，比如神农和黄帝，这样他的理论说出来才有人信服，"而后能入说"。《黄帝内经》也是如此，所以淮南子认为，这部医学经典是世俗之人写的。但是，是哪个世俗之人写的就没人知道了。

《黄帝内经》是一本对话体的书，是借用黄帝与一个叫岐伯的人的对话来讲故事。对话体的书在远古时代似乎是一个传统，不光中国如此，古希腊的哲学家，比如柏拉图也喜欢用对话的形式写书。我们能了解关于柏拉图的老师苏格拉底的事迹，都出于柏拉图《苏格拉底的申辩》等许多篇对话录。《黄帝内经》就是通过黄帝与岐伯这两个人的对话，向读者讲了很多关于医学的知识和治疗疾病的各种方法。中医的所谓望、闻、问、切，经脉学说，辨证施治，协调阴阳和针灸等也许都是这本书里首先提出的。这本书是关于疾病、病理、治疗、药物及各种中医知识的集大成之作。而且这本书和西方古代的医学著作不同，古希腊的医学著作现在基本已经失去现实意义，比如公元前5世纪古希腊医学家希波克拉底的《希波克拉底文集》，以及他关于人体中血液、黏液、黄胆汁和黑胆汁四种液体的学说，现在已经没有医学意义。而《黄帝内经》中的大部分内容，直到今天还在指导着中医的治疗。因此现代学者认为，一本意义如此重大、如此深远的医学巨著不可能是一个人写的，而应该是集体智慧的结晶。古代出书也不像现代，现代的集体创作，也会在封

面上写着这个集体的名字，比如某某编辑委员会，不过《黄帝内经》的编辑委员会不知道是哪几个大医学家组成的。

除了《黄帝内经》，中国历史上有关中医的书很多，这些书多数都有明确的作者。比如汉朝张仲景的《伤寒杂病论》、魏晋王淑和的《脉经》、唐朝孙思邈的《千金要方》，最著名的应该算是明代李时珍的《本草纲目》。这些书的作者之所以被人们记住，都与他们当过官有关。比如张仲景做过长沙太守，王淑和是太医，孙思邈也曾被唐太宗授予爵位。这里只有李时珍是草民一个，不过也做过一年上京太医院的院判。另外中国古代从事医术的人，社会地位很尴尬。虽然自古有"不为良相，便为良医"的说法，医生也很受皇帝贵族的重视，但是医生的社会地位并不高。从《周礼》可以看到，周朝就有医师："医师掌医之政令……凡邦之有疾病者，有疕疡者造焉，则使医分而治之。"①意思是医师掌握所有医学的事情，国家有病人，长疮、溃疡的，都找医师去看。不过《周礼》还给医师规定了一些条件，"岁终，则稽其医事，以制其食。十全为上，十失一次之，十失二次之，十失三次之，十失四为下"②。啥意思呢？就是到了年终，医师要根据看病的情况，给予一年的报酬，看十次病都看好的为上，十次有一次、两次、三次、四次没看好的，依次次之。《周礼》里记录的各种官职，把工作和报酬联系起来的不多见。中国古代医生这种尴尬的地位，和中国古代的医学比较随意的观念关系很大。啥叫比较随意的观念？中国古代医生行医不需要执照，所谓久病成医，谁都可以当医生。良医一般是祖传的，读过多少书不知道，可任何一位良相却都是靠十年面壁苦读诗书换来的。"有学位的人行医并不比没有学位的人更有权威或更受人尊敬，因为任何人都允许给病人治病，不管他是否精于医道。"③这是16世纪来中国的意大利传教士利玛窦在他的日记里说的。直到今天我们聊有名的中医，也说是某某祖传神医，而不是出自哪个有名的医学院。所以中国的医学观念随意性比较强。而欧洲医学是古希腊希波克拉底的医学精神延续下来的，希波克拉底誓言是每一个行医的人都必须发誓遵守的："……尽我所能诊治以济世，决不有

① 《周礼·天官》。
② 《周礼·天官》。
③ 利玛窦.1983.利玛窦中国札记.何高济，王遵仲，等译.北京：中华书局.

意误治而伤人……凡入病家，均一心为患者，切忌存心误治或害人，无论患者是自由人还是奴隶，尤均不可虐待其身心……"[1]中世纪欧洲的医学也曾经忘了希腊精神，医学充满迷信和神魔。不过到了中国的南宋时代，意大利建立了欧洲第一所正规的医学院，即现在的萨莱诺大学。后来伽利略读过书，听过医学课的大学，即意大利帕多瓦大学，则建立于 1222 年，那时候是中国的元代。所以随着医学的进步，医生这个职业在欧洲也越来越受到广泛尊重，护士被称为天使。

《黄帝内经》不知是谁写的，另外还有一本中国算学史上的宝典《九章算术》，也基本上搞不清是谁写的。关于这本书的作者是谁，到现在历史学家还在争论不休。由吴文俊先生主编的《中国数学史大系》里，关于《九章算术》的成书年代和作者这个问题，书中描述了七种说法，结论是"《九章算术》是什么时候成书，成于何人之手等问题，长期以来众说纷纭，迄无公认的主张"[2]。

不过话又说回来了，《九章算术》是中国古人在数学上的一大成就不就完了，非要追问是谁写的干嘛？这个问题确实不仅仅是个作者的问题。

首先来看看《九章算术》究竟是一本什么样的书。按照《中国数学史大系》的说法，《九章算术》应该是由西汉的刘歆整理而成的，也就是这本书已经流传 2000 年以上了。2000 年前中国人掌握的数学是怎样的呢？所谓《九章算术》，从书名就可以知道这本书分为九章，即卷一方田；卷二粟米；卷三衰分；卷四少广；卷五商功；卷六均输；卷七盈不足；卷八方程；卷九勾股。这些中国式的数学名词现在没几个人能看懂，不过没关系，《九章算术》里每卷没有其他啰唆的话，就是十几到三四十道不等的各种数学问题。从这些问题，我们就可以很清楚地了解这些名词所代表的数学意义了。《九章算术》中的问题大多数都是关于农业的，比如卷一方田中的第一个问题是："今有田广十五步，从十六步。问为田几何？答曰：一亩。"这个问题就是告诉读者，一亩地有多大，还有计算的方法，卷一里包括了现代叫平面几何和四则运算的数学概念。第二卷粟米，"粟米之法，粟率五十，粝米三十……今有粟一斗，

① 希波克拉底. 2007. 希波克拉底文集. 赵洪均，武鹏译. 北京：中国中医药出版社.
② 吴文俊. 1998. 中国数学史大系. 第二卷. 北京：北京师范大学出版社.

欲为粝米，问得几何。答曰，为粝米六升"。这是不同的谷物按比例折换的计算方法，怎么算呢？首先规定好不同谷物的率，即粟（小米）五十，粝米（糙米）三十……问现在有一斗小米，换成糙米是多少。答，一斗糙米是六升。这里的率是个死数，是人为规定的。第三卷衰分也是比例问题，可以用在分配或赋税、利息的计算上。第四卷少广是从已知的面积反求边长和径长的方法。第五卷商功提出了土木工程中许多立体几何的公式。第六卷均输是求平均数的方法，比如以道路的远近、负载的轻重求脚夫的脚费。第七卷盈不足是计算盈亏问题的方法。第八卷方程，包括一次方程组、矩阵，并且提出了负数的概念。最后一卷勾股，是勾股定律的通解。按照吴文俊先生的说法，比古希腊毕达哥拉斯和欧几里得的勾股定理高明多了。

这样的《九章算术》无论是谁写的，肯定都给老百姓的现实生活提供了很实用的数学方法，拿着这本宝典，就不怕房子没盖好就塌了，或者卖粮食的时候让人骗了。不过也可能正是这本书里所提供的各种办法是给老百姓的，所以没有多少读书人会去认真地读。在这本书出现500年左右的隋唐时代，情况发生了一些变化，啥变化呢？数学成为当时科举中的一门课程，叫作"明算科"，于是中国开始有算学博士了。《九章算术》就是明算科里一本非常重要的教科书。有了算学博士，中国是不是出了很多数学家呢？根据《中国数学史大系》里对于那个时代的分析："《九章算术》被列为国家'明算科'的教科书'十部算经'之一，在流传上是有很大好处的。明算科的学生有时多达 30 人，少则几人，而且不是一二届，断断续续持续了 100 多年，究竟有多少数学的学生实无法统计，粗略估计恐怕不下一二百人。"[1] 100 多年能教出 200 个抑或 500个学生的明算科，即使这几百人个个都是博士头衔，明算科的教授肯定早就饿死了。所以明算科尽管被列入科举，却绝非是受到重视被粉丝追捧的正科。虽然《九章算术》的流传可能并不像历史记载的那样悲惨，但由于没有受到政府应有的重视，读书人、文化人儿也不可能整天抱着不被重视的书认真去读，所以在官方的历史记载中也只能看到这些零散的、让人十分不爽的情况了。

---

① 吴文俊. 1998. 中国数学史大系. 第二卷. 北京：北京师范大学出版社.

《九章算术》的流传可谓命运多舛，从隋唐到宋代运气还算好，"宋代在《九章算术》流传史上占有重要地位，先后 100 多年中雕版印刷 3 次，又有贾宪、李籍、杨辉等的研究，总的情况超过隋唐时代"[①]。宋代的《九章算术》从竹简变成了用雕版印刷出来的线装书，就算读的人不太多，印刷的数量肯定比竹简要多多了，起码对这本书的流传起到了非常重要的推动作用。可是宋代以后一直到清代，线装书也快没有了，"从元代到清代中期约 500 年间，《九章算术》的流传简直是不绝如丝，不仅仅没有印刷过一次，就连传抄也不多见"[①]。中国知识分子学习数学的兴趣是越来越小。就在数学将要在中国消失的时候，明朝永乐皇帝朱棣，命令他的手下弄了一大套能在皇宫里拿着玩的《永乐大典》。这部《永乐大典》里收进了《九章算术》的内容，这才让这本凝结着中国玩家心血、差一点就消失的古籍得以幸存。现在我们可以看到的《九章算术》就是如此这般经历了无数风雨，非常侥幸地被保存和流传下来的。

吴文俊先生在对《九章算术》做出大量研究以后，他认为《九章算术》里提出的许多数学理论都先于西方。但是《九章算术》是谁写的、这些数学问题是哪位数学家提出来的，却没有人知道。而古希腊最早研究数学的，比如玩出勾股定律的毕达哥拉斯，玩出《几何原本》的欧几里得，玩出代数的刁潘都，他们的情况就完全不一样，他们也不是每个人都写了书，可是他们作为数学家的事迹却是尽人皆知、家喻户晓。人们都很尊重这些数学家，他们有点像现在的影视明星，屁股后面跟着很多粉丝，大家都学着他们的样子也去玩数学，就像现在大家都蜂拥到传媒大学、电影学院，都想做个主持人或者电影明星那样。于是在西方，由欧几里得他们玩出来的数学被一代一代的人传下去，直到 17 世纪的牛顿、莱布尼茨等，数学逐渐变成了一门系统的、高深的而又大有用处的学问。现在我们都清楚，数学是所有科学学科的根基，所有被我们认识的关于大自然的规律都是符合数学规律的。

《九章算术》虽然在很早的时候就提出了非常多的数学理论，但是这本书由于没有得到人们应有的重视和尊重，只是农民伯伯或者木匠瓦

① 吴文俊. 1998. 中国数学史大系. 第二卷. 北京：北京师范大学出版社.

匠需要了解的，是种田或者盖房子时能用的方法，读书人没人去好好读、好好研究，更没有人继续玩下去。而曾经不如《九章算术》那么厉害的外国数学，由于总是有粉丝不断地学习、不断地创新、不断地玩，于是更加复杂的现代数学随着科学的出现渐渐在欧洲建立起来。

所以知道不知道一本书是谁写的不仅仅是作者的问题。

还有一本书在中国历史上也十分著名，那就是被称为中国历史上最早、最完整的农业百科全书《齐民要术》。这本书有一个非常奇特也十分有趣的现象，那就是明明知道书是由南北朝时期北魏末年（公元533～544年）一个叫贾思勰的人所著，可这个贾思勰是何许人也却是个谜。"贾思勰，史书里没有他的传记，别的文献也没有关于他的只言片语，他一生的事迹，留给后代的是一纸空白。现在唯一确凿的'信使'只有十个字，那就是《要术》书里的作者署名，题着'后魏高阳太守贾思勰'。"① 按照贾思勰自己的说法他还做过高阳太守，太守在当年不是省长起码也是个地级市的市长，当过这么大的官居然没有一个字的记载？可见这个可爱的贾思勰在当年是多么不受人待见了。

这么不受待见的人写的书，都写了些什么呢？《齐民要术》是一部有11万多字记述了当时农业几乎所有方面的各种技术和方法的百科全书式的巨著。全书分为十卷，分别记述各种有关农业的事项。按作者自己在自序中说的："起自耕农，终于醯醢，资生之业，靡不毕书。"醯醢是醋和酱的意思。他记述的事情都属于现代农业的范畴，是庄稼人关心的事情，所以这本书在古代，就像贾思勰这个人没人爱搭理一样，书的命运也是如此，"因为自古读书人看不起庄稼人，也看不起农书，直至明代还有人说《要术》只是拿来覆盖酱坛子的废纸"①。

难道贾思勰不知道他的书没人看吗？其实他很明白这本书不会有多少人看，而且农民伯伯更不会看。因为那会儿种田的农民伯伯根本不认识字，他们不把书拿来盖酱缸还能有什么用处？可他为什么还要写呢？原因就是，他是个玩家，他根本不在乎这本书有没有人看。此外，他是个太守、是个地方官，而且很可能是一个比较清廉的好官。所谓《齐民要术》的"齐民"指的是山东人，山东属于华北平原，齐鲁大地一向是中国的主要粮食

① 缪启愉. 2008. 国学大讲堂：齐民要术导读. 北京：中国国际广播出版社.

产地。贾思勰在齐鲁大地体察民情的时候，不禁对那里的农业产生了好奇和兴趣。好奇心吸引着他去观察、去研究、去思考，最终他把自己的观察、研究和思考写了下来，不管是不是有人看。贾思勰就是这么个玩家。可喜的是，他的书没有全都拿去盖酱缸，多少还留下一些一直保存到今天，让现在的学者们可以了解到那个时代中国的风情和耕农醯醢之事。

从上面说的三本书我们似乎可以得出这样一个结论，虽然后来科学革命没在发生在中国，但中国人是非常聪明、非常具有智慧的。虽然不能说这三本书的作者就是医学、数学和农学上的直接创造者，而且他们也可能并不想因为写了这几本书而流芳百世，像大诗人屈原那样，过端午节的时候，大家还为他们放河灯。但他们之所以要记录这些、写这些，说明他们对此充满了好奇和兴趣，这种好奇和兴趣与西方人称之为理性思维，并且创造出现代科学的那种思维方式是完全一样的。但是有一点很遗憾，这几位作者根本得不到正统文化的重视。他们也许只是几个平头百姓，不为他们放河灯也就罢了，关键是正统文化根本没有看到这些书背后透射出的理性思维的光芒，看不到何谈尊重？那正统的中国学者们都在干什么呢？千百年来，学者们在忙着考据训诂，学富五车的学者们宁愿花上几百年的时间去研究唐朝的造反英雄黄巢，研究他作的几句诗到底是真是假，也不会花一分钟的时间去研究《齐民要术》里讲的那些老农民的活计，更不要说替农民伯伯玩玩农业创新了。中国的理性思维之光被正统文化深深地埋葬了。没有人看到这个叫理性思维的思维方式，于是由理性思维带来的科学，还有科学革命也就无缘产生在中国了。

直到今天，当我们一谈起科学，大家的第一反应也许是科学都来自西方，科学似乎和中国传统文化毫无瓜葛，殊不知《黄帝内经》《九章算术》或者《齐民要术》等这些来自远古时代的被我们忘记了作者的书籍里就充满了科学。所以，作者是谁也许并不重要，但是作者的思想是否得到人们的尊重却很重要。

另外还可以这样说，现代科学并非来自西方，而是被西方人用来自全人类包括中国人在内的无尽智慧，以全人类对大自然、对宇宙的探索中创作出的无数故事，用理性思维的方法编织而成的。

第六章 献给世界的四大发明

"我们必须永远记住，他们（指日本人）没有如同印刷术、造纸、指南针和火药那种卓越的发明。"这是120多年前，一位英国传教士艾约瑟在《中国的宗教》一书里写的。若不是这位可爱的英国老先生告诉我们，我们只知道中国有会玩考据训诂、会玩谶纬之学、会玩骈文、会玩诗词歌赋、会玩对子、会玩宋明理学的文化人，可能根本不会知道世界上还有被几位太监、布衣、炼丹师傅玩出来的，给世界带来巨大变化的四大发明。

四大发明在外国

有几件事情要讲，啥事情呢？

第一件事，西班牙西南部有一个叫萨迪瓦的地方，那里盛产一种能长一米多高的草，这种草叫亚麻。1150 年，萨迪瓦建立起一家造纸工厂，造纸使用的原料就是当地产的亚麻，史料记载这是欧洲建立的第一家造纸厂。自从这个造纸厂出现，欧洲使用昂贵的羊羔皮做书的时代就结束了，用廉价的亚麻草造的纸代替羊皮纸的时代来临了。

不过，当时的西班牙还不是现在喜欢玩斗牛、有巴塞罗那足球俱乐部的西班牙王国。这个地处欧洲西南端伊比利亚半岛上的国家，那时候还属于阿拉伯人的地盘，从公元 8 世纪开始被一个叫作后倭马亚王朝统治，直到 15 世纪西班牙才获得独立。

第二件事是 13 世纪，蒙古铁骑第二次西征，占领了今天俄罗斯伏尔加河以西、波兰、匈牙利，直逼多瑙河畔，蒙古帝国的版图又扩大了一倍。这次西征，蒙古军队使用的火器包括火铳、火箭、喷火枪和炸弹。蒙古人用这些火器把当时的欧洲人打得稀里哗啦、晕头转向。13 世纪，欧洲最有学问的人之一、文艺复兴的先驱罗吉尔·培根在他的名著《大著作》里描述了这些可怕的东西："某些发明物使人听起来毛骨悚然，如将其在夜间很熟练地突然点放起来，无论城市或军队都将无法抵挡，没有任何雷声能与其巨响相比，某些这类东西是如此可怕，以致连乌云中的闪电都相形见绌……"[①]

可是 100 多年以后的 14 世纪，"佛郎机"这个现代火炮的先驱被法国人发明了。从此欧洲人再也不害怕蒙古人，蒙古人曾经用过的火铳、火箭、喷火枪和炸弹都成了儿童玩具。

第三件事，1441 年，意大利威尼斯市政府发布一道命令："鉴于在威尼斯以外各地制造大量的印刷纸牌和彩绘图像，结果使原供威尼斯使用的制造纸牌与印刷图像技术和秘密方法趋于衰败。对这种恶劣情况必

---

① 潘吉星. 2002. 中国古代四大发明——源流、外传及世界影响. 合肥：中国科学技术大学出版社.

须设法补救……"①云云。这是什么意思呢？这是因为当时已经开始有人用印刷术印制纸牌，印出来的纸牌可能没有手工绘制的那么精致典雅，可价钱便宜多了，威尼斯市场上开始充斥这些便宜货。所谓"原供威尼斯使用的制造纸牌与印刷图像技术和秘密方法"，其实就是人工绘制纸牌的技术和方法。"威尼斯以外各地制造大量的印刷纸牌""这种恶劣情况"让威尼斯玩手绘的工匠们不干了，于是为了维护威尼斯工匠们的利益，政府下令限制印刷的纸牌，"这种恶劣情况必须设法补救"，以保护手绘画匠们赖以生存的手艺。

　　不过，就像今天无论哪国政府下令保护实体店也阻止不了网购的发展一样，威尼斯市政府的一纸政令，根本无法阻止印刷术在欧洲的传播。15 世纪中叶，一个叫约翰内斯·谷登堡（Johannes Gensfleisch zur Laden zum Gutenberg，约 1400～1468 年）的德国人发明了用铅合金制作的活字，把活字印刷技术推向一个全新的阶段。从此印刷术成为促进文艺复兴和科学技术进步巨大的动力，谷登堡也成为现代印刷工业的鼻祖。

　　第四件事是第三件事发生 51 年以后的 1492 年 8 月 3 号，由三条帆船组成的舰队，在旗舰圣玛丽亚号的率领下驶出了西班牙一个小小的港口——帕罗斯港。这个小舰队的舰长就是大名鼎鼎的哥伦布，这次跨越大西洋的航行是人类有史以来的第一回。当时哥伦布以为跨越大西洋的旅途不会超过 3000 英里（1 英里≈1.609 344 千米）。不过，即使只有 3000 英里，这次航行也将是极其艰难的。如此艰难的航行，而且又是航行在茫茫无边、完全未知的大海之上，他们靠什么来辨认方向，并且确定他们是一直往前走，不是在大海里绕圈圈呢？那时候还没有 GPS，难道哥伦布把黄帝战蚩尤用过的指南车给弄来了？

　　"受西班牙国王委托从事海上探险的意大利航海家哥伦布，以指南针导航横渡大西洋，在发现美洲新大陆的过程中，1492 年还发现了磁偏角。"①著名科学史家潘吉星先生这样说。

　　原来哥伦布是拿着指南针，在茫茫的大西洋上一直向西航行的。经过两个多月艰难的旅程（比预计时间长了一倍），于 1492 年 10 月 12 日，

---

① 潘吉星. 2002. 中国古代四大发明——源流、外传及世界影响. 合肥：中国科学技术大学出版社.

一个星期五的凌晨两点，他们终于看见了陆地。这个被哥伦布误以为是印度的地方，就是现在的美洲。不过好在他有指南针，船队首先到达的是被哥伦布起名叫圣萨尔瓦多的小岛，这个小岛与他出发的西班牙帕罗斯港纬度相差大约 15°，也就是说哥伦布向西航行了 60 多天，每天向南偏离不超过 0.25°。如果每天偏离再大一点，他就可能会在大西洋里绕上半圈，漂到非洲喂狮子去了。如果没有指南针，哥伦布这趟探险之旅会不会成功就很难说了。因此无论如何指南针可谓为这次探险立下了汗马功劳。

上面的四件事情是关于造纸术、火药、印刷术和指南针最早出现在欧洲的故事。现在，只要说起这四大发明，所有中国人的第一反应肯定是觉得自己特牛，为啥会牛呢？因为这四大发明都是咱中国人发明的，是中国古代对人类做出的伟大贡献。不过这事儿外国人怎么说呢？他们也认为四大发明是中国人的功劳吗？

当四大发明已经在全世界广泛使用的时候，世界上并没有人研究过这些发明到底打哪儿来的。最早发现这些发明是人类文明大宝贝的，是一位英国学者，他叫弗兰西斯·培根。培根也许是全世界最早研究这些发明的人，他说："印刷术、火药、指南针曾改变了整个世界，变化如此之大，以致没有一个帝国、没有一个学派、没有一个显赫有名的人物，能比这三种发明在人类事业中产生更大的力量和影响。"培根把这些发明带给世界的巨大贡献说得非常清楚，是任何其他发明、其他事物都不可替代的。可这里培根只说了三样发明，忽略了纸。这也许是因为纸对于他已经习以为常，忘记了或者没有研究过纸替代羊皮和莎草纸的历史。培根是 16 世纪英国伟大的学者，被大家称作近代自然科学鸣锣开道者。他认为这些发明是人类文明发展不可缺少的，可是培根没有说这些发明最早是来自哪里，更没有说是来自中国。培根是在装傻？还是他不知道这些发明是谁最早玩出来的？

培根没有装傻，他确实不知道这些发明究竟来自哪里。而关于四大发明来自哪里，全世界的史学界曾经有过一段不小的争论。现在大家似乎都非常清楚，四大发明是中国人玩出来的。可这些发明到底是谁，怎么玩出来的，或者说到底有多少证据可以证明，这些肯定是中国人的发明，证明这件事情曾经经历了一个不简单的过程。

寻找发明的源头

现在已经有很多书介绍了四大发明的事情，不过那些书都厚厚的，动辄几十万甚至几百万字，很难一下子看完，把事情搞明白。那就把各种书上的说法梳理一下，或许可以得到一种比较简单的描述方式。

先来看看造纸术。前面的章节谈到过《后汉书·宦者列传》记载了蔡伦造纸的事情，不过我们读了范晔的文章就会知道，他记载的并不都是蔡伦造纸的事情。范晔用200多字记载的蔡伦，包括他的出生地、籍贯，怎么来宫里做太监，如何从小黄门到尚方令；他如何聪明、谨慎，因为好几次触犯龙颜，为了找到得罪皇帝的原因，他洗完澡，裸体躺在草地上琢磨等；他还在宫里监制造剑和一些器械，剑造得特别好，成为后来造剑的典范；接着范晔用73个字聊了他造纸的故事，然后是他如何得到邓太后的奖赏，被封为龙亭侯、三百邑等；最后，蔡伦因为受窦太后指使，诬陷别人，窦太后死后，皇帝让他来请罪受罚，他没有去，自杀了。从这些记载可以看出，范晔的记载中，更吸引人的故事是被邓太后封为龙亭侯，最后又因为诬陷别人自杀，而且他在宫里还负责过监制刀剑和器械。作为一个在宫里负责监制的蔡伦，造纸是不是他发明的就很难说清楚了。纸可能是工匠发明的，但是范晔不会记载工匠，于是把监工蔡伦给记载下来了。不过无论如何这是中国历史上关于造纸最早的一次记录。此外还有一个问题是，在范晔之后的文献里，除了有人引用过《后汉书》的说法，没有人再讨论过造纸的事情，纸是怎么造的没人知道。直到1300多年以后明朝宋应星的《天工开物·杀青》一章才把造纸的过程告诉大家。《天工开物》出现的时候已经是17世纪（1637年），比西班牙萨迪瓦开办的第一个以亚麻为原料的造纸厂，晚了将近400年。所以没有看过《后汉书》的外国人，不会承认纸是中国最早发明的。这里就有一个很值得我们反思的事情，由于中国传统不重视科学，关于造纸或者其他技术发明的文字记载很少，所以从古籍里去寻找各种发明创造，包括造纸术的证据非常难。

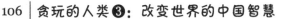

不过好在后来有了考古学。1901 年，瑞典探险家、考古学家、地质学家斯文·赫定在新疆罗布泊发现了楼兰古城，在楼兰他发现了很多纸质的文件。那是 1901 年 3 月的某一天，"黎明的时候，我们便开始工作……毛拉萨在极右边的马槽中寻找到一片有中国文字的纸……那片纸在沙土中两尺深，我们再往下掘，用手指筛沙土。一片一片的纸张被发掘出来，一共有 36 张。每张都有字。"① 他把这些发现带回了瑞典，经过瑞典科学家鉴定以后，他这样写道："……那片纸是公元前 150～220 年所写的。因此是现今所有最古的纸张，也是最古的纸上文字，比欧洲人最初所写的文字至少早 700 年。"① 1933 年，以斯文·赫定为团长的中瑞西北考察团再次来到罗布泊，考察团的中国团员黄文弼先生又发掘出"罗布淖尔纸"，经鉴定"罗布淖尔纸"来自公元前 70 年左右；1957 年，考古学家在西安灞桥汉代葬区，发现"灞桥纸"，经鉴定"灞桥纸"来自公元前 140 年左右；1986 年考古学家在甘肃天水放马滩发掘出一座汉墓，从这座汉墓中发现了一片绘有地图的纸"放马滩纸"，经过鉴定这片"放马滩纸"的年代大约在公元前 179～141 年②。

　　蔡伦生活在公元 100 年左右，考古发现的这些纸都比蔡伦岁数大，最小的大 170 岁，最大的大 250 岁以上。历史学家许倬云老先生说："纸张是中国另一特产。史籍所记，以为东汉蔡伦发明造纸。但是考古所得实物，西汉已有纸，甚至早到战国也有可能解释为'纸'的古字。"③ 那范晔在《后汉书》里写的不都是胡扯，是骗人的吗？范晔应该也没有骗人，造纸术在蔡伦以前肯定还没有得到普及，"伦乃造意用树肤、麻头及敝布、渔网以为纸"，这里说的也许是蔡伦对造纸的原料做了改进，过去造纸可能原料不合适，造成无法大量普及。蔡伦用新的原料让造纸技术有所提高，从此纸开始大批量生产。另外根据范晔的记载，蔡伦在宫廷里做过造刀剑的监工，那么宫廷里也必定有造纸的作坊，监工也是蔡伦。所以，造纸技术的改进很可能是在蔡伦的指挥下，由工匠们完成的。真正琢磨出改进办法的工匠，因为只是平头百姓，所以范晔肯定不会费笔

①　斯文·赫定. 2010. 我的探险生涯. 孙仲宽译. 乌鲁木齐：新疆人民出版社.
②　潘吉星. 2002. 中国古代四大发明——源流、外传及世界影响. 合肥：中国科学技术大学出版社.
③　许倬云. 2006. 万古江河. 上海：上海文艺出版社.

墨去记载他，于是造纸的所有功劳，统统都安在蔡伦这个监工龙亭侯的头上了。不过无论如何，纸在公元 100 年左右的时候就已经被中国人发明，并且已经大批量生产是可以肯定的。如此说来，中国的造纸作坊比前面说的，西班牙 1150 年建立的第一间造纸厂开工起码早了 10 个世纪。

那印刷术是谁发明的呢？有一本中国的古籍记载过一件事和印刷术有关，不过这本书不像《后汉书》那样是什么鸿篇巨制，而是明朝一位玩书法的陆深（字子渊）先生写的一本随笔集——《河汾燕闲录》。这个陆深，他的书法作品可比这本《河汾燕闲录》有名多了。比如他著名的书法长卷《瑞麦赋》，现在还保存在故宫博物院里，那可是价值连城的宝贝。正因为他是个大书法家，这本《河汾燕闲录》也就有人读了。那书法家的《河汾燕闲录》里说了什么和印刷有关的事情？"隋文帝开皇十三年十二月八日，敕废像遗经，悉令雕撰，此印书之始，又在冯瀛王先矣。"① 这些话啥意思？书法家陆子渊说，隋文帝"敕"，就是皇帝命令，"废像遗经"，把废旧佛像上的佛教经文，"令雕撰"，雕刻印制成书。陆子渊认为，"此印书之始"，这就是印刷书籍的开始。隋文帝开皇十三年，是公元 593 年。接着陆子渊又说，"又在冯瀛王先矣"，这个时代在"冯瀛王"之前。冯瀛王是谁？他就是冯道，是唐朝以后五代十国时期的宰相，生卒年是公元 882～954 年。怎么又冒出个冯瀛王？这是因为沈括在《梦溪笔谈》里说过这么一句话："版印书籍，唐人尚未盛为之，自冯瀛王始印五经，已后典籍，皆为板本。"意思是唐朝还没有人玩印刷，印刷是唐朝以后五代十国的宰相冯瀛王印五经才开始的。陆子渊认为沈括说的不对，他认为印刷在冯瀛王印五经以前 300 多年的隋文帝时代就开始了。

不过书法家说的印刷是雕版印刷，还不是 15 世纪那位德国谷登堡先生玩出来的活字印刷，大家都知道活字印刷是咱们中国的毕昇发明的。这事儿是谁记下来，怎么说的呢？关于毕昇发明活字印刷的事就是沈括的《梦溪笔谈》里说的，前面说了关于冯瀛王印五经的故事之后，沈括接着写道："庆历中有布衣毕昇又为活版。其法：用胶泥刻字，薄

---

① 潘吉星. 2002. 中国古代四大发明——源流、外传及世界影响. 合肥: 中国科学技术大学出版社.

如钱唇。每字为一印，火烧令坚。……"①沈括告诉大家，在宋朝庆历年间（1041～1048年），有个布衣，就是个平头老百姓叫毕昇，他发明的活版印刷。方法是在像铜钱一样薄的胶泥上刻上字，每个字刻一个印，用火烧，让胶泥变硬……可这个毕昇是谁，哪儿的人，多少岁数？沈括除了告诉大家他是个布衣以外，再也没有一个字的描述。不过不管这个毕昇是谁，他的岁数比德国的谷登堡先生肯定大不少，起码大了400岁。

从上面的那些记载可以认定，纸和印刷术的发明肯定没有外国人什么事儿了，那火药呢？

火药的发明没有任何明确的记载。不过黑色火药的成分很简单，就是电影《地雷战》里说的，一硝（硝酸钾）二黄（硫黄）三木炭，其实这其中只要有硝酸钾和硫黄，就会起火燃烧爆炸，木炭是起助燃作用的。西晋的葛洪（公元284～364年），在他著名的《抱朴子》内篇中，有一段叫"小儿作黄金法"，里面有这样描述："硝石一斤云母一斤代赭一斤硫黄半斤……"②云云，这里已经包括黑色火药中两种重要成分，已经会燃烧或者爆炸了。这么说黑色火药就是葛洪发明的了？葛洪不是发明了火药，而是他在炼金丹的时候，一不小心偶然发现硝石、硫黄弄在一起会起火爆炸。葛洪自己根本不知道这是他玩出来的伟大发明，而是懊恼万分，觉得自己闯了大祸。为啥这么说呢？因为在葛洪死了至少300年以后，唐朝的《道藏》有一篇文章《真元妙道要略》，这篇文章里这么写道："有以硫黄、雄黄合硝石并蜜烧之，焰起，烧手面及烬屋舍者。"③啥意思呢？意思是告诫大家一件非常危险的事情，如果用硫黄、雄黄（也是一种含硫的矿物）和硝石一起加上蜂蜜去烧，这些东西就会着火，不但会烧了手和面孔，连屋子都给烧光！所以大家要小心，一定不能把这几样东西放在一起瞎折腾！

就算是葛洪在公元3世纪一不小心发现了火药，但一直到400年以后的公元7世纪，火药还被认作是谁都不能碰的怪物，更没有被当成可以推动人类文明进步的一种发明。直到又过了300年，宋朝文学家孟元

---

① 沈括. 2007. 梦溪笔谈·卷十八·技艺. 唐光荣译注. 重庆：重庆出版社.
② 离藻堂，《四库全书》子部《抱朴子》。
③ 潘吉星. 2002. 中国古代四大发明——源流、外传及世界影响. 合肥：中国科技大学出版社.

老先生（1090～1161年）的《东京梦华录》里才这样写道："除夕，是夜禁中爆竹山呼，声闻于外。士庶之家，围炉团坐，达旦不寐，谓之守岁。"他的意思是开封府的除夕夜，从宫里传出爆竹的巨响。老百姓则在家里围着炉子而坐，一夜不睡，这个叫守岁。孟元老先生这段关于火戏的描述，也许是人类最早关于火药得到使用的记载。从葛洪发现硝石和硫黄弄在一起会起火燃烧，到《道藏》里"有以硫黄、雄黄合硝石并蜜烧之，焰起，烧手面及烬屋舍者"，再到孟元老"是夜禁中爆竹山呼"，人们用了700年才认识到火药的用途。

不过火药很快就被用于军事。前面说的13世纪把欧洲人打得抱头鼠窜、落荒而逃的蒙古骑兵使用的火器，其实不是蒙古人自己发明的。不但不是，蒙古骑兵也和欧洲人一样曾经吃尽火器的苦头。这话从何说起呢？

在蒙古骑士们还没成为中原大地的霸主以前，有一拨人已经把当时中原的大宋朝军队给打得到处乱跑，他们就是来自今天黑龙江地区的游牧民族女真族。他们的头领完颜阿骨打建立起一个帝国，号称金朝。当时的宋徽宗就知道在宫里吟诗作画、喝酒、放鞭炮，没把这些女真人放在眼里。结果和大儿子钦宗一起被金人俘房，成了阶下囚，北宋就此结束。徽宗的另一个儿子逃到杭州，自称宋高宗，这样北宋成了南宋。

南宋有点忧患意识了，因为人家金人虎视眈眈地盯着他们。国难当头，南宋的军队突然想起孟老先生"是夜禁中爆竹山呼"的火戏。如果把火戏里玩的烟火和炮仗给做成武器，是不是也能抵挡一阵金朝的军队呢？于是第一代用于战争的火器——铳炮出现了。不过关于原始版的铳炮，史书上找不到任何记载，被认为最早的关于铳炮的记录是李约瑟的合作者叶山（Robin Yates）在四川大足一个宋代石窟的壁画上发现的。后来经李约瑟和鲁桂珍再次考察和研究，认为是迄今最早的铳炮形象。

史书里最早记载用于打仗的火器是"霹雳炮"。关于"霹雳炮"的实战记录，来自南宋的一位诗人杨万里《海鳅赋后序》里的一段记载："……逆亮（亮是指金军统帅完颜亮）至江北，掠民船，指挥其众欲济（欲济是想过长江之意）。我舟伏于七宝山后……舟中突发一霹雳

炮。……吾舟驰之压贼舟，人马皆溺，遂大败之云。"① 意思是逆贼完颜亮的军队来到江北，抢劫民船，然后驾着抢来的船准备进攻江南。南宋的军队在一个叫七宝山的地方埋伏，突然南宋军队从船上发出一阵霹雳炮，接着冲上去。贼船上人仰马翻，把完颜亮的军队打得大败。这一段记载不光是中国，也许是全世界有史以来使用火器的最早记录。杨万里记载的是"绍兴辛巳"年，是 1161 年。

制造黑色火药的技术含量并不高，材料也随处可得。所以从那以后不久，金人也从汉族工匠那里把火药和火器的制造技术山寨过去，很快学会也掌握了。在与蒙古铁骑大战的时候，金军用他们发明的"震天雷"和"飞火枪"，把被成吉思汗封为"四犬"之一的蒙古大将军速不台的军队打得不知所措："大兵（指蒙古军队）唯畏此二物。"② 意思是蒙古人非常害怕金军的"震天雷"和"飞火枪"。那是 1232 年的事情。可是没过几年，速不台在进攻俄国的时候也用上了火器，配备了火器的蒙古大军，差点把整个欧洲据为己有。蒙古骑兵虽然没能占领整个欧洲，火药和火器却随着战争传播到了欧洲。

上面的讨论可以说明，火药是中国古代像葛洪那样的炼丹师不小心发现的，而且火药一直作为炼丹师们要汲取的教训或者禁忌。过了七八百年火药才变成实用的发明，火药第一个实用用途是和平的鞭炮，然后才用于军事用途。

再看看指南针是谁什么时候发明的，这事儿就更说不清楚了。前面说哥伦布是拿着指南针横渡大西洋发现美洲的。但是他从哪儿弄来的指南针，没人知道。拍卖公司也没拍卖过哥伦布当年用过的指南针，他用过的指南针不知藏在哪个西班牙贵族遗老遗少的密室里。这个指南针的产地更是不得而知。不过有件事是肯定的，那就是哥伦布用的指南针上肯定没写 Made in China。指南针不是中国人发明的吗？

想闹明白指南针发明的根源，还是得去故纸堆里瞎翻。中国的古书里聊过的一样东西，似乎和指南针有点关系，什么东西呢？就是司南。记载司南的是战国时代韩非（公元前 280～前 233 年）写的《韩非子》。

---

① 潘吉星. 2002. 中国古代四大发明——源流、外传及世界影响. 合肥: 中国科学技术大学出版社.

② 《金史》，卷一一三，《赤盏合喜传》。

韩非属于春秋战国时期一位法家学者，他怎么会在法家的书里聊司南呢？关于司南的故事是在《韩非子•有度》篇里聊的，啥叫《有度》呢？"国无常强，无常弱，奉法者强，则国强，奉法者弱，则国弱。"这就是韩非想聊的"度"，他说没有一个国家永远是强国，也没有一个国家永远是弱国，这个国家法律严格，国家就强大；法律不严格，国家也就会变弱。所谓"度"，就是法律是否严格的程度。于是在这一篇里韩非又啰唆了一大堆，接着他又写道："使人主失端，东西易面，而不自知。故先王立司南以端朝夕。故明主使其群臣不游意于法之外。"韩非说，如果失去了君臣的等级观念，就像认不出东西的两个方向，而且自己还不知道。为了避免大家忘记君臣之间的等级观念，过去的君主要在他的宫殿里立一个司南，"以端朝夕"，就是让大家知道东西两个方向，意思是让大家时刻记住君臣间严格的等级观念，懂得遵守法律。

说了半天，韩非只是借用司南来聊他的法度。不过不管他想聊啥，还是告诉我们一件事情，那就是韩非以前某个先王，宫殿里有一个可以指示方向的司南，也就是我们现在说的指南针。司南长啥样子，被现在的史学家王振铎先生复原出来了，他复原的样子是不是对劲儿先不去说，司南指示方向的原理，根据王振铎先生的研究，肯定是利用具有磁性的石头，也就是磁石来实现的。指南针在现代的用途不是"有度"，而是给各种交通工具或者户外旅行的人指示方向，就是导航。现在我们想开车去个从来没去过的地方，只要下载一个电子地图，输入你的出发地和目的地，然后就跟着导航走吧，这就是从指南针发展出来的现代科学。中国古代司南的用途还不是导航，除了韩非子说的"以端朝夕，使其群臣不游意于法之外"，到了汉唐时代，主要用途是堪舆。比如《新唐书•艺文志》里收录的《管氏地理指蒙》（公元9世纪）里这么写道："磁者母之道，针者铁之戕。母子之性是感，以是通……随黄道而占之，见成家之昭然……针之指南北，顾母而恋其子也。"啥意思呢？中国古人以天人合一的观念，把自然界的各种事物都和人联系起来，磁石和铁之间也是如此，如同母子之间，磁石就是母亲，铁是儿子，母子之间一联络，凡事就通了。这样再按照黄道占卜，那你们家将来可就幸福万万年啦！铁针之所以会指着南北方向，就是因为磁石妈妈在思念儿子了。

所谓堪舆就是看风水，这是中国传统文化中一种很重要的但从现代科学的角度来讲是没啥意义的事情。司南作为一种堪舆的工具，在中国被使用了几千年。直到宋朝（1047 年）成书的《武经总要》里，才聊起用于导航的"指南鱼"（就是水罗盘），"……夜色瞑黑，又不能辨方向，则当纵老马前行，令识道路，或出指南车及指南鱼，以辨方向"。这是指南鱼的介绍，夜里走路为辨别方向，像老马识途一样，要使用指南鱼。后面还详细描述了指南鱼的的制作方法："指南车法，世不传。鱼法：用薄铁叶剪裁，长二寸，阔五分，首尾锐如鱼形，置炭火中烧之，候通赤，以铁钤钤鱼首出火；以尾正对子位，蘸水盆中、没尾数分则止，以密器收之。用时，置水碗于无风处平放，鱼在水面，令浮，其首常南向午也。"指南鱼就是水罗盘，制作方法是用铁片放在水盆里。所谓水罗盘，就是让有磁性的铁片漂在水上的一种指南针。因为水盆的稳定性难以控制，所以水罗盘用起来非常不方便，在很多情况下，比如航行的船上根本无法使用。在《武经总要》成书以后 100 多年，一个英国学者写的《论自然界的性质》里也提到了指南针："当水手在海上航行，遇到阴天看不到阳光，或夜间世界一片黑暗时，不知道其船行方向所指，便将针与磁石接触。此时针在盘上旋转，当旋转停止时，针就指向北方。"这个学者叫亚历山大·尼坎姆（Alexander Neckam，1157～1217 年）。尼坎姆说的水手用的会旋转的指北针显然不是水罗盘，说明在他生活的时代欧洲人就已经开始使用我们叫作旱罗盘的指南针了。

从上面的记载和分析，大家基本可以断定，四大发明是中国人最早玩出来的。这些发明为人类进步所带来的力量，正如培根所说，没有一个帝国、没有一个学派、没有一个显赫有名的人物，能比这些发明在人类事业中产生更大的力量和影响。培根说得很对，但是不具体。具体来讲，这些发明对世界进步、对人类几千年文明史的发展产生的几乎是颠覆性的影响。其中廉价的纸和方便的印刷术的使用，促进了信息的传播，文艺复兴运动也因此兴起，进而引起了另一场更加伟大的革命——科学革命及后来的工业革命；火药最终成为战争的利器，从"弗朗机"走向了榴弹炮或者加农炮，残酷的战争又从反面给人以教训，促进了法国启蒙运动等人类新文明思想的产生；而指南针不但为大航海时代的到来创

造了条件，更是后来几乎整个现代科学（尤其是磁学和电学）起源和发展的根基。四大发明给人类文明带来的贡献如此之大，可是够中国人仰着脖子骄傲一阵子的了。

可是有一个问题来了，四大发明的确是中国人最早玩出来的，可是真正改变人类文明进程、对人类文明做出颠覆性改变的力量，和中国有关系吗？

大家现在如果去中国任何一间印刷厂看一看，恐怕就会留下这样的印象，印刷厂里轰轰作响的印刷机几乎都是来自德国海德堡或日本三菱；印刷用的纸大多也都是韩国、印尼或者日本的（当然也有所谓中外合资品牌）；从指南针发展出的物理学、磁学更是看不到什么中国人的贡献。令中国人无比骄傲的郑和，他下西洋时用的是非常不方便的水罗盘。他们是怎么用水罗盘的呢？有一本书这样写道："伏以神烟缭绕，谨启诚心拜请，某年某月今日今时四直功曹使者，有功传此炉内心香，奉请历代御制指南祖师，轩辕皇帝，周公圣人，前代神通阴阳仙师，青鸦白鹤仙师，杨救贫仙师，王子乔圣仙师……伏以奉献仙师酒一樽，乞求保护船只财物，今日良辰下针，青龙下海永无灾，谦恭虔奉酒味初，伏献再献酌香醪。"① 这些乱七八糟的话啥意思？意思就是，在开始用水罗盘以前要先念咒语或者经，这些咒语或者经里聊的到底是啥大家可以自己琢磨。那水罗盘到底怎么使用呢："取水下针，务要阳水，不取阴水。何为阴阳水？盖阳水者风上危也。阴水者风向厄也。"① 意思是取可以做水罗盘的水，这些水必须是阳水，不能是阴水。什么是阴阳水？阳水风上危，阴水风向厄。什么是风上危、风向厄？指南针还需要什么风上危、风向厄？从这些记录我们可以看到，中国在郑和的时代，对罗盘的认识还十分迷信，甚至愚昧。而不带任何迷信色彩的旱罗盘，也就是现在说的指南针，是在郑和以后 140 多年的万历年间（郑和下西洋是1403～1433 年，万历登基是 1573 年），中国沿海在受到倭寇侵扰时，有人发现倭寇的船上用的是旱罗盘，于是"中国得其制，始多旱针盘"②。

还有一个事情，那就是焰火，焰火按说百分之百是中国人玩出来的，

---

① 向达校注. 2000. 西洋番国志郑和航海图两种海道针经. 北京：中华书局.
② 潘吉星. 2002. 中国古代四大发明——源流、外传及世界影响. 合肥：中国科学技术大学出版社.

可 2010 年 5 月 1 日世博会盛大的晚会上，施放焰火特效的那个团队中，洋人的面孔却比中国人的面孔多了好几个。为什么要请洋人来帮我们搞焰火晚会呢？这不是因为中国的焰火不行，而是现代的焰火晚会已经不仅仅是焰火可以完成的，制造效果、控制系统，这些都需要现代的声、光、电及电脑模拟技术，于是中国世博会的焰火晚会请来了洋人。

有人可能会问，中国人完成了四个伟大发明以后，人都跑哪儿去了？怎么后来的事就没见中国人的影子了呢？难道后来的中国人都变傻了吗？

四大发明在中国

中国的四大发明虽然是一个极好的开始，但真正变成培根说的，成为可以改变世界的巨大力量的，是经过了创新和更多的技术进步以后才达到的。现代人用的纸已经和蔡伦发明的纸完全不同；活字印刷术也是经过了巨大的进步才变成印刷机；指南针起到的科学作用更不是司南可以做到的；火药也是如此。一种发明创造如果可以成为改变世界的巨大力量，除了需要最开始的那个玩家以外，以后有没有人跟着他继续玩下去是非常重要的。而中国就有很多技术由于没有人跟着继续玩失传了。

有没有人继续跟着玩家玩，这不是人傻人聪明的问题，任何国家都有聪明人，也都有傻人。而且发明和创新是人类两种不同的行为。发明是来自经验，来自经验的积累。有些发明人主观上并没有发明的意识，只是不停地干活，当经验积累到一定程度，发明就出现了。比如火药，就是炼丹师傅炼丹的时候发明的，当他把一些准备炼丹的东东弄在一起，丹没有炼出来，反而发生了爆炸。这时候他并不知道自己是一个伟大的发明家，他认为自己是闯了大祸。

创新和发明不一样，创新的主观意识很强，啥叫主观意识呢？就是不满足现状，想让现状变得更好。带有很强的主观意识的创新，就是对新事物和更好的未来的憧憬，于是就用已有的经验去改变现状。但是创新不一定会成功，大多数创新没有成功。像毕昇的活字印刷应该就是一

种不成功或者未完成的创新。怎么这么说呢？按照沈括的说法，毕昇是"用胶泥刻字，薄如钱唇"。毕昇为啥要刻"薄如钱唇"的泥字，而不像后来的铅字那样是立柱型的呢？大家如果见过过去雕版印刷用的版就清楚了。所谓雕版就是一块薄薄的比两页书大一些的木板。古代是用一张纸写上两页内容的字，把写好的纸贴在木板上。把纸上没有字的地方刻下去，于是就剩下有字的部分，刻好了，雕版就完成了。印刷的时候，在雕版上抹上墨汁，用一张纸附在雕版上，然后压一下，把纸掀开，两页的文字就印在纸上了，两页纸对折，就成了书的正反两页，现在这两页是一张纸的正面和背面。知道这样的雕版就会明白，为什么毕昇刻的泥字是"薄如钱唇"，而不是一个立柱型的了。他的活字就是借鉴了雕版印刷做出的一个创新，只不过这次创新并不成功。为什么这么说呢？因为在沈括（1031～1095 年）记载了毕昇以后，一直到清朝乾隆年间（1711～1799 年）700 年的时间，中国用活字印刷术印刷的书籍极少，最著名的一部是用铜活字印刷的《古今图书集成》。这部书用了六年的时间，一共印了 64 部，每部 5020 册，也就是六年一共印刷了装订了 30多万册。那时的一册书还没有现代一本杂志那么多页，现在印 30 多万册杂志，也许几小时就完成了，《古今图书集成》花了六年时间。于是到了乾隆时代，乾隆让纪晓岚编纂好《四库全书》以后，他没有选择用活字印刷，而是召集一大堆读书人手抄了七部。乾隆为啥不用铜活字印刷呢？肯定铜活字印刷技术还很不成熟，如果还像《古今图书集成》那样用铜活字印刷来印《四库全书》，乾隆怕自己不会活着看到印好的《四库全书》了。

　　而真正实用的汉字活字印刷，是 1813 年一位英国传教士马礼逊在马六甲开办的马六甲英华书院开始的。马礼逊用的印刷机是从德国谷登堡发明的印刷机创新改变而来的中文铅字印刷机。1839 年马礼逊把印刷机搬到香港，从此中国有了中文铅字印刷机。这位马礼逊先生在香港开办的学校，就是后面十三章中说的中国著名启蒙学者容闳上学的学校。这种中文铅字印刷机，直到 20 世纪 80 年代，北大的王选教授发明了汉字激光照排技术，才逐渐退出历史舞台。

　　所以一项伟大的发明，从发明那天到变成推动人类文明进步的力量，还需要一个很漫长的创新、改造和完善的过程，这个过程需要不满足现状、希望现状变得更好的主观能动性，也就是现在说的创新力。影响一个国家创新力的因素很多，但是一个国家倡导的主流文化及流行的社会风气，与这个国家的创新力关系很大。玩创新的人，不是那些要为五斗米折腰的普通老百姓，而是有一定生活基础，不缺吃穿，又有好奇心的人。这样的人基本都是读书人，也就是知识分子，知识分子的追求与文化和社会风气关系就大了。中国古代读书人的志向是学而优则仕，优则仕以后干啥呢？正心、修身、齐家、治国、平天下！中国传统的所谓平天下，就是做官，做官又讲君君臣臣，所以做官只要听话就行，不需要创新。不但不需要，中国讲究的是"君为臣纲，父为子纲，夫为妻纲"。胆敢越雷池一步就会招来灭族之灾。这样的社会风气肯定没人喜欢玩，甚至没人敢玩创新。于是，就像前面几章看到的，中国就算有几个玩家、发明家，他们要么没人知道，就算知道也不受人尊重。无论他们是太监还是布衣，社会风气不鼓励大家去做他们的粉丝。为什么中国人创造了四大发明，而四大发明最终变成人类文明进步真正推动力的创新和改变，都让外国人完成了呢？就是因为中国文化和社会风气不鼓励追求创新和改变，而讲求三纲五常、讲求忠烈的游侠和烈女是中国人追求的偶像。

有一位西方学者也看到了中国文化中缺乏创新和改变的意识，他就是美国著名汉学家本杰明·史华兹（Benjamin I. Schwartz，1916~1999年）。史华兹在《寻求富强——严复与西方》里对中国文化的基本观念这样评价道："于是，我们有了从无而生的千姿百态的'万物'。毫无疑问，这种特殊的形而上学的模式，在中国经常表现为'万物'的充分演变只是再回到无的宇宙循环论，表现为对周而复始的循环的特别强调，而不是对'从同种单一向多种多样'的不可逆转的发展的强调。"[①] 老子的哲学就是"道生一，一生二，二生三，三生万物"，这就是史华兹说的从无而生的特殊形式的形而上学。而中国人强调的"万变不离其宗"的观念，就是史华兹说的"万物的充分演变只是再回到无的宇宙循环"。而创新则需要对已经存在的事物做出改变，创造出全新的、更加丰富多

---

① 史华兹. 1990. 寻求富强——严复与西方. 南京：江苏人民出版社.

彩的世界，也就是史华兹说的，"'从同种单一向多种多样'的不可逆转的发展的强调"。

　　更让我们中国人感到惭愧的是，四大发明是中国人的创造这件事，也不是中国人自己发现的。这是怎么回事呢？19世纪末来到中国的一位英国传教士艾约瑟在《中国的宗教》一书里这样肯定地说："我们必须永远记住，他们（指日本人）没有如同印刷术、造纸、指南针和火药那种卓越的发明。"[①]几千年来，中国的文化人会玩考据训诂、会玩谶纬之学、会玩骈文、会玩诗词歌赋、会玩对子、会玩宋明理学，就是不太会玩发明和创新。若不是120多年前这位可爱的艾约瑟老先生，我们自己也许根本不会知道世界上还有被几个中国的太监、布衣、炼丹师傅玩出来的给世界带来巨大变化的四大发明。

---

① Edkins J. 1984. Religion in China. Massachusetts：Elibron Classics.

第七章 曾经鼎盛的时代

　　由孔夫子、司马迁、班固、范晔聊的关于官场、皇帝的历史，与从古至今生活在华夏大地上的中华民族，其实关系不大。真正和生活在这片土地上的中华民族有关系的历史，倒是由一些研究人类学的外国汉学家总结出来的，那就是我们现在经常挂在嘴边的中国元素。

中国元素

当中华文明的历史长河流过7～13世纪，也就是唐、宋两个朝代时，中华帝国进入了一段美妙的时光，这两个朝代一般被人们称为中国古代文化的鼎盛时期。这两个相隔不到60年（中间是不到60年的纷乱时期，史称五代）的伟大时期，是被姓李的和姓赵的两大家族统治，前前后后一共在中国大地上称雄了6个多世纪。600多年的时间对于地球几十亿年的历史是微不足道的，只是短暂的一瞬，但是对于中华5000年的文明史，却是八分之一强，也的确应该称之为鼎盛时期了。

中国历史这条号称有5000年的长河，怎么流着流着，流到3600年的时候，鼎盛时代就来临了呢？中国玩历史研究的学者，从孔夫子作《春秋》开始，大家比较喜欢研究官场和帝王的历史，也就是朝代如何从上一个变成下一个的编年史，涉及普通人的历史却不大有人研究。那什么是普通人的历史呢？普通人的历史，研究的就是生活在地球大约北纬3到53度，东经135到73度上所有黑头发、黄皮肤，崇拜龙，爱吃猪蹄儿、大米饭、白馒头、面条，端午节要划龙船，中秋节要啃月饼，还有过纳小妾、跳大神、祭祖、祭泰山习俗的这帮子人，是怎么从远古时代走到今天的。下面咱们就看看研究官场、帝王的历史学家和研究人的历史的学者是怎么聊中国如何来到鼎盛时期的吧。

大家都习惯说5000年的中国历史，最早是从三皇五帝开始的，然后是夏商周三代。后来有了疑古派，著名疑古派学者顾颉刚，根据对史书记载的分析，他发现，孔子时代的古籍，比如《春秋》《易》等所谓六经，里面根本没有聊过三皇，孔夫子不知三皇为何方神圣。书籍上出现三皇，是在孔夫子以后600多年东汉的纬书里（纬书前面聊过）。所以顾颉刚认为中国历史上根本就没有三皇，三皇是东汉人瞎编的。五帝《史记》里有记载，根据《史记·五帝本纪》，头一个五帝是黄帝，然后是颛顼、帝喾、尧、舜、禹。无论三皇五帝还是夏朝，无论谁聊过还是谁记载过，都是没有证据的传说，考古学家至今还没有发现和三皇五帝有关的宝物。中国真正有证据的历史，基本是从安特生发现的仰韶文化开始的。关于夏朝，仰韶文化的发现者瑞典地质学家安特生这么说："它或许只能当作对'史前'仰韶文化一个重要中心大致情况的半传说式追忆。"[①]

从仰韶文化开始，中国有了可以找到一些痕迹、闻见一些味道的历史了。不过关于这些历史，中国多数玩历史的学者，还是最关心官场和朝代，没什么人去研究普通人在这些历史中所起到的作用。

有不少外国学者，根据考古发现的材料，对远古时代的中国文化及仰韶文化做了相当多的研究。这些学者中有 Haloun、Edkins、Creel、Andersson、Herrmann 等。李约瑟先生综合了他们的研究，然后在他的《中国科学技术史》第一卷里做出一个大致的总结："这样的基础文化暂定为六种：①北方文化（对仰韶及龙山人民有决定性影响），它具有'原始通古斯'性质；②西北文化，它受游牧民族的影响，属于'原始突厥'型；③西方文化，它属于'原始西藏'型；④、⑤、⑥三种南方或东南文化，它们起源于沿海一带，带来了海洋文化的影响，这三种也许可以统称为'越文化'（'越'是后来东南方一个诸侯国的名称）。这些文化总起来称为'原始震旦'文化。"[①]李约瑟总结的这六种人，不是官场上的人，不是帝王，是普通人，是大众。

那被这六种人玩出来的"原始震旦"文化，给中国带来了什么，又把中国人带向了何方呢？对此李约瑟从各个学者那里找到了一些答案："北方文化综合体似乎已包含'萨满教的信仰'（今天东北地区的跳大神，以及祭天地、祭祖先，比如某个先辈去世的忌日，要在路边烧纸，应该都是来自原始萨满教的习俗——作者）、'熊的崇拜'和'狐的神话''母权社会''穴居'和使用'骨质箭头'。商代的文化可能是这一文化和来自东南及南方的各文化综合体的融合。……'越文化'中，含有某些和印尼文化相似的东西，它是沿海和沿河的文化，有'长舟''战船'和'公共房屋'；还有'赛船'（对比后来端午节的龙舟）'龙的神话''蛇的崇拜''山岳的崇拜'（后来的中国文化中最为显著）'狗的巫术'（对比后来的'刍狗'）和'铜鼓'；此外，还有'以弓弩（原始形状）做武器''以树皮做衣服''文身''结绳记事''在森林焚烧后的空地上进行

---

① 李约瑟. 1975. 中国科学技术史. 北京：科学出版社.

农耕'（刀耕火种——作者）'春秋二季有择偶节日'。南方文化综合体有'水稻种植''灌溉'和'斜坡梯田化''饲养水牛''崇拜祖先''以猪做牺牲''祈求多产'及'涂毒武器'。"[①]

李约瑟聊的，被20世纪20~60年代西方的学者、汉学家们总结出来的"萨满教""长舟""赛船""龙的神话""山岳的崇拜""乌狗""铜鼓""弓弩""结绳记事""在森林焚烧后的空地上进行农耕""水稻种植""灌溉""斜坡梯田化""饲养水牛""崇拜祖先"和"以猪做牺牲"等这些，就是中国人、中国文化真正的根，就是现在我们喜欢说的中国元素。这种研究就是从人本身，而不是从官场、从朝代的更替出发的历史研究，也就是所谓人类学的历史研究。

前面李约瑟说的"原始震旦"文化，大约占了中国50个世纪文化中18个世纪左右的时间。在公元前12世纪中国文化进入了有文字的时代，这个时代就是殷商时代。

如果按照中国研究官场和帝王的历史学家的说法，比如《史记》里说，殷商的祖先是契，契是他妈妈简狄吞了一个鸟蛋以后生出来的。后来他辅佐大禹一起治水："帝舜乃命契曰，百姓不亲，五品不训，汝为司徒而敬敷五教，五教在宽。封于商，赐姓子氏。契兴于唐、虞、大禹之后。"[②]意思是大禹命令契去做司马，为啥呢？因为大禹觉得老百姓之间关系不太融洽，让契去教大家五教，五教的宗旨是宽厚。大禹把商地封给了契，并且赐姓子氏，于是契就上任了，这就是商的开始。在整篇《史记·殷本纪》里，司马迁啰啰唆唆把殷商时代所有的帝王都数落一遍，谁把夏朝的余孽桀给收拾了，后来谁又作乱，又被谁收拾了；谁从商搬家到亳，谁又从亳搬家河北，等等。一直到败家子儿纣的出现。这些官场的历史，与中国人的根、中国元素怎么传承下去关系都不大。咱们还是看看研究普通人历史的学者怎么说。

20世纪20年代，考古学家在河南安阳的殷墟发现了甲骨文。甲骨文是目前发现的中国最早的文字。甲骨文是占卜以后的记录，这些记录除了证实司马迁在《史记·殷本纪》数落的那些殷商的帝王基本属实以

---

① 李约瑟. 1975. 中国科学技术史. 北京：科学出版社.
② 司马迁. 2008. 史记·殷本纪. 韩兆琦主译. 北京：中华书局.

外，还反映了当时的人们都在做些啥事情。对此郭沫若先生做过非常细致的考证和研究，他首先考证天干地支在殷商已经出现："盖古人初以十干纪日，旬甲至癸为一旬，旬者遍也，週则復始。然十之周期过短，日份易混淆。故復以十二支与十干相配，而成複式之干支纪日法。"① 还有那时大家吃啥："大抵殷人产业以农艺牧畜为主，且已驱使奴隶以从事于此等生产事项，已远远超越于所谓渔猎时代矣。"① 信仰是："……殷人之信仰，大抵至上神之观念殷时已有之，年岁之丰啬，风雨之若否，征战之成败，均为所主宰。"① 还有天文学："而天象中之风霾云霓及月蚀之类，则多视为灾异也。"①

另外，"商代的另一个显著特征是青铜器得到广泛的应用，不但用于祭礼，而且也用于战争和奢侈品，但作为工具与器皿的青铜大概不那么多……在商代似乎就已开始了小麦的种植……大多数考古学家认为，商代的人民肯定以农耕为主……商代的另一个特征是应用贝壳作为贸易的媒介（李约瑟显然是在郭沫若的《卜辞通纂》里读到"以海贝为货财之事似已发现"①）。毫无疑问，这便是为什么许许多多具有价值意义的字都用贝作为偏旁……有证据表明，商代已经知道竹子的多种用途。其中一种用途就是制作书简……写作用的毛笔现在也已确定在商代就有了……"② 玩普通人历史的学者，把司马迁做梦都想不到的更多的中国元素发现了。在这些中国元素中，我们每一个中国人都可以在里面找到我们自己的影子。

商朝最终毁在纣王手里，商纣王败给周武王以后自杀："遂入，至纣死处，武王自射之，三发而下车，以轻剑击之，以黄钺斩纣头，县大白之旗。"③ 司马迁说，武王来到纣王的宫殿前，先向纣王的尸体射箭，射了三箭下马，然后用轻剑刺，再用黄钺（钺是类似斧子的一种武器）把纣王的头砍下来，挂在大白旗上示众。这就是殷商灭亡、周朝建立时的情景，这件事发生在公元前 1046 年。从此时起，一直到公元前 221 年，秦始皇一统中国，这中间有 800 多年的时光。这段时光在中国历史上称为西周和春秋战国时代。这个时代是中国关心官场，而不是关心中

① 郭沫若.1982. 卜辞通纂. 北京：科学出版社.
② 李约瑟.1975. 中国科学技术史. 北京：科学出版社.
③ 司马迁.2008. 史记·周本纪. 韩兆琦主译. 北京：中华书局.

国人的历史学家，包括孔夫子最感兴趣的，"孔子把自己的家族渊源追溯到商代……他一生的大部分时间是用在把他的学说传授给他的弟子。也许可以说，他在政治上竭力支持周室，并且强调对周朝创建者的崇拜……"[①]不过我们不聊这些历史。

还是看看玩普通人历史的学者怎么说："关于周代人，我们除了已经知道他们是来自西部地区（大体上相当于现在的甘肃和陕西），以及知道他们的文化没有商代那样进步，从而曾对商代人大加称颂以外，对于他们更早的历史情况，还不太清楚……他们继承了商代的铜器制作、陶器和纺织等方面的传统，并且进一步发展了书写文字。他们虽然早先可能是游牧民族，可是很快就吸取了当时正在发展中的中国文化的全部农耕特点……周代的显著特色是青铜时代原始社会的系统化。原始封建社会在商代已粗具轮廓，在周代则得到了几乎和欧洲典型的封建时期同样的充分发展。帝国（那时已在形成中）被分成许多采邑，这些采邑掌握在新的贵族阶级手中，这种情况和诺曼底人征服英格兰后分赐领地的情形多少有点相似。"[①]

玩普通人历史的学者认为，中国从周朝真正走入了封建时代，建立起完善的封建制度，这就是后来的周礼。在中国元素方面，周朝除了周礼，没有再创造什么新的元素。周朝最重要的贡献是把更早时代积累起来的各种中国元素完好地继承下来，保持了中国文化的血脉。

接下来中国是"百家争鸣"的时代，"公元前6世纪，古代中国文化确实到达了全盛时期。哲学思想中的百家在公元前500~250年达到了他们的高峰"[①]。诸子百家虽然被称为哲学家，但他们的哲学和西方创造了希腊奇迹的那些哲学家的形而上的、思辨的、纯理性的哲学相去甚远。诸子百家的哲学用另一个名字更确切，那就是经世之学。啥叫经世之学呢？其实就是政治，是官场上的各种事情。像老子、孔夫子、墨子、荀子、庄子、韩非子、孟子这些先贤，他们满脑子都是治国良策，都很想当政治家。他们最大的希望就是各个诸侯国的大王们能接受他们的经世之学、治国之策。不过无论如何，老子、孔夫子、墨子、荀子、庄子、韩非子、孟子这些诸子百家，他们都成了那个时代典型的中国元

① 李约瑟. 1975. 中国科学技术史. 北京: 科学出版社.

素，直到今天，还有人忙着对其中的圣贤顶礼膜拜。

接下来就是秦汉时代。秦朝时间很短，公元前221年秦始皇统一全国，建立秦朝，只过了15年，公元前206年汉朝建立。汉朝一共有406年的历史，中间有16年是王莽篡政。

秦朝时间短，但是创造了很多中国元素。"……建立起官僚制的政府，这种政治制度由秦朝开始实施，它成了其后整个中国历史的特征。大的封建诸侯遭到废黜……全国分为36个郡（后来是41个郡）……从度量衡直到马车和战车的尺寸，一切都标准化了。商人受到歧视，并受到禁止奢侈的法令和其他法令的限制。开始修筑夹道植树的道路网，并将各封建诸侯在不同时期在北方建造的长城连接起来，形成一条连续的防线，这就是万里长城。从此以后，修造长城这件事一直成为中国民间歌谣的一个主要题材。"[①]秦朝创造的最大的中国元素就是万里长城，以及可以举全国之力去做一件大事的能力。

另外秦朝还干了一件事，那就是焚书坑儒。这件事看上去是件坏事，不过为后来历史学家的研究留下了大量值得研究的内容，啥内容呢？那就是你看到的《论语》到底是从哪儿来的？有人说是某人藏在墙壁里的，有人说是汉朝的人重新整理编辑的等。于是今文古文派争论了几千年。这虽然不是老百姓知道的中国元素，却是中外汉学家、哲学家们门儿清的中国元素。

玩官场、玩帝王的历史学家聊汉朝聊得非常多，也非常仔细。像汉朝是怎么建立的，司马迁有很详细的记载；汉朝前半段西汉（包括王莽）有班固的《汉书》记载；汉朝后半段东汉有范晔的《后汉书》记载。这些书研究的基本是皇帝怎么更替的，咱们还是看看研究普通人历史的学者怎么说汉朝。

"……但它要依靠一个有能力的、博学的文官机构，而且对选拔到其中去的人员应不问其出身的高下。从某种意义上说，'任贤用能'是秦和汉的一个创举。"[①]这是中国后来以科举为教育和官员选拔的开始。"公元前124年设立博士官，或如德效骞[②]所说的皇家大学……许多年

---

① 李约瑟. 1975. 中国科学技术史. 北京：科学出版社.
② 德效骞（Homer Hasenpflug Dubs，1892～1969年），号闵卿，又名德和美，美国汉学家。

来，从这里输送人员补充政府的各种职位。而各郡的教育机构在早些时候（公元前145年左右）便已自发地产生了，这是四川郡守文翁倡议的结果。"①汉朝开始有了博士官，从此不光萧何、韩信这样的大谋臣、大英雄才可以做官，老百姓只要有本事也可以做官了。这个中国元素，就是唱着"之、乎、者、也"之歌的文官制度的开始。

汉朝还有一件事对中国元素影响巨大，那就是张骞跑了一趟西北。"这是古代最著名的探险事业之一，这不仅是由于这次探险时间长、路程远（有一些替他报告消息的人可能是从波斯湾经陆路而来的），而且也由于他带回了多种多样的植物和其他土产……除了这一切，在汉代还有一些来自罗马和叙利亚等西方国家的海路使者……"②这一切创造的就是今天大家都在聊的丝绸之路。

此外，科学的种子在汉朝也露出了尖尖角，"武帝企图招迎神仙，可是结果都以失败而告终，正如德效骞所说：'他很聪敏，不易受骗，可是他始终感到方士们的有些做法可能并不完全是骗人的。'事实上，这些方士也并非完全骗人，因为他们在古代就像我们今天这样认识到，方术和科学之间有着密切的关系。无疑，汉武帝的方士们曾经揭开了真实的、有价值的自然现象中的一部分，尽管可能只是很小的一部分，如在炼金术、磁学、药用植物学等方面"②。磁学创造了中国元素司南，药用植物创造了中国元素中医。

另外，中国人口在汉朝初期（公元1世纪左右）接近6000万人②，与当时的罗马帝国相当。人口的增长都得益于农业的发展。对此，汉朝初期的氾胜贡献很大。"他的著作题为'氾胜之书'，是列于《汉书·艺文志》的各种农学著作的唯一代表作，也是唯一的我们能知其内容的农学书。全书很久以前就不存在了，但从其他书中发现的片段引文整理出了它的一部分内容，共3000字。这部书除去论述犁田、播种、收获等事的一般理论外，还包括详细论述种植以下诸种农作物的方法，如稷、麦、稻、黍、大豆、大麻、瓜、葫芦、芋头及桑等，还谈到了精耕细作的区田法。"③

① 李约瑟. 1975. 中国科学技术史. 北京：科学出版社.
② 崔瑞德，鲁唯一. 1992. 剑桥中国秦汉史. 北京：中国社会科学出版社.
③ 崔瑞德，鲁唯一. 1992. 剑桥中国秦汉史. 北京：中国社会科学出版社.

大汉王朝最终毁在了刘贤德、曹孟德和孙仲谋手里，中国从此进入一段将近 400 年的战乱和分裂时期。其中三国大约 60 年，相对和平的晋朝大约 150 年，分裂的南北朝大约 170 年，隋朝 37 年。这个纷乱的时代却也起码创造了三个中国元素，啥元素呢？第一就是佛教。佛教在东汉传入中国，到了南北朝北魏那里得以发扬光大，现在中国到处可见的，里面有一个或者一堆笑眯眯佛像的佛教石窟寺，几乎都始建于北魏。第二是一直延续到清朝的科举制从隋朝就开始了。第三就是著名的大运河，这条运河的目的是往京城运送漕粮。如今漕粮早就不需要运河了，而运河却为沿途的老百姓带来了运输的便利，直到现在仍有效。

　　前面聊的那些都是研究普通人历史的学者还有外国汉学家总结出来的中国元素。这些中国元素，是中国历史在 7 世纪时，能迎来 600 多年鼎盛时代真正的原因、真正的基础、真正的基石。而与孔夫子、司马迁、班固、范晔聊的道德、官场和皇帝的历史关系都不大。

鼎盛中国

　　隋朝是打开中国 600 年鼎盛时期大门的一个小门童，门童为啥还是小的？因为只有 30 来年短暂的一瞬。不过这一瞬可不得了，不但出了三个皇帝，还玩出好几个中国元素。这个小门童真有这么牛？隋朝三个皇帝是：隋文帝、隋炀帝和隋恭帝，其实起作用的就是前面俩。这短短 30 多年，两个隋朝皇帝玩出好几个影响了后来整个封建时代的事情，啥事情呢？比如确定了中国皇权政府的三院六部制。这个制度后来各个朝代虽然叫法不太一样，但本质不变，而且一直延续到清朝。但这个制度称不上中国元素，为啥不是中国元素呢？因为在这个制度里谁都不会看见自己的影子。

　　隋朝玩出的中国元素是科举制和大运河。隋朝的这俩中国元素不是天上掉下来的，是前面聊的中国 5000 年文化中已经过去的那 3000 多年，被玩普通人历史的学者和外国汉学家总结出来的，由中国老百姓自己创造的，是被老百姓逐渐传承和积累下来的所有中国元素里的两个。

不过隋朝这俩皇帝玩得有点急，有点过火了，结果造成全国大起义。这次不是农民起义，是地主起义。地主起义给一个姓李的家族带来了好运气。于是隋朝以前所有中国元素造就的伟大时代来到了。

　　隋末大起义成全了李氏家族。公元 618 年，老李家的大唐朝闪亮登场。唐朝的疆域比过去又增加了几乎一倍，这是咋搞的呢？这和老李家的有一部分突厥人（现在的土耳其人、哈萨克人、维吾尔人等有很多自称"突厥人的后裔"）的血统有关。由于李氏家族有突厥血统，所以本属于突厥人的阴山以北和整个蒙古草原也就名正言顺地纳入大唐帝国的疆域之内。大唐帝国就在如此广阔的大地上上演了一部将近 300 年的文明大戏，出现了"贞观之治""开元盛世"等名垂千古的辉煌时期。唐朝值得大家聊的事情就太多了，那些至今仍然被中国人甚至外国人念念不忘的大诗人大文豪，千古一帝的奇女子、超级女强人武则天，"回眸一笑百媚生，六宫粉黛无颜色"的杨贵妃，还有由陆上和海上丝绸之路带来的多彩多姿的异域风情。

　　对于如此强盛的时代，李约瑟先生却这样说道："可是对于科学史家来说，唐代却不如后来的宋代那么有意义。这两个朝代的气氛完全不同。唐代是人文主义，而宋代则较着重于科学技术。"[①] 这是怎么回事儿呢？回过头去看看，看看那些造就了大唐盛世的中国元素里面，有什么是和科学沾边的呢？"萨满教""龙的神话""山岳的崇拜""在森林焚烧后的空地上进行农耕""崇拜祖先""以猪做牺牲""礼仪制度""诸子百家""万里长城"和"科举制"，这些典型的中国元素里的确没有什么是和科学沾边的。不过李约瑟这样说也是和宋朝比较而言，唐朝并非完全没有科学的影子。

　　大唐时代除了有李白、杜甫这样大名鼎鼎的大诗人、大文豪以外，还有两个特牛的和科学沾边的人，这俩人是谁？他们都是和尚，一个是《西游记》里的唐僧——玄奘和尚；另一个叫一行，也是一位非常著名的佛家高僧——密宗的领袖。佛教不就是和尚念经撞钟吗？和中国古代科学有啥关系呢？还真有不小的关系。

　　佛教发源于公元前 6 世纪的印度，释迦牟尼据说是刹帝利一个有钱

---

① 李约瑟. 1975. 中国科学技术史. 北京：科学出版社.

人家的少爷。刹帝利在印度属于贵族阶层，他们是公元前 14 世纪左右来到印度的雅利安人后代，地位仅次于印度四大种姓的婆罗门。释迦牟尼厌烦了贵族奢侈的生活，29 岁那年走出家门去寻找更有意义的生活，35 岁成佛，于是开始了他后半生传播佛教的生活。关于佛教流传进中国的准确时间，这件事历史学家还在争论和研究。现在在中国可以看到的最早的佛教信息中，以东汉时期的摩崖石刻为最早，也就是公元 2 世纪左右。佛教在中国的传播可谓跌跌撞撞，从东汉到唐宋，曾遭四次灭佛的厄运。佛教不就是把头发剃光，去庙里吃斋撞钟念佛吗？干吗要灭佛呢？灭佛最主要的原因是，佛寺不像铁匠铺、豆腐作坊，或者小卖部，都是用自己的劳动创造价值养活自己，而且铁匠铺、豆腐作坊、小卖部还要纳税。养活寺庙不需要创造啥价值，而全靠庙里的和尚，光着脚丫子到庙外面去化缘，然后来庙里烧香的人还会往供奉箱里扔钱，老和尚每天都能从供奉箱子里掏出了一堆开元通宝，而且这些钱还不必纳税。所以佛寺既不创造价值，也不用纳税，大多数和尚又是年轻力壮的劳动力，当和尚还免了服徭役。如果庙和和尚不那么多，朝廷还是可以容忍的。可是如果全天下到处都是庙，出家当和尚的人越来越多，这朝廷就不干了。当然，这也只是灭佛的其中原因之一。于是在北魏（公元 5 世纪）、北周（公元 6 世纪）、唐朝（公元 9 世纪）和后周（公元 10 世纪）都发生了灭佛事件，大量佛寺被毁，大量和尚被强迫还俗。

不过很有意思的是，这个被朝廷灭了几次的佛教，除了培养出一大堆和尚和尼姑，还为中国带来了一些科学和技术上的进步。李约瑟先生在研究了古代中国与印度之间的交流以后，说过这样一段话："在有关王玄策和玄超的不寻常的史料中，还可找到中国和印度之间科学关系的一些详情。……古书中关于此事的一段记载大约写于一个世纪以后，内容很有意义，因为其中保存着可能是最早的论无机酸的一段文字。"[1]这里说的玄超是 7 世纪中期唐代赴印度研究佛教的僧人。另外佛经中包含的天文学理论对中国天文学的影响，也一直受到学者们的关注，其中纽卫星的《西望梵天》就是一本专门研究汉译佛经中天文学的专著。

佛教还是促使中国印刷术发明的主要客观条件。这是怎么回事儿

---

① 李约瑟. 1975. 中国科学技术史. 北京：科学出版社.

呢？据说中国人很早就玩刻石碑，刻石碑干啥？就是做墓碑，把埋葬在墓里的人一生的功绩都刻在墓碑上，作为永久的纪念。在发明纸以后，又有人发明了把碑文拓下来的玩法，拓下的碑文叫拓片。这些事儿开始谁也没想到可以成为印刷技术。前面说到的那本《河汾燕闲录》里关于印刷最早的记载"隋文帝开皇十三年十二月八日"，就是唐朝建立前不久的公元594年。据考证，雕版印刷术就是起源于大量印制佛教的咒语、戒律和经书。佛教传入中国以后，和尚们需要大量地抄写各种咒语、戒律和经书给信徒们。抄书抄上一两遍并不难，抄几百遍、几千遍、几万遍那就麻烦喽，不但耗时费力、烦人，还特别容易抄错字。如果是小学课本抄错俩字还没啥，可佛教的咒语、戒律和经书要是写错了，那就如同犯了天条，是不可饶恕的罪过啊！于是，聪明的和尚们想起过去老人玩碑刻拓片的事情，他们也学着碑刻的样子，把佛教的各种咒语、戒律、经书先刻在石板上，然后用拓片的方法把这些咒语、戒律、经书拓下来，很快几百张几千张拓片就玩出来了。拓片的咒语、戒律、经书不但错字没了，复制起来还多快好省。就这样伟大的雕版印刷术进入了人类生活。考古发现最早的雕版印刷品是西安出土的一张梵文的咒语残片，考古学家认为出自唐初（公元7世纪）。

除了上面佛教对中国的影响，唐代高僧一行在科学技术上的功绩也是不可小视的。一行本是唐太宗李世民的功臣张公谨的孙子，本名张遂。武则天时代他上了嵩山，剃度为僧，法号一行。一行自幼喜欢读书和思考，酷爱天文和算学，因此也是大玩家一个。唐玄宗时代他回到长安，成为宫里一位御用高僧，并主持编制新历《大衍历》。一行在编制新历的过程中还捎带着玩出另外两件非常漂亮的事情。一是制造了水运浑天仪。这架浑天仪是可以演示天体运行和自动报时的装置，"立二木人于地平之上，前置鼓以候辰刻，每一刻自然击鼓，每辰则自然撞钟"，这是后人关于水运浑天仪的记载。一行玩的另外一件事可以说更是前无古人，啥事情呢？那就是根据不同地点北极星的高度测量出地球子午线每一度相隔的距离。他根据北极星的高差，组织测量队主要测量了河南从白马到上蔡526.9华里（1华里=500米）距离的数据，测出子午线每一度的距离是129.22千米，这个结果虽然不是很准（现代测量结果111.2

千米），但他运用的方法那是相当靠谱的，而且是世界历史上第一次大规模科学的天文大地测量活动。

《西游记》虽然是明朝吴承恩的作品，不过《西游记》里的故事却来自唐朝，是唐朝和尚玄奘写的《大唐西域记》给了吴承恩灵感。《西游记》里去西天求取佛经的、男妖女怪都想吃他的肉的唐僧，就是唐代僧人玄奘。《西游记》里孙猴子、沙和尚还有猪八戒、白龙马都是吴承恩瞎编的。《西游记》的故事虽然充满了神怪和离奇，不过正是从故事中遇到的神怪、恶魔中可以看到，古代（从东晋法显开始）那些去印度求取佛教真经，并带回印度科学技术的中国学者，不畏艰险、跋涉万里的顽强精神。所以唐僧、孙悟空他们不仅仅是佛教的使者，也是走在连接古代中国与古代印度科学之路上的伟大使者。

唐朝这么牛的老李家，在统治了中国将近 300 年（公元 618～907年）以后，最后却被一帮在桂林戍边的军人推向了灭亡的深渊。宋代大学者宋祁说："唐亡于黄巢而祸始于桂林。"唐朝灭亡后中国再次分裂，史称五代十国。不过这次分裂的时间不太长，自公元 907 年唐朝最后一位皇帝哀帝被迫把帝位"禅让"给梁王，自己最后被梁王杀了以后，大唐王朝彻底覆灭，全国大乱。50 多年后，960 年在河南商丘附近的陈桥驿发生了一场兵变，一代枭雄赵匡胤被大家推举，当上了皇帝。这就是说书人津津乐道的著名事件："陈桥兵变，黄袍加身。"从此中国 600 年鼎盛时代的另一个伟大朝代——大宋朝闪亮登上历史舞台。

唐朝覆灭以后，大唐朝国土上的各个藩镇纷纷称霸，割据一方。宋太祖赵匡胤再次统一的大宋朝，只是现在中国的东南部，连现在的北京、大同、兰州以西、成都以西还有云南都不属于北宋的地盘。宋朝的疆土比起唐朝那就太没面子了。不仅如此，大宋朝周围，除了东边是大海，其他方向全都被强悍的少数民族兄弟们包围着。从正北边算起，先是契丹人（这里在南宋变成了金朝，也就是清朝满族人的祖先），然后是西夏的党项人，西夏的西边还有回纥（他们是成吉思汗大元帝国的先驱），接着是吐蕃藏族，西南边是以白族为主的西南各民族兄弟们。占据着中原的汉族兄弟被围得严严实实，兄弟们之间不是擦枪走火，就是互相称臣。因此边界上总是时战时合，著名的杨家将及抗金英雄岳飞都是在这

个时代被推上历史舞台的。

不过让人感到有点不可理解的是，就是这样一个并不十分稳定的大宋王朝，却成为中国古代科学技术史上的最高峰。李约瑟在研究了很多相关的资料以后这样说："每当人们在中国的文献中查考任何一种具体的科技史料时，往往会发现它的主要焦点就在宋代。不管在应用科学方面或在纯粹科学方面都是如此。"①

李约瑟说的史料是啥呢？中国人最引以为豪的古代四大发明，虽然可能是在更早的时代被中国的玩家玩出来了，不过关于四大发明实际应用的信息，极少出现在宋代以前的史籍和考古发现中。就算出现，比如火药，也是作为一种禁忌，告诫大家不要瞎碰那么玩意儿。而最早关于指南针的故事，则是"以端朝夕"的司南，基本属于神话故事。所以，关于四大发明实用性的技术基本都是在宋代才得以完善的。

前面说到的火药在宋与金的对抗中发挥的威猛作用，是自从火药被玩家玩出来以后，第一次在放鞭炮以外得到使用的例证。而关于指南针的实用性应用也是在宋朝实现的。宋代的《武经总要》第一次谈到了指南针的使用和制作方法。

而印刷术中关于活字印刷最早的记录就来自宋代伟大学者沈括的《梦溪笔谈》，他在这本书里描述了活字印刷来自一个叫毕昇的布衣。考古发现曾经有过一个很有趣的事情，一直以来考古学者和研究中国古代印刷术的专家都认为，清代保留下来的一本元代印刷品是活字印刷最早的样本。可是 1991 年，考古学家在甘肃贺兰山下的一座方塔下面发现了几本佛教密宗的典籍，这些典籍用的是西夏文。考古学家发现这些典籍中，有几个字倒个儿了。如果这些典籍是用雕版印刷，刻版的师傅不可能故意把一个字刻倒个儿。所以考古学家断定，这几本书肯定是用活字印刷技术印制的。经过科学的验证，这些书的历史可以追溯到北宋，也就是沈括记述毕昇之后没多久。毕昇发明活字印刷最早的证据，从北宋跑到了当时不属于宋朝管辖的西夏国，说明活字印刷的传播是相当迅速的，和现在法国人玩的流行色过不了几天就会被上海的裁缝知道差不多。

① 李约瑟. 1975. 中国科学技术史. 北京：科学出版社.

除了和四大发明有关的事情，宋代在其他科学技术方面，也有不少值得我们骄傲的成就。比如宋代杰出建筑师李诫，他的《营造法式》一书曾经是引领我国现代著名建筑学家梁思成带着漂亮妻子林徽因到山西等地研究和考察中国古代建筑，并写出《图像中国建筑史》的启蒙之作。由十几个著名医生编纂的《圣济总录》，被称为宋代的御医百科全书，对中医在病症的分类和中成药方剂方面都具有非常重要的贡献。李约瑟先生在研究宋代时还发现，中国在那个时代竟然开始有人研究动物和植物，比西方的博物学来得早多了："……当时最有特色的是无数关于动植物的专著，其中1178年韩彦直所著的《橘录》，可以认为是典型的代表作；这部书中详细地叙述了柑橘属种植术的各个方面。这是任何一种文字中讨论这一专题的最早的著作。除此之外，还有关于竹子、荔枝、香料植物、葫芦和显花树木，以及关于贝壳类、鸟类和鱼类等方面的专题论文。"[①]

李约瑟先生最看好的宋朝人是沈括，他说："沈括可算是中国整部科学史中最卓越的人物了。"李约瑟为什么这么推崇沈括呢？其实就是因为沈括写的那本书《梦溪笔谈》，李约瑟认为这本书在中国古代科学技术史上具有里程碑式的意义。前面曾经提到过，《梦溪笔谈》里有关于活字印刷术最早的记录，另外还有关于指南针的记录也可能是全世界最早。此外《梦溪笔谈》里还有许许多多当时各个方面科学应用和科学观察的记录。李约瑟为此对沈括的书做了一番分析和列表，说明这本书里有多少段落是写数学的，多少段落是写物理的，多少段落是写占卜方术的。而且李约瑟认为整部《梦溪笔谈》里，有五分之三的内容都和科学有关。那么《梦溪笔谈》到底是一本什么样的书呢？沈括怎么这么牛，让李约瑟都觉得是中国整部科学史中最卓越的人呢？

沈括是个读书人、当官的，也是一个玩家。他出身仕宦家庭，30多岁及第，中进士，然后就一直做官，直到被贬职。他和中国古代四体不勤、五谷不分的读书人不太一样。四体不勤、五谷不分的读书人，对自然，对老百姓不好奇，他们好奇的是修身、齐家、治国、平天下的事情。沈括好奇的却是大自然，是老百姓的生活。做官期间，他清理过河

---

① 李约瑟. 1975. 中国科学技术史. 北京：科学出版社.

道、救过灾，还被派往辽国（就是现在的东北三省还有内蒙古大多数地区）做谈判的大使等。从辽国回来的路上，他将自己亲眼看到的当地百姓的生活，以及一路的地理状况写成了《熙宁使契丹图抄》，交给朝廷，得到皇帝的赞赏。这些与大自然和老百姓生活息息相关的生活积累，使他成了那个时代一个与众不同的读书人。

中国很多读书人不但四体不勤、五谷不分，还喜欢耍阴谋、玩内讧。沈括就是在一个阴谋中受到牵连，被贬官。贬官以后一身轻松的沈括跑到镇江梦溪园开始写书，所以他的书名是"梦溪笔谈"。

《梦溪笔谈》是一本怎么样的书呢？这部书分为 26 卷，每卷有 15～30 个段落。按照李约瑟先生列表分析，其中有五分之三谈到的是科学。很多现代中国学者认为《梦溪笔谈》是"中国古代科技第一百科全书"。但李约瑟没有这样说，他只是说沈括的这本书具有里程碑式的意义。李约瑟为什么没说《梦溪笔谈》是一部百科全书呢？

百科全书（cncyclopedia）是一种资料性的工具书，做学问的或者做毕业论文的大学生、硕士、博士，可以在百科全书里找到各种学科的知识更准确或者更早的信息、解释等资料。百科全书这个概念来自 18 世纪法国启蒙运动时期的百科全书派领袖、杰出的法国思想家狄德罗。他主持编写的《百科全书》是近代第一部百科全书。而且百科全书的编写是有其内在的规律和逻辑性的，比如为了方便查找，百科全书不是按照字母分类（如果是中文还可以按汉字的部首分类）就是按照不同的学科分类。这样分类的目的是方便查找，因为写百科全书除了罗列各种学科的知识，最主要的目的是让做学问的人方便查阅。

从上述意义上说《梦溪笔谈》就不是一部百科全书了。为啥这样说呢？

这本书一共有 26 卷，卷和现在的章差不多。书中 26 卷的分类顺序是这样的：故事、辩证、乐律、象数、人事、官政、权智、艺文、书画、技艺、器用、神奇、异事、谬误、讥谑、杂志、药议等。这个分类显然没有什么内在的规律和逻辑性。而每一卷里各段的内容之间就更没有逻辑关系了。比如关于毕昇发明活字印刷术的事情记载在《卷十八·技艺》中，这一卷一共有 24 段，关于毕昇的事记在第 13 段："版印书籍，唐人尚未盛为之……。庆历中，有布衣毕昇，又为活版。……"云云。前一段儿写的是啥呢？按照如今百科全书的编辑方法，前一段应该是和这个词条有一定逻辑关系的，比如同类的知识，或者第一个字字音相近。可聊印刷术的前一条，沈老先生写的是："算术多门，如'求一''上驱''搭因''重因'之类，皆不离乘除……"说的是算术，算术和印刷之间无论知识类别和第一个字的字音，似乎都没啥逻辑关系。另外算术为啥不放在专聊算术的《象数》那一卷呢？而印刷术的下一段是："淮南人卫朴精于历书，一行之流也。春秋日蚀三十六，诸历通验，密者不过得二十六七……"这里说的是一行和天文历书（一行是做大衍历的天文学家）。整个十八卷里的内容还包括关于贾魏公（宋朝一个著名的大学士）请方士的故事、盖房子的营舍之法、蹙融（一种跳棋）的玩法、蹴鞠（古代足球）、艾灸、还有跋焦、厮乩就是占卜的方法等，这些事情统统被沈括老先生归在《技艺》之中。而关于指南针的记载，写在《卷二十四·杂志一》里："方家以磁石磨针……"写磁针的前一段是"撒殿"，啥叫"撒殿"？是外国使臣来给咱们中国皇帝进贡，走上大殿时把珠宝撒一地，以表示对宗主国的顺从和恭敬，这个特别的习俗倒的确应该归在杂志里。磁石的后一段写啥呢？那就更不靠谱了，"岁首画钟馗于门，不知起自何时……"是过年门上贴的门神钟馗！

所以，《梦溪笔谈》不是一种方便查找的资料性工具书，不是一本百科全书。

那《梦溪笔谈》是本啥书呢？按照沈括老先生的说法："予退处林下，深居绝过从。思平日与客言者，时纪一事于笔，则若有所晤言，萧然移日，所与谈者，唯笔砚而已，谓之笔谈。"什么意思呢？意思是说，他不当官以后，很少和人来往。回想平时和别人的谈话，不时记下来，就像有人在和我谈话聊天了。这样的日子，和我谈话的只有笔砚，所以就叫"笔谈"。也就是说，这本《梦溪笔谈》是沈老爷子在自说自话，把以前和朋友哥们说过的、玩过的身边的事儿，自己和自己再唠叨唠叨。所以没有啥逻辑性也是很自然的了。

不过，在《梦溪笔谈》里能被沈老爷子想起来又唠叨出来的事情，有很多都和科学有关系。科学这个概念是我们现代人赋予的，沈括还不知道什么叫科学，他说的只是发生在他身边，在他一生中听到的、看到的和玩过的事情，包括在他的《技艺》和《杂志》里讲到的毕昇和指南针的故事，都是他在做官的时候听说的。

沈括为什么偏偏记住了这么多和科学有关的事情，而和科学无关的事情只占这本书的小部分呢？肯定是这些和科学有关的事情，刺激了他，让他这个在当时属于另类的，非四体不勤、五谷不分的读书人产生了兴趣，感到好奇。只要是让人产生兴趣感到好奇的事情，谁都不会忘记。所以沈括退下来以后，就把这些曾经引起他兴趣和好奇的事情都一一写了下来，于是也就有了今天我们看到的《梦溪笔谈》。

所以，从《梦溪笔谈》的内容上说，它就是一本百科全书，而且是非常伟大的书。要知道，沈括在他那个幽静的梦溪园里写笔谈的时候，法国百科全书派的领袖狄德罗，他爷爷的爷爷的爷爷还没有出生，沈括比狄德罗早了整整700年。

沈括是中国历史上一个非常伟大的玩家、观察家和实践家，所以被李约瑟称为"沈括可算是中国整部科学史中最卓越的人物了"。但是沈括却还不是一位真正提出科学理论和科学学说的科学家。科学不只是记录一些个别的事物，而是要把个别事物用逻辑的方法，进行分析、推理、演绎和判断以后，提出事物之间具有规律性的理论或者学说。但是，沈括没有做这些，原因除了中国没有关心自然的传统，还有就是他还没有认识到逻辑在思维中的重要性。

在整个中国历史中，像沈括一样的玩家、观察家、实践家还有很多，但因为没有逻辑思维的习惯和训练，所以从造纸、印刷、火药和指南针四大发明而发展出来的科学理论，以及这些技术更具有实用意义的进步，都拱手让给了欧洲那帮子有逻辑思维的玩家。虽然在唐宋这600多年的鼎盛时期中国人玩得比西方人要强，而且强很多，却没能形成科学理论。

第八章 玩礼乐的中国人

　　叔本华说："音乐创造了听取的形式，创造了自然界里没有原型而且离开音乐也不能存在的声音的连接和结合。"不过中国古代音乐中的五音——宫、商、角、徵、羽，不光只是听取的形式，这五音还带有超越音乐以外的秩序和等级观念，所谓"声音之道与政通矣。宫为君，商为臣，角为民，徵为事，羽为物"。东西方音乐是沿着两条完全不同的道路发展的。

兴正礼乐颂声兴

世界上各个种族、各个国家都有自己的音乐，中国也不例外。中国在很早的时候就有关于音乐的记载，而且是官方的记载。比如《周礼·春官》里有几个官职，如大司乐、乐师、大胥、小胥、大师、小师等，都和音乐有关。此外，《论语》里还有个孔夫子和音乐的故事："子在齐闻韶，三月不知肉味，曰，不图为乐之至于斯也。"啥意思呢？就是孔夫子在齐国听到韶乐，韶乐的美妙让孔夫子三个月闻不出肉香味儿，他说，能听到这么美妙的韶乐，是人生最美最享受的事情。所以中国也有礼乐之邦的说法。

按照现代的分类，音乐属于艺术的一种形式，但是又和其他艺术有很大的区别，是一种很特别的艺术形式。德国大哲学家叔本华说过，"音乐创造了听取的形式，创造了自然界里没有原型而且离开音乐也不能存在的声音的连接和结合"[1]。大哲学家就是厉害，一下子就看出音乐非同凡响。1、2、3、4、5、6、7（do、re、mi、fa、so、la、xi）这些基本的音符，小鸟和蛐蛐唱歌从来也不会遵循，这些音符只存在于人类的音乐之中，而且除了音乐，这些音符在其他地方真的是毫无用处。

音乐是如何起源的，学者们有不同的说法和观点。按照达尔文的理论，音乐是为博取异性的欢心而进化出的一种行为。而达尔文所说的这种行为并非只属于人类，除了人类，其他动物也有这个本事。如今对动物行为学的研究也证实了这一点，像许多小鸟，叽叽喳喳地叫着，还使劲儿舞动着翅膀，在树杈上且歌且舞，这些都是雄性小鸟儿发育成熟以后，为传宗接代必须要完成的重要任务。人可能也是在非常原始的时候，为了同样的目的，为"撩妹"而产生了最初的音乐。不过人类音乐中的美妙，比如几乎所有中国人甚至外国人都会唱的，那首动听的歌曲《茉莉花》，还有莫扎特那首打动人心连上帝听了都会泪流满面的《A大调单簧管协奏曲》，除了我们人类以外，小鸟、蛐蛐肯定不会觉得美妙，

---

① 秦序. 1998. 中国音乐史. 北京：文化艺术出版社.

动物听人的音乐基本属于鸭听雷的效果。

中国人到底是从什么时候开始玩音乐，这事儿已经搞不太清楚，也不知道那时候音乐是怎么个调儿、怎么唱。但是考古学家在遥远古代的许多遗迹中发现了大量显然是乐器的器物，这些乐器是 8000～6000 年前中国人玩过的。中国最早可以算作乐器的是一些从河南舞阳一个新石器时代遗址发现的骨笛。这种骨笛据说是用鹤的腿骨制成的，开有 7 个孔，现在还可以吹出美妙的声音。根据碳 14 测定，这些骨笛已经有 8000 年的历史。除了这些骨笛，还发现了许多诸如鼓、磬（是一种石头做的打击乐器）、陶制的号角、埙等。古人有这么多乐器，音乐肯定也玩得很带劲儿。文字记载的音乐最早出现在甲骨文上，考古学家在甲骨文的卜辞上发现了很多商代祭祀时音乐舞蹈的记录。这些记录虽然很简单，但从中可以想象出那遥远时代的一番景象：为求天神赐福，女孩子们随着埙与骨笛的合奏翩翩起舞；为出征的胜利，随着一阵阵鼓和磬的合击，英勇的武士们操戈起舞，曼妙与雄浑的音乐和舞蹈似乎历历在目。

这些考古发现虽然很神奇，很有意义，但是这些来自远古时代的乐器、骨笛再也不会吹奏出来自那个时代的音乐。就像英国著名音乐史学家杰拉尔德·亚伯拉罕说的："考古学家对我们很有帮助，因为他们提供了石器时代带有孔洞的骨笛和明确的年代的证据。但音乐的真正历史既不从这种有争议的石器时代艺术的标本开始，也不从 20 世纪最原始民族的原始音乐开始，而是从我们所知道的最古老的音乐文化开始。"[1]

那什么是音乐文化，音乐文化又是从什么时候开始的呢？

所谓文化就是已经成为人们生活中不可缺少的规矩、行为或者形式，比如打工、创业、读书、唱歌、跳街舞，当然还有撩妹等。而且这些文化是可以传承的，怎么传承？传承一开始可以像猫妈妈、猫爸爸教小猫一样，让大人教。可是几百年几千年，时间长就不能靠妈妈爸爸教了，时间长就要靠文字。所以自从有了文字，音乐作为一种文化就被记载在了各种书籍里代代相传下去了。

中国最早的诗歌总集是《诗经》，据说诗经里的诗当时都是配了曲调可以唱的，比如"窈窕淑女，君子好逑"（怎么唱现在没人知道）。《尚

---

① 杰拉尔德·亚伯拉罕. 1999. 简明牛津音乐史. 顾犇译. 上海：上海音乐出版社.

书》是一本古代的公文记录，记录了从尧皇帝的尧典一直到周天子的周书。其中有一篇是《五子之歌》："五子咸怨，述大禹之戒以作歌。"意思是五子埋怨太康无作为，于是以大禹的伟大思想作了一首歌，希望太康可以重新振作起来。有点像20世纪60年代，英国披头士组合里的保罗，他创作的那首脍炙人口的 *Hey Jude*，就是为鼓励列侬的儿子朱利安勇敢面对现实。

不过《诗经》和《尚书》里的《五子之歌》都只是歌词，这些诗歌怎么唱谁也没听过，也不会唱。最早用文字解释音乐是怎么回事儿的，应该是司马迁的《史记》。《史记》里有一卷是《乐书》，"故云雅颂之音理而名正，枭嗥之声兴而士奋，郑卫之曲动而心淫。及其调和谐合，鸟兽尽感，而况怀五常，含好恶，自然之势也"①！太史公把那时候音乐的基本概念和音乐的功能告诉大家了。他说典雅的音乐代表了正义和高尚；激昂的"枭嗥之声"可以振奋人心，激发士气；来自郑卫的靡靡之音听了会让人产生淫欲。和谐的音乐不但连鸟兽都可以感觉到，还可以"况怀无常、含好恶"，意思是音乐包含了客观世界和主观世界中的各种情感，这些都是自然的赐予。司马迁这段描述挺生动。

中国古代被记载下来有关音乐的信息，有个特点，啥特点呢？那就是音乐都属于礼教的重要内容，比如被鄙视的郑卫之声就属于不合礼教的音乐，"郑卫之声，桑间之音，此乱国之所好，衰德之所说"②，所以中国古代音乐也叫礼乐。啥叫礼乐呢？《史记·乐书》里这样写道："治定功成，礼乐乃兴。"啥意思？意思就是只要国家安定了，不打仗了，礼乐就兴起了。为啥叫礼乐呢？因为礼乐是具有教化作用的，"夫淫佚生于无礼，故圣人使人耳闻雅、颂之音，目视威仪之礼……故君子终日言而邪辟无由入也"③。太史公说，淫佚来自无礼，所以古代的圣人让大家耳朵听雅乐、颂歌，眼睛看威严的礼仪，这样君子就算想干坏事儿，也没理由去干了。古代音乐的教化，比如今派出所里的警察叔叔还管事儿。

被孔老夫子念念不忘的周朝是最早开始玩礼教的时代。前面说过，

① 司马迁. 2009. 史记·乐书. 韩兆琦主译. 北京：中华书局.
② 吕不韦. 1986. 吕氏春秋·季夏纪//浙江书局. 二十二子. 上海：上海古籍出版社.
③ 司马迁. 2009. 史记·殷本纪. 韩兆琦主译. 北京：中华书局.

中国有记载的最早的音乐是在殷商的甲骨文里。殷人尚鬼神，所以他们的音乐很多都是祭祀鬼神用的。除了祭祀，在商代的后期，音乐又玩出了新花样。据说商代最后一个帝王纣王是个十足的大淫棍，生活十分糜烂。他喜欢玩色情音乐，这种音乐被后人称作"淫乐"和"靡靡之音"。《史记》上说他："好酒淫乐，嬖（嬖就是宠爱的意思）于妇人。爱妲己，妲己之言是从。于是使师涓作新淫声，北里之舞，靡靡之乐。"①这个"新淫声"和"靡靡之乐"就是商纣王头一个玩出来的。可没想到的是，靡靡之音还没玩多久，愤怒的周武王带着他的正义之师，把商纣王干掉了，于是周朝来了。《史记》上是这样说的："兴正礼乐，度制于是改，而民和睦，颂声兴。"②意思是周天子开始修正礼乐和各种制度，于是和睦的生活来到了，到处唱起了颂歌。周人再也不玩鬼神和淫乐了，玩起"雅乐"和"颂声"。中国从周朝开始重视音乐的礼教作用，礼乐就这么来了。雅乐就是用音乐来表达礼教，颂声就是歌颂伟大的周天子、歌颂帝王。

音乐怎么和礼教结合呢？周天子制礼作乐，所谓的"礼"就是秩序，就是等级，而"乐"就是秩序和等级的一种具体表现形式。不同等级的人要用不同形式的音乐，这种秩序是不可以乱、不可以破坏的。所以在周朝，音乐不仅仅是叔本华说的"听取的形式""自然界里没有原型而且离开音乐也不能存在的声音的连接和结合"，在周朝，音乐同时还是秩序、等级的象征。于是大周朝在符合秩序和等级的一片雅乐、颂声中，快快乐乐地度过了将近300年的时光。

不过无论雅乐、颂声还是淫乐、靡靡之音，音乐是一种很专业的事情，放牛娃肯定不会做雅乐，更不会做靡靡之音。而中国将音乐专业化的第一个朝代就是周朝。前面说的大司乐，就是周朝，也可能是人类历史上第一个国家音乐学院。大乐司是朝廷设立的专门训练乐师的地方，"大司乐掌成均之法，以治建国之学政，而合国之子弟焉……以乐德教国子中、和、祗、庸、孝、友，以乐语教国子兴、道、讽、诵、言、语……以六律、六同、五声、八音、六舞大合乐，以致鬼、神、示，以和邦国，

---

① 司马迁. 2009. 史记·殷本纪. 韩兆琦主译. 北京：中华书局.
② 司马迁. 2009. 史记·周本纪. 韩兆琦主译. 北京：中华书局.

以诺万民……"意思就是大司乐是一所教弟子们治国之法的学校,什么治国之法呢?音乐也!这就是人类历史上第一个国家音乐学院。音乐学院教啥呢?用音乐里表现出的道德,教国人中、和、祗、庸、孝、友,就是人的各种涵养,用音乐的语言,教大家兴、道、讽、诵、言、语,就是人的表达能力等。六律、六同、五声、八音、六舞大合乐都是当时的音乐理论和音乐形式,依照这些理论和形式演奏的音乐和舞蹈,鬼听了、看了都会被感动。

在唱了200多年的雅乐、颂声以后,情况发生了变化。天子的权威逐渐衰微,皇家的秩序受到挑战。诸侯们公然把以前只有皇宫才可以玩的雅乐,搬到自家院子里。不但如此,平头老百姓也都闹闹哄哄地玩起各种雅乐、颂声以外的音乐。这就是被孔老夫子痛骂的所谓"礼崩乐坏"和"恶郑声之乱雅乐也"①的"郑卫之声"。孔夫子疾呼,"八佾舞于庭,是可忍,孰不可忍也"②,意思是只有周天子可以享受的舞蹈"八佾",怎么能在一个诸侯的厅堂上乱唱乱跳呢?如此蔑视周天子定下来的规矩,简直是不可容忍!其实孔夫子咒骂的并非是音乐本身,而是对失去秩序的哀叹。

孔夫子骂的"礼崩乐坏"和"郑卫之声",骂的也不是音乐,骂的是无视周天子权威的诸侯,骂他们破坏秩序、破坏等级,破坏了礼教。不过孔夫子万万没想到的是,"礼崩乐坏"和"郑卫之声",正好对叔本华说的"听取的形式"的音乐大有好处,"礼崩乐坏""郑卫之声"对"听取的形式"音乐的发展起到了前所未有的推动作用。战国时代,除了郑卫之声,来自各地的秦声、楚声、越声、齐讴、吴歈等开始在民间偷偷流传。

此时此刻,亚伯拉罕说的音乐文化,在中国隆重登场了。不过中国古代的音乐文化有个特点,那就是被分为正统的阳春白雪和非正统的下里巴人两部分。正统的就是礼教音乐,这些音乐是为皇家服务的,除了在宫廷的祭祀活动或者其他各种活动上让皇帝高兴以外,就是老百姓必须唱的歌颂帝王的颂声、雅乐。而且这些会被史官记载在史书之中。

---

① 朱熹撰. 1992. 论语集注·阳货. 济南: 齐鲁出版社.
② 朱熹撰. 1992. 论语集注·八佾. 济南: 齐鲁出版社.

而那些流传于民间的秦声、楚声、越声、齐讴、吴歈等郑卫之声，都是遭到排斥的非正统音乐，是下里巴人的音乐，没有史官记载这些音乐，只在民间流传。

音乐文化在中国登上历史舞台的时候，外国人在干什么呢？其实外国在很早的时代也开始玩音乐了，考古学家在两河流域发现了一块滑石花瓶残片，那上面画着两个正在弹竖琴的人，这件残片已经有 4700 多年的历史。

西方音乐的历史不是这本书想说的，这里只是想对中国和西方（这里说的西方包括古埃及和古巴比伦等古代文化）音乐发展的基本脉络做一点比较，通过这些比较，也许会让我们看到很多有趣的也很值得我们思考的东西。

古代的音乐我们已经听不见了，就像亚伯拉罕说的那样，"尽管我们可以从书本上知道，希腊的阿夫洛斯管的声音有多么动人……大卫如何通过演奏基诺尔琴来驱赶扫罗亡灵；但是所有这些对于我们来说都无济于事，因为我们不可能把那些声音重新创造出来，感到情绪激动，甚至也不可能大致上想象出萨卡达斯的作品或者大卫用竖琴演奏的曲子到底是什么样子"[1]。所以研究古代音乐不可能用耳朵，那用啥？得想办法去找其他途径。

无论是中国还是西方，对古代音乐的了解基本都来自历史学家和考古学家的发现，这些发现包括古籍中相关的记载、遗物、壁画或各种器物上画的有关音乐的图像。

不同的音乐之路

怎么比较呢？

先看看乐器。从各种史料可以知道，中国和外国在很早的时候就出现了各种乐器。中国除了前面说的骨笛，后来的考古发现又发现了很多著名的乐器，比如在湖北崇阳出土的殷商时代（公元前 1600～前 1064 年）的铜鼓，河南安阳殷墟出土的虎纹大石磬，湖南宁乡出土的象纹大

---

① 杰拉德·亚伯拉罕. 1999. 简明牛津音乐史. 顾犇译. 上海：上海音乐出版社.

镈，还有吹奏乐器笙等。前面第一章说过，发现了写着二十八星宿木箱子的曾侯乙墓里，除了出土了一套65件的编钟，同时还发现了编磬、鼓（3件）、瑟（7件）、笙（4件）、箫和排箫（2件）、篪（2件）[①]，这些乐器足以组成一个交响乐队。曾国是春秋战国时期一个名不见经传的诸侯国，这么一个诸侯国国王的坟里，竟然埋着如此规模的交响乐乐队，这显然是不符合周礼的。因此也足以证明，孔老夫子诅咒的"八佾舞于庭""礼崩乐坏"并非空穴来风，不是他瞎编的或者小道儿消息。

从周朝建立，经过春秋战国到汉朝，音乐经过800年左右的发展，中国的乐器从钟、磬、鼓、笙、埙等打击和吹奏乐器，又发展出丝竹之乐。"随着汉代俗乐的兴盛，钟磬乐渐衰退。轻便灵巧的丝竹乐器尤为人们所欢迎喜爱。"[①] 所谓丝竹就是弦乐器，所以到了汉代，中国除了没有键盘乐器，其他现代交响乐队里的吹奏乐器、打击乐器、弦乐器几乎都有了，当然古代乐器和今天还是有差别的。

再来看西方，西方比较早被发现的乐器也有很多，其中竖琴应该是最早出现，也是最著名的。我们现在可以看到的许多西方古代题材的油画里，那些貌如天仙的女孩子怀里抱着的，很多就是梦幻般的竖琴。前面说的那块花瓶残片，现在保存在芝加哥大学东方研究所。上面画的正在演奏竖琴的演奏者是苏美尔人。苏美尔属于距今5000年左右的两河文化，是西方文化的发源地之一。除了苏美尔的竖琴，在古埃及还发现了很多乐器，其中包括里尔琴、琉特琴和双管等。喜欢天文的人都知道一个很著名的星座——天琴座，这个星座中国叫织女星。这个星座的图形就是一个里尔琴。而琉特琴是一种和现代吉他类似的乐器，双管更是现代许多木管和铜管乐器的老祖宗。另外还有一些打击乐器，比如钟、钹、铃等。公元前1000多年的两河流域，也已经有像模像样的能和曾侯乙墓里的乐队比美的交响乐队了。而且那时乐手们使用的乐器，很多就是今天交响乐团里乐器的老祖宗，是今天音乐的老根。埋在公元前400多年那位曾侯乙坟里的乐器如何呢？比如编钟、编磬，这些乐器作为礼器的功能和重要性，大大高于乐器，所以曾老爷坟里的乐器，逐渐被淹没在历史的尘埃中，没有成为现代乐器的老祖宗。

---

① 秦序.1998. 中国音乐史. 北京：文化艺术出版社.

经过比较我们可以知道,在那个梦幻般的古代,中国人和外国人虽然都差不多,都会玩音乐,但是创造出来的乐器各不相同。

再看音阶,音阶是音乐的基础,就是 1、2、3、4、5、6、7(do、re、mi、fa、so、la、xi),在钢琴的键盘上是 c、d、e、f、g、a、b。对于音阶的认识,中国和外国在古代有很大的不同。中国古代一直以五音为主,为什么是五音,不是 1、2、3、4、5、6、7 呢?春秋时代学者、法家的鼻祖管子老先生这么聊过五音:"昔黄帝以其缓急作五声,以政五钟。令其五钟,一曰青钟大音,二曰赤钟重心,三曰黄钟洒光,四曰景钟昧其明,五曰黑钟隐其常。五声既调,然后作立五行以正天时,五官以正人位。人与天调,然后天地之美生。"① 他说黄帝以声音的缓急创造了五音,并且用五个钟,即青钟、赤钟、黄钟、景钟、黑钟定下五音的音调。这五音转换成现代音阶就是 1、2、3、5、6。此外管子老先生还告诉大家,从这五音可以衍生出五行(金、木、水、火、土)、五官(眼、鼻、口、眉、耳)。五行是和天相对的,五官是和人的身体相对的。正天时就是与天和谐,正人位就是与自己身体和谐,这样天与人都和谐了,天地之美就会油然而生。老先生神乎其神地说了半天,这哪儿还是音乐啊?其实管子聊了半天,他聊的根本不是音乐,而是拿这五个音做例证,来证明五行、五官与天地之间的关系。"然后天地之美生",和叔本华说的作为"听取的形式"的音乐基本没啥关系,而是他所谓"人与天调"的玄妙关系。

另外,中国这五音的名称也不是我们熟悉的 1、2、3、5、6,而是宫、商、角、徵、羽,五音里没有 4 和 7。为啥没有 4 和 7 呢?没有 4 和 7 也不是音乐的问题,是礼制,也就是前面说的秩序和等级的问题,"声音之道与政通矣。宫为君,商为臣,角为民,徵为事,羽为物。五者不乱,则无怗懘之音矣。宫乱则荒,其君骄,商乱则陂,其官坏,角乱则忧,其民怨,徵乱则哀,其事勤,羽乱则危,其财匮,五者皆乱,迭相陵,谓之慢,如此则国之灭亡无日矣。郑卫之声,乱世之音也,此于慢矣,桑间濮上之音,亡国之音也,其政散,其民流,诬上行私而不

---

① 管仲.1986.管子//浙江书局.二十二子.上海:上海古籍出版社.

可止也"①。这是中国汉朝以后一直到清朝，知识分子必读的十三经中《礼记》里聊的五音。中国的礼教认为，宫、商、角、徵、羽这五音和社会民生是联系在一起的，也就是1、2、3、5、6这五个音是不可以乱的秩序，就像君、臣、父、子的等级不可以乱一样。如果把4和7掺和进来，那可就五音皆乱，五音皆乱意味着亡国，那是绝对不可以的！推而论之，被孔夫子咒骂的"礼崩乐坏"和"郑卫之声"可能就是因为掺和了4和7，而成了乱世之音、亡国之音也。

那外国是怎么玩音阶的呢？古希腊人也认为音乐有道德的作用，对教育和净化心灵有益，"是否应当认为，音乐能够培养人们的某种德性——就像体育对身体有所裨益一样，音乐造就某种习惯，使人得以感受真实的愉悦……依据某些哲学家给出的划分，旋律可分为道德楷模型的、行为型的和激发型的三类……但是我们仍然主张，音乐不宜以单一的用途为目的，而应兼顾多种用途。音乐以教育和净化情感为目的，第三方面是为了消遣，为了松弛与紧张的消逝"②。亚里士多德聊的，关于音乐的道德作用，教育和净化心灵的作用很客观，"就像体育对身体有所裨益一样，音乐造就某种习惯，使人得以感受真实的愉悦"，这种教化是自然而然的，不像中国对五音所寄予那种教化，"宫为君，商为臣，角为民，徵为事，羽为物"，这些教化不是自然的，而是人为强加在事物之上的。同时亚里士多德认为，音乐的用途是多样化的，除了教育和净化心灵还有消遣、松弛的作用，和我们"宫乱则荒，其君骄，商乱则陂，其官坏，角乱则忧，其民怨"，完全不同。

关于音阶，古希腊在华达哥拉斯时代（公元前6世纪，相当于中国春秋早期），就有了以现在的1、2、3、4、5、6、7（do、re、mi、fa、so、la、xi）排列的音阶"哈莫尼亚"。在这个音阶里，古希腊人没有把4和7排除在音阶之外，更不认为4和7是会乱五音、乱世、亡国的不和谐音。

再来看看古代东西方的音乐人有啥不一样。音乐人在现代生活里是不可缺少的，咱们中国像清华玩音乐的老狼、高晓松，鲍家街的汪峰，还有钢琴家郎朗、李云迪，大提琴家马友友，老一代歌唱家李光

---

① 王文锦.2001.礼记译解（上）.北京：中华书局.
② 亚里士多德，《亚里士多德全集：政治学》。

曦、马玉涛、郭兰英等，他们都是非常受人尊重的音乐人，是中国音乐的骄傲。

可中国古代的音乐人如何呢？古代最早被记载的音乐人，也许要算《列子·汤问》里聊的伯牙了，"伯牙善鼓琴，钟子期善听。伯牙鼓琴，志在高山。钟子期曰：'善哉，峨峨兮若泰山！'志在流水，钟子期曰：'善哉，洋洋兮若江河！'伯牙所念，钟子期必得之。子期死，伯牙谓世再无知音，乃破琴绝弦，终身不复鼓"。这个善鼓琴的伯牙是何方神圣呢？列子是公元前5世纪战国时代的学者。这段故事记载在《列子·汤问》中，汤是殷商的开创者，所以列子聊的伯牙应该是殷商时代一位鼓琴高手。不过有个问题来了，虽然中国早就有关于琴的记载，比如伏羲造琴瑟，神农造五弦琴等，可这些都是传说，是神话，考古发现最早的琴是春秋晚期的，"湖北当阳曹家巷春秋晚期墓出土的葫芦斗楚笙，十六管，是目前已知最早的笙。同墓出土的两具瑟，也是目前考古发现最早的"[①]。瑟是古代的弦乐器。安阳殷墟发掘出的乐器有石磬，没见有琴。所以列子故事里的伯牙不会是商汤时代的人，最起码也应该是七八百年以后东周初期或春秋时代的人士。另外从这个故事还可以看出，那时候喜欢听伯牙鼓琴，能听懂其中高山流水的人只有钟子期一个人。这个故事显然有点夸张，不过有一点可以肯定，那就是能听懂伯牙音乐的人不太多，否则列子也不会瞎编这么个故事。这个故事说明，春秋时代音乐在中国还很不普及，音乐人基本没有啥粉丝。

再往后，记载中著名的音乐人应该就是三国时代的嵇康了，嵇康是三国时代的魏国人，是当时著名的竹林七贤之一。他也喜欢弹琴，著有《琴赋》一篇。在《琴赋》序里他这么说："余少好音声，长而玩之。以为物有盛衰，而此无变；滋味有厌，而此不倦……众器之中，琴德最优。"[②]他的意思是，音乐是可以超出客观事物盛衰变化的，是永恒的。而所有乐器里，琴最有德。乐器会有啥德呢？在《琴赋》里他是这么赞美琴德的："含天地之醇和兮，吸日月之休光。郁纷缊以独茂兮，飞英蕤于昊苍。夕纳景于虞渊兮，旦晞干于九阳。经千载以待价兮，寂神跱而永

---

① 秦序. 1998. 中国音乐史. 北京：文化艺术出版社.
② 萧统. 1977. 文选·琴赋并序嵇叔夜. 北京：中华书局.

第八章 玩礼乐的中国人 | 153

康。"① 这么牛一音乐家肯定粉丝一大堆吧？粉丝有多少不知道，不过这个大音乐家嵇康，40岁就被大将军司马昭给杀了。

由于儒家思想重视的不是音乐作为听取的形式本身，而是礼，音乐无论听起来是否好听，但是不可以"礼崩乐坏"，不可以"郑卫之声"的。而"礼崩乐坏"和"郑卫之声"其实就是"桑间濮上之音"，就是老百姓的音乐、民间音乐，所以中国古代民间音乐人都不太受待见，受待见的音乐人都是宫廷里玩礼乐的。宫廷玩音乐比较有名的有汉武帝宠幸的李延年，他是个很牛的音乐人，"延年善歌，为变新声，而上方兴天地词，欲造乐诗歌弦之。延年善承意，弦次初诗"②。啥意思？司马迁说，李延年很会唱歌，经常为皇上唱一些新的歌曲。汉武帝当时喜欢在祭祀的时候，作一些音乐，李延年迎合皇上的意图，作了汉武帝喜欢的曲子。据说汉武帝最喜欢的是李延年作的《佳人曲》："北方有佳人，绝世而独立。一顾倾人城，再顾倾人国。宁不知倾城与倾国？佳人难再得！"

古代西方的音乐人我们不太了解，不过从亚伯拉罕的《简明牛津音乐史》里我们可以窥探到一些古希腊人玩音乐的情况："公元前530年前后，当毕达哥拉斯居住在意大利的时候，雅典产生了酒神狄俄尼索斯的颂歌，并逐渐被用于仪式，还引入到弗里尼库斯和埃斯库罗斯的悲剧中。首先由独唱歌手对纯粹的合唱演出作'解释'，然后，表演代替了对传说的叙述。埃斯库罗斯引入第二个演员，而索福克勒斯则引入第三个演员。早期悲剧是一部完整的缪斯之艺，其中包括诗歌、舞蹈和音乐。"③ 亚伯拉罕聊的这一大段，让我们感觉到，公元前6世纪，当我们的孔老夫子还在齐国听韶乐，听得三月不知肉味的时候，古希腊的音乐已经被弗里尼库斯、埃斯库罗斯这些音乐家玩成了悲剧之艺、缪斯之艺，如此丰富的音乐，除了还没有获格莱美奖，和现代似乎已经有一拼。

而到了咱们三国的嵇康时代，当嵇康在赞颂琴德"含天地之醇和兮，吸日月之休光"的时候，欧洲的音乐人怎么玩呢？"两个世纪以后，在荒淫无度的卡里努斯短暂的统治时期内的一件大事（公元284年）就是

---

① 萧统. 1977. 文选·琴赋并序嵇叔夜. 北京：中华书局.
② 司马迁. 2008. 史记·佞幸列传. 韩兆琦主译. 北京：中华书局.
③ 杰拉德·亚伯拉罕. 1999. 简明牛津音乐史. 顾犇译. 上海：上海音乐出版社.

举行了一场盛大的音乐会，参加者有 100 个小号手、100 个圆号手和 200 个蒂比亚管（蒂比亚管是一种类似现代双簧管的乐器——作者）的演奏者，他们来自罗马各省。"① 这里说的卡里努斯，是公元 280 年左右罗马皇帝卡鲁斯的儿子，他被爸爸提升为"恺撒"。说他荒淫无度玩盛大音乐会，是在一次战争以后，卡里努斯回到罗马时发生的事情。他这种玩法在中国肯定属于礼崩乐坏的郑卫之声。不过卡里努斯的这次盛大音乐会却在西方音乐史上留下浓墨重彩的一笔，成为世界音乐文化史上一次伟大的创新。

在音乐理论方面，中国和外国差别也比较大，中国甚至很少有人专门去研究音乐理论。中国先秦时代的学者更重视音乐的社会性、政治性，也就是音乐对人和社会的作用和影响，而对音乐本身的规律有所研究和探索的人却几乎没有。人们都说孔子喜欢音乐，《论语》中也有一些关于音乐的名言，除了三月不知肉味的韶乐，还有"兴于诗，立于礼，成于乐"。不过这些话孔子聊的并不是诗歌和音乐，而是说一个君子的成长是先读诗经，后学礼，然后是乐，他认为乐是君子认识事物的最高境界。乐是啥？怎么就是最高境界呢？《论语》里这句话后面的一句说明了孔夫子的思想，"子曰，民可使由之，不可使知之"。啥意思呢？宋朝大儒朱熹是这么解释的："民可使由之是理之当然，而不可使其知其所以然也。"就是说，老百姓对知识的了解，知道就行了，"理之当然"，不必了解知识怎么来，"知其所以然也"。孔夫子的意思是老百姓不需要思考。这么一聊就清楚了，孔夫子认为乐是君子的思考，老百姓不需要思考，也就不必懂乐了。所以孔子聊的"兴于诗，立于礼，成于乐"和音乐，和周董唱的《菊花台》根本没关系。

《管子》里记载的关于五音的事情，目的也不是在说音乐，而是在证明他的五行；嵇康的《琴赋》是对琴德所产生美的一种文学赞颂，也没有聊音乐理论。所以中国古代专门研究音乐理论的学者和书籍很少。

现在所知西方古代音乐理论的研究，大概起源于毕达哥拉斯，"尽管关于毕达哥拉斯在公元前 6 世纪后半叶的巴比伦从事研究的传说，是在好几个世纪以后由扬布利科斯首先提出的，但是他知道音高和弦长之

---

① 杰拉德·亚伯拉罕. 1999. 简明牛津音乐史. 顾犇译. 上海：上海音乐出版社.

第八章　玩礼乐的中国人 | 155

间的关系，知道 1∶2，2∶3，3∶4 这些数学比和八度、五度、四度音程之间的关系，以及宇宙按照这样的比例进行构造的设想等事实，并不是完全不可能的"[1]。亚伯拉罕认为，公元前 6 世纪，毕达哥拉斯已经知道并且把音乐最基本的八度（就是 12345671）、五度（12345，56712，23456，67123，34567）和四度（1234，4567，7123……）之间的数学关系都搞清楚了。毕达哥拉斯的理论对后世的影响非常大，不仅对音乐家，对后来的哲学家，像柏拉图、阿奎那、笛卡儿、斯宾诺莎、康德、叔本华都产生了影响。此外，古希腊有不少著名的哲人，曾经对音乐本身的规律做过非常深入的研究，像著名数学家欧几里得写过一本《测玄器的分割》，是专门研究测定音程的测玄器的书。还有亚里士多德的一个学生亚里斯多塞诺斯，他著有《和声原理》和《节奏原理》。中国历史上这样的研究是零。

玩音乐还有一件事是必不可少的，那就是乐谱。乐谱除了要有记录音高的符号，还要把乐曲的调性、节奏等元素记录下来。乐谱的作用不但是放在钢琴前面，让郎朗或者周董看的，乐谱还是传承音乐的重要媒介，就像文字是传承人类文化的媒介一样。没有乐谱前人无论创作出多美妙的《韶乐》或者《高山流水》《菊花台》，都不会流传下去。靠口头相传不但会跑调儿，还会忘词儿，《韶乐》和《高山流水》就因为没有乐谱记录，再也没人会"三月不知肉味""峨峨兮若泰山……洋洋兮若江河"了。而有了乐谱，即使几千年以后，任何一个人都可以看着乐谱唱周董的《菊花台》。

在乐谱这件事上，中国和外国的区别就更大了。前面聊了，中国古代很早就有了五音，另外中国在很早的时候也有了和巴赫创造的十二平均律很近似的所谓阴阳十二律。这件事亚伯拉罕在他的《牛津简明音乐史》里也谈到了："根据《吕氏春秋》（公元前239年）的记载，第一支定音笛的音成了整个中国音乐体系的基础。它被称为黄钟（字面意义为黄色的钟）……"[1]亚伯拉罕说的这些是咋回事呢？《吕氏春秋·季夏纪·音律》里这么写的："黄钟生林钟，林钟生太簇，太簇生南吕，南吕生姑洗，姑洗生应钟，应钟生蕤宾，蕤宾生大吕，大吕生夷则，夷则

---

① 杰拉德·亚伯拉罕. 1999. 简明牛津音乐史. 顾犇译. 上海：上海音乐出版社.

生夹钟，夹钟生无射，无射生仲吕。三分所生，益之一分以上生。三分所生，去其一分以下生。黄钟、大吕、太簇、夹钟、姑洗、仲吕、蕤宾为上，林钟、夷则、南吕、无射、应钟为下。大圣至理之世，天地之气，合而生风。日至则月钟其风，以生十二律。"①这一大堆话啥意思？废话不去解释，这里聊的就是从黄钟开始生出的所谓阴阳十二律，即阳律黄钟、大吕、太簇、夹钟、姑洗、仲吕、蕤宾，阴律林钟、夷则、南吕、无射、应钟。不过中国音乐无论宫、商、角、徵、羽这五音，还是黄钟、大吕、太簇、夹钟、姑洗、仲吕、蕤宾，林钟、夷则、南吕、无射、应钟，这阴阳十二律，都不是记录音高的符号。唱歌的人看着音高1、2、3、4、5、6、7的音符，可以随着音符唱歌，可是看着中国的五音宫、商、角、徵、羽，以及阴阳十二律黄钟、大吕、太簇、夹钟、姑洗、仲吕、蕤宾、林钟、夷则、南吕、无射、应钟，能唱出歌来吗？肯定不行。

所以中国没有用五音和阴阳十二律作为音高符号的记谱法，中国古代曾经有一种符号记谱法，或者叫文字记谱法，就是用中文来记录的。亚伯拉罕说是"一些短乐句的手指位置（而不是音高）"②。什么叫"手指的位置"呢？打个比方，比如弹吉他，刚学吉他的小朋友，还不认识五线谱，咋办？这时候老师会先教你"把位"，啥叫"把位"？就是手把手教你一个曲子具体的弹奏方法。比如《菊花台》里的一段曲子，弹奏吉他时手指都要按琴弦的哪些位置，这些位置就是"把位"。把一段短乐句的所有"把位"都学会了，就可以自己弹奏这段《菊花台》，而不必认识五线谱。亚伯拉罕说的"手指的位置"就是"把位"。但是记录"把位"和弹什么琴关系很大，不同的琴，同样的乐曲其"把位"是不同的，即便是一种琴，琴也会随着时间在变化，汉朝的瑟和唐朝的瑟"把位"也变了。所以这种文字记谱法达不到记录和传承音乐的目的。

那外国古代有啥记谱法呢？"目前所有的最早希腊乐谱断片可能就是维也纳赖纳大公爵（Archduke Rainer）收藏的一张莎草纸上很小的残缺片段：欧里庇得斯的《俄瑞斯忒斯》（Orestes）中一首合唱曲的片段。"

---

① 吕不韦. 1986. 吕氏春秋·季夏纪//浙江书局. 二十二子. 上海：上海古籍出版社.
② 杰拉德·亚伯拉罕. 1999. 简明牛津音乐史. 顾犇译. 上海：上海音乐出版社.

欧里庇得斯是古希腊三大悲剧大师之一，他生活在公元前 5 世纪。不过这张纸片究竟是出自什么时候，并不清楚，亚伯拉罕说"我们可以肯定，这不是公元前 480 年首演时所用的乐谱"①。亚伯拉罕认为，公元前 2 世纪，古希腊有了两种记谱法：一种是歌曲谱，一种是乐器谱。"'乐器'记谱法所用的符号是希腊字母，它显然是较早的一种记谱法，并且很有可能为亚里斯多赛诺斯所知。它的主要部分由表示两个八度自然音阶的记号组成，从第二个音符到第七个音符上加'号，可以得到六个更高的音符……"①

西方的记谱法也不是突然间由哪位伟大的聪明的音乐家发明的，而是经历了漫长时间逐渐演变和发展才最终得到的。"黑暗时代以后，西方文化的复兴当然是一个连续的、难以察觉的缓慢过程，然而历史学家却从正在到来的高潮中看到了三次显著的突变：加洛林王朝文艺复兴、12 世纪所谓的前文艺复兴及我们大家所说的文艺复兴本身。其中每一次复兴都与音乐有关。"①现在我们知道的五线谱，最早形成于何时，已经无法说清楚。不过文艺复兴肯定是现代西洋音乐的摇篮，不但诞生了五线谱，文艺复兴还对西洋音乐的发展起到了巨大的推动作用。因为说到底文艺复兴就是一次史无前例的创新，文艺复兴带来的是一个个伟大的音乐家：巴赫、亨德尔、海顿、莫扎特、贝多芬、勃拉姆斯、舒伯特、威尔第、瓦格纳等。他们就像春天融化的清泉，从欧洲的各个角落喷涌而出，最终在我们这颗蓝色的星球上，奏响了一场永不落幕的恢宏交响乐。

最后比较一下东西方音乐哪个好听。音乐理论再牛，音乐本身不好听，不打动人，那理论再牛也白搭，所以音乐最重要的还是好听。

前面聊过的那位罗马皇帝的儿子卡里努斯，他玩的那场有 100 个小号手、100 个圆号手和 200 个蒂比亚管演奏者的盛大的音乐会，这场音乐会好听吗？卡里努斯和嵇康是同时代的人，中国三国时代的音乐我们肯定是听不见了。不过在卡里努斯之前 200 年，有个人描述过那个时代，也就是公元 1 世纪一些音乐的情况，这个是谁？他叫塞内加，他是罗马时代著名哲学家，也是罗马皇帝尼禄的导师。"塞内加认为，所有这些

———————
① 杰拉德·亚伯拉罕. 1999. 简明牛津音乐史. 顾犇译. 上海：上海音乐出版社.

不同的声音——或高或低或适中，或男声或女声或蒂比亚管的乐音——都是和谐的，这一点是理所当然的。他说，单一的声音不见了，我们只听到整体的效果……很可能就是过去希腊人采用的某种支声，即同一旋律的复杂化变奏和简单化变奏同时进行……公元2世纪的音乐数学理论家，使我们产生了一种对古希腊音乐的模糊不清的看法，但是可以肯定，当时的旋律是自然音的。"这里提到了"单一的声音不见了，我们只听到整体的效果"，这就是音乐的和声效果，还有"支声，即同一旋律的复杂化变奏和简单化变奏同时进行"，这是音乐的复调，这些音乐技巧在公元1世纪已经在罗马流行。已经懂得和声和复调的音乐，好听还是不好听呢？

中国古代的音乐我们也听不见了，不过很有意思的是，16世纪明朝万历年间，一位来中国传教的传教士利玛窦，在他的《利玛窦中国札记》里记录了他听过的中国音乐："中国音乐的全部艺术似乎只是产生一种单调的节拍，因为他们一点都不懂把不同的音符组合起来可以产生变奏与和声。然而他们自己非常夸耀他们的音乐，但对于外国人来说，它却只是嘈杂刺耳而已。"[①]

比较就到这里。

按照叔本华的说法，"音乐创造了听取的形式，创造了自然界里没有原型而且离开音乐也不能存在的声音的连接和结合"。而创造这个"听取的形式"和"自然界里没有原型而且离开音乐也不能存在的声音的连接和结合"，需要的是思维，是音乐思维。音乐思维和哲学思维差不多，是理性的、逻辑的、纯粹的、自由的，是形而上的，而科学创造也是出于同样的思维。所以，音乐思维不仅仅可以造就音乐家，音乐也是人类科学思维、创新思维的源泉。有一个人问爱因斯坦：死亡意味着什么？爱因斯坦说：死亡就意味着再也听不到莫扎特的音乐了。可见音乐在一个科学家的心里有多么重要，音乐思维产生的力量是不同凡响的。

而我们古老的中国，却因为过多地考虑官本位，五音都被强加上各种和音乐毫无关系的概念，于是没有让更多的人因为音乐本身的奥妙，

---

① 利玛窦，金尼阁. 1983. 利玛窦中国札记. 何高济，王遵仲，等译. 北京：中华书局.

因为"听取的形式"去玩、去探索。中国的音乐除了颂声、雅乐和燕乐，其他来自民间的音乐都被正统文化排斥，是乱五音、礼崩乐坏的郑卫之声，是下里巴人。因此在几千年以后，礼乐之邦的音乐没能走向广阔的世界，对科学思想更是毫无贡献。

不过，这不是因此灰心的理由，反思之后迸发出的力量将更加巨大。

第九章　几个洋和尚

　　明朝万历年间，哥白尼先生刚刚去世（1543 年），伽利略、开普勒等大玩家、大科学家正玩得起劲儿，他们开创的科学就被几个洋和尚带到了中国（从 1583 年开始）。科学在中国和外国几乎同步出现，可是科学的曙光却没有照耀中国，黎明的曙光跑到哪里去了呢？

白玉汤的时代

　　前面聊过的，中国 600 多年鼎盛的唐宋时代，在 13 世纪后期结束，华夏大地被一群来自蒙古草原的剽悍骑士征服了。宋朝覆灭以后迎来的是由成吉思汗后代统治的大元朝。咱们华夏大地不止一次换过少数民族当领导，第一次是公元 4 世纪鲜卑族拓跋氏领导的北魏，他们领导了不到 150 年。北魏以后大约 9 个世纪，华夏大地再一次迎来了少数民族领导——忽必烈先生。

　　蒙古人建立的元朝是人类历史上最庞大的一个帝国，东起日本海西至地中海，南起波斯湾，北至北冰洋。如此庞大的帝国除了华夏大地上的元朝，在华夏以西还有四块：一块叫金帐汗、一块叫窝阔台、一块叫察合台、还有一块叫伊尔汗。这时候匈牙利的伊万大叔和山东的铁蛋哥哥成了一个国家的臣民。所以那时意大利著名驴友马可·波罗，可以大大方方地从意大利背着包包，骑着毛驴跑到中国来。游历一圈不算，据说还在一个啥地方做了几年官，回到意大利用中国的面条创新发明了另外一种享誉世界的食品——Pasta，也就是著名的意大利通心粉。此外，别人根据他的口述写的游记《马可波罗游记》，成了勇敢的探险家包括哥伦布那样的人奔向东方的原动力。

　　元朝统治华夏的时间一共是 97 年（1271～1368 年），不到一个世纪。元朝统治时期咱们汉族兄弟也改骑马，把种稻子、种麦子的田变成养马场吗？还真不是那个样子，人家蒙古兄弟根本没把自己当外人。他们建立的朝代为啥叫元朝？就是因为他们念了咱们儒家的经典《易经》，《易经》上说"大哉乾元，元亨利贞"，啥意思？《易经》里说了，元是最大、最牛的，蒙古骑士要当老大，于是就有了元朝。蒙古兄弟坐稳江山以后，就开始聘用汉族士大夫做官，被废除的科举制也恢复了。所以元朝照样玩的是尧舜之学、儒家之道，稻子照种、麦子照收。

　　蒙古骑士在中原玩了几十年，天下大乱。相声大师刘宝瑞有个著名的段子叫《珍珠翡翠白玉汤》，这个段子里聊的就是那个时代，以及那个时代里曾经落魄的小和尚朱元璋。喝饱了珍珠翡翠白玉汤的朱元璋，最终收拾残局，于 1368 年打败了元军和各路群雄，称帝洪武，立国大明。大明王朝从 1368 年开始一直到 1644 年崇祯皇帝吊死在北京景山的歪脖树上，一共有 276 年的历史。

这 200 多年西方的洋人在干啥呢？14～17 世纪,西方的洋人做了值得地球上人类永远纪念的大事情。啥大事情？从那时起，欧洲黑暗的中世纪，坚冰开始融化，被教皇教化了 1000 多年，久违了的理性思维之光又回到欧洲，Science 也就是科学之光渐渐照亮世界，照亮人类的生活。

在朱元璋称帝立国以前，欧洲中世纪的坚冰就已经开始融化。被称为吹响文艺复兴号角的但丁，他创作《神曲》的时候，朱元璋才是个几岁的毛孩子。文艺复兴第二位巨匠薄伽丘去世的时候，大明朝建国已经有 7 年时间了。接着欧洲又出现了像达·芬奇、米开朗基罗还有拉斐尔等一大帮鼎鼎有名的艺术家，文艺复兴之火在欧洲熊熊燃烧起来。

而在明朝建立 175 年后的 1543 年，一件彻底改变世界的事情发生了。那年的 5 月 24 日，70 岁的哥白尼伸出颤抖的手，当他的手放在一本刚刚印刷完成的书上时，哥白尼永远地闭上了眼睛。这本书就是《天体运行论》，在这部书里，哥白尼第一次大胆地告诉大家，不是天空在转，而是我们自己在转。在这之前，谁也没有想到，在大家的眼前，每天都那么准时东升西落、照耀着我们的太阳，竟然没有动，动的是我们自己。这个一时无法让人接受的说法，却敲响了一个新时代第一声晨钟。

从哥白尼开始，欧洲又不断出现各种各样的玩家，坚冰慢慢融化。100 多年过去了，当大明朝最后一位国君崇祯皇帝，被杀进紫禁城的李自成吓破了胆，吊死在景山那棵歪脖树上的前两年，也就是 1644 年，在英国一个伟大的人物出生了，他就是牛顿。从此中世纪的欧洲成为过去，科学之光照亮大地。

就像中国人发明的火药在战争中正式得到使用以后，没过多久就传到了欧洲，并让法国人造出第一门"佛郎机"大炮一样，由哥白尼开创的近代科学，也在不久以后从欧洲传播到了中国。只不过传播科学的不是大学生、不是教授，更不是科学家，而是几位虔诚的基督教传教士。

在哥白尼开创近代科学以后，科学思想逐渐深入人心，用科学思维去解释自然现象，对过去被基督教宣扬的各种奇迹产生了极大的挑战，甚至威胁到了教皇的皇权。此时一个人出现了，他是意大利一个忠实的传教士，名字叫罗耀拉（Ignacio de Loyola，1491～1556 年），他是一个现在叫作原教旨主义者的虔诚的基督教徒。1517 年，马丁·路德在德国一个教堂门口贴了张大字报，从此欧洲刮起了宗教改革的旋风。改革派和保守派之间大打出手，一时间把欧洲搅得乌烟瘴气。不但如此，在梵蒂冈宝座上稳坐了 1000 多年的教皇，他感到自己的权威受到了极大的挑战甚至是威胁。在这样的局面中，极端的保守派做出很多非常残酷的举动，比如把改革派关进地牢，严刑拷打，甚至活活烧死在火刑柱上。而同样作为极端保守派的罗耀拉，他不喜欢这种残忍的行为，他希望用另一种方式，当然也是很极端的方式传播他所信仰和崇敬的上帝。啥方式？那就是发誓绝对服从教义，坚守贞洁，并安于自虐式的清贫。

　　另外，他很敏锐地看到科学的兴起说不定会对传播宗教有利，于是他把科学也作为宣传福音的一个手段。"耶稣会比路德派新教要尊重科学，所以伽利略，以及发现行星运动三定律和椭圆轨道的开普勒等科学家都愿意同耶稣会士做朋友。"[①] 耶稣会就这样逐渐形成，1540 年教皇承认了耶稣会，耶稣会这个保守的基督教派就算是正式登上了历史舞台。

　　耶稣会是一个非常严格的教派组织，耶稣会的成员不但是会念经的洋和尚，还都是懂数学、物理、天文的知识分子。咋回事儿呢？耶稣会规定，加入的人除了必须拥有教会大学神学学位的文凭以外，还必须拥有起码一个哲学或者科学方面的学位文凭。因此在当时，耶稣会的教士都是具有相当专业科学知识的人。

　　15～16 世纪，大航海时代来到了，"1499 年 5 月 20 日，瓦斯科·达·伽马在加尔各答抛下了船头的铁锚。通往印度的航线被发现了。与此同时，与葡萄牙人向东的开拓相似，哥伦布的划时代的航行向西打开了人们的眼界……几乎在一夜之间，数不清的民族和千差万别的文化冲突出现在欧洲的视野里。对于天主教的世界使命，这是一个具有重大影响的

----

① 陈亚兰. 2000. 沟通中西天文学的汤若望. 北京：科学出版社.

新启示、新发现"①。上帝说,"好让我的名传遍全地"②。大航海时代也促使基督教把上帝老爷爷的福音从欧洲传向全世界。传教士们一部分去了美洲,还有一部分跟着葡萄牙的商船走向了东方。

利玛窦来了

16世纪初,葡萄牙的商船已经在中国广东一带沿海靠岸,中国和欧洲之间的贸易往来逐渐频繁起来。不久明朝政府允许这些葡萄牙商船在广东东部沿海、珠江口外一个小半岛上靠岸,并设立贸易点。这个立着一尊叫作"amo"雕像的小半岛就是澳门。几年以后,澳门已经成为一个热闹的小城,葡萄牙大鼻子、大嘴巴水手甚至娶了漂亮的鼻如悬胆、樱桃小嘴的中国姑娘做太太。老外结婚必须要进教堂,于是小岛上第一次出现了尖顶的、屋子里挂着圣母像和钉着耶稣的十字架的基督教堂。而此时正是明朝大名鼎鼎的九千岁魏忠贤,还有恐怖的东厂特务和锦衣卫横行的万历年间。

1582年,一个30岁的耶稣会教士来到了澳门,并开始了他在中国传播科学其实是希望传播他所崇敬的基督教的事业。从此他再也没有离开过中国,如今他的墓碑静静地伫立在北京阜成门外二里沟一个静谧的院子里,这个人就是利玛窦,本名马泰奥·里奇(Matteo Ricci,1522~1610年),一位意大利人,虔诚的基督教耶稣会教士。利玛窦是何方神圣,他怎么会想起到中国,这个念惯了佛经和道经的国家来传播耶稣老爷爷的福音呢?

其实利玛窦不是第一个想来中国传教的人,第一个想来中国传福音的人是圣方济·沙勿略(Francis Xavier,1506~1552年)。沙勿略是西班牙人,和罗耀拉是哥们,都是耶稣会的创始人,他也是第一个根据"好让我的名传遍全地"的旨意,被耶稣会派往东方传播福音的人。从1540年教皇正式承认耶稣会开始,沙勿略先后到印度、东南亚和日本等地传教。在日本传教的时候,沙勿略第一次真正认识了中国。怎么叫真正认识中国呢?过去,外国人对中国的认识还限于瓷器和丝绸,对中国、中

---

① 邓恩. 2003. 从利玛窦到汤若望. 余三乐,石蓉译. 上海:上海古籍出版社.
② 摩西,《圣经·出埃及记》。

国人什么样还没有什么了解。"当沙勿略在日本的偶像崇拜者（就是基督教以外，像佛教、道教等，都被基督教徒称为偶像崇拜者——作者）中间进行工作时，他注意到每当日本人进行激烈辩论时，他们总是诉诸中国人的权威。这很符合如下的事实，即在涉及宗教崇拜的问题及关系到行政方面的事情上，他们乞灵于中国人的智慧。"① 那时候的日本人还对中国文化充满了敬意。这些见闻让沙勿略感到，中国也一定是一个可以接受并且皈依基督教福音的地方，"沙勿略是第一个耶稣会士发觉了这个庞大帝国无数百姓是具有接受福音真理的资质的，他也是第一个抱有希望在他们当中传播信仰的人"①。

　　于是沙勿略行动了，他开始尝试进入中国。进中国很难吗？不就是买张船票的事儿吗？明朝想来中国可没有马可波罗来中国的元朝那么容易了！为啥呢？中国自朱元璋建立明朝以后，实行了一种在中国延续500 多年直到 1840 年鸦片战争才彻底结束的不允许老百姓与外面的世界发生联系的愚蠢的所谓海禁政策。虽然到了 16 世纪，腐败的官僚制度对海禁已经比较松弛，但还是有很多军队把守着海岸线，不允许任何来自外国，没带正式公文（所谓正式公文，就是"歪果仁儿"来中国，给咱天朝进贡的贡品）的人进入。朱元璋为啥要实行这样一种政策，原因没有人知道，只能说明这个喝过珍珠翡翠白玉汤的落魄小和尚是个没见过世面的"大土鳖"吧。

　　沙勿略知道中国的规定，所以他想通过印度总督组成一个进入中国的正式使团。如果使团能够进入中国，并得到当局的允许，他就公开传教，否则就秘密进行。可是由于受到多方面因素的干扰，以及来自他们自己内部的意见不合，正式使团进入中国的计划始终没有实现，于是他决心独自前往中国……1552 年 12 月 2 日，在距离广东海岸只有 30 海里（1 海里=1852 米），当时还十分荒芜，现在已经是一个非常热闹的旅游胜地——上川岛上，衣衫褴褛、身患疟疾的沙勿略没有等到答应来接他偷渡的人，悲惨地死在了沙滩上，时年 46 岁。

　　沙勿略虽然没能成功登陆中国，但是他那忘我的和坚忍不拔的精神鼓励了其他虔诚的耶稣会教士。经过艰难的努力，在沙勿略去世 30 年

---

① 利玛窦，金尼阁.1983. 利玛窦中国札记. 何高济，王遵仲，等译. 北京：中华书局.

以后，也就是 1582 年耶稣会教士终于成功进入中国。首先从澳门进入中国的是佛朗西斯科·巴范济和他的助手罗明坚两位耶稣会神父，利玛窦是第三个进入中国的耶稣会传教士。

利玛窦在中国开创了一个小小的时代，那就是被我们称为第一次"西学东渐"的时代。所谓"西学东渐"就是当时西方的许多科学和技术逐渐传入中国，让中国人第一次看到，原来在我们的西边还有一个如此不同的地方。不过这次西学东渐并不是中国人主动地去学习西方科学技术，而是由几个基督教耶稣会传教士，试图在中国传播福音的时候，一不小心带给中国的，而且这个过程还充满了艰难险阻。

利玛窦和马可·波罗一样，都是意大利人。他 1552 年 10 月 16 日出生在意大利马塞拉塔城。1571 年在罗马加入耶稣会，并且在耶稣会主办的学校学习哲学和神学，同时与当时著名的数学家 Christopher Clavius（即德国著名天文学家、数学家克里斯多芬·克拉维乌斯，利玛窦用中文称他"丁先生"）学习几何学。1578 年，他参加了耶稣会派往印度的传教团，在印度阿果居住 4 年以后，1582 年从印度到达中国澳门，开始了他后半生在中国传教和传播科学的生活。

给中国人传教那首先得会说中国话，会认中国字，会读中国的书才行，为此利玛窦开始埋头学说中国话、学中国字、看中国书。那时候中国流行的还不是普通话、简体字、白话文，人家利玛窦学的是广东的官话，写的是繁体字，读的是文言文。在巴范济和罗明坚进入中国以后的1583 年，利玛窦也来到广东肇庆。为了能和中国官员交流，他更加勤奋地研读中文古籍，把口语变成文言文，还开始用文言文写作。他还蓄发留须，穿上中国式的长袍马褂，骑着毛驴或者马。"他在一篇文字中，表达了他为不能改变自己眼睛的颜色和鼻子的高度，从而使自己完全中国化而感到遗憾。"①利玛窦这些善良的举止，还有他渊博的知识，让遇见这位洋和尚的中国官员和老百姓，从开始的警惕和猜疑，逐渐变成尊重和赞赏。利玛窦尊重中国人的习俗、亲近中国人的行为，为他带来了很多赞誉，在南昌的时候他被当地人叫作"举人"。在后来的几十年，利玛窦和许多中国人结下长久的友谊。

---

① 利玛窦，金尼阁. 1983. 利玛窦中国札记. 何高济，王遵仲，等译. 北京：中华书局.

从 1583 年来到广东肇庆，利玛窦就再也没有离开过中国的土地。1592 年他从广东到达南昌，1598 年又到达南京，1601 年最终到达了当时中国的帝都北京，但是他从未得到过万历皇帝的召见。利玛窦于 1610 年在北京去世，"5 月 11 日晚上，在天快黑的时候，利玛窦微笑着为他的耶稣会的同事们祝福。7 点钟时，他安静地转向一侧，平和地与世长辞。在随后的两天里，吊唁的人们川流不息，其中包括朝廷中的大多数官员"①。一位耶稣会教士这样说，"中国社会悼念的是一位完全被他们接纳的西方的博士——利玛窦"。

利玛窦去世那一年是大明万历三十八年。万历皇上虽然一直也没有召见这位西方博士，不过最后皇上还是干了件好事，他答应了耶稣会传教士的请求，将利玛窦的遗体安葬在北京阜成门外二里沟。"不应该忘记，整个这次远征的创始人和主动人利玛窦神父是在这个国家之内找到长眠之地的第一个人，而且也为他的同伴们获得了同样的东西。"②如今利玛窦和另外几位耶稣会教士的墓碑，静静地伫立在阜成门外二里沟，现在北京行政学院一个静静的小院子里。

其实，利玛窦及那些耶稣会教士在中国传教的事业并不算成功，可谓是一波三折，困难重重，几次甚至险些被赶出中国。利玛窦在中国三十几年的传教，虽然也让一些中国人皈依了耶稣基督，但并没有让更多的人接受或者喜欢基督教，基督教直到今天也并非是中国主要的宗教信仰。但是有一件事，也许利玛窦自己也是始料不及的，那就是他带来的科学技术，却在中国逐渐生了根，并且在大约 300 年以后，成为彻底改变中国面貌不可缺少的原动力。

造成这个没料到的结果最直接的原因，是中国人对洋和尚从欧洲带来的小礼物觉得特别新鲜。耶稣会把澳门作为基地，不断为进入中国各地传教的教士提供各种来自欧洲的小物品，作为馈赠的礼物。礼物中有自鸣钟、地球仪、四分仪、星象仪、玻璃镜子、玻璃瓶子、三棱镜、万花筒等，另外还有世界地图、西洋的绘画、镶嵌珍珠宝石的耶稣受难十字架、圣母像、书籍等。这些东西拿到现在不算啥，可是在 16~17 世

① 邓恩. 2003. 从利玛窦到汤若望. 余三乐，石蓉译. 上海：上海古籍出版社.
② 利玛窦，金尼阁. 1983. 利玛窦中国札记. 何高济，王遵仲，等译. 北京：中华书局.

纪的中国，这些东西中国人都没见过，所以会觉得特别新鲜，引起极大的好奇。

尤其是洋和尚带来的自鸣钟，从皇帝、官员到老百姓都大为吃惊。16～17世纪，中国人还没有精确的时间概念，更没有准确的机械计时器。无论皇帝还是老百姓，计时的工具是用滴漏的方法和香灰，"这个国家只有少数几种测时的仪器，他们所用的这几种都是用水或火来进行测量的。用水的仪器，样子像是个巨大的水罐。用火操作的仪器则是用香灰来测时的……"[1]所以当大家看到上面有三根针的圆盘，把时间分成了小时、分和秒，会滴答作响，还会敲钟报时的自鸣钟时，简直惊讶得不行。

另外，教士们在中国盖的教堂也是大家过去做梦都没看见过的。这些漂亮的教堂，让只知道红墙绿瓦、斗拱和琉璃瓦屋顶的中国人，第一次看到哥特式和巴洛克式建筑和装饰风格。于是从漂亮的教堂里走出来，手里还拿着各种新鲜玩意儿的得意的洋和尚，很快得到中国老百姓的认可，起码可以和中国官员和老百姓交流了。

最先产生作用的是世界地图。1583年，利玛窦等洋和尚抵达肇庆，经当地政府允许，他们在肇庆修建了一座小天主教堂。"在教堂接待室的墙上，挂着一幅用欧洲文字标注的世界全图。有学识的中国人啧啧称羡它……在所有大国中，中国人的贸易最小，确实不妨说，他们跟外国实际上没有任何接触，结果他们对整个世界是什么样子一无所知。他们确乎也有与这幅相类似的地图，据说是标示整个世界的，但他们的世界仅限于他们的十五个省，在它周围所绘出的海中，他们放置上几座小岛，取的是他们所曾听说的各个国家的名字。所有这些岛屿都加在一起还不如一个最小的中国的省大。因为知识有限，所以他们把自己的国家夸耀成整个世界，并把它叫作天下，意思是天底下的一切，也就不足为奇了。"[1]

除了天下，当时中国人还没有近代地理学常识，也没有现代的国家概念，不知道外国人怎么叫中国，甚至中国这个国名，中国人自己也不太知道，"中国人从来没有听说过外国人给他们的国度起过各样的名称，

---

① 利玛窦，金尼阁. 1983. 利玛窦中国札记. 何高济，王遵仲，等译. 北京：中华书局.

而且他们也完全没有察觉这些国家的存在……因为中国人认为他们的辽阔领土的范围实际上是与宇宙的边缘接壤的"①。后来中国官员和利玛窦商量，把这幅地图标上中文，以使更多的人能看明白。于是利玛窦画了一幅用中文标识，并尊重中国习惯把中国放在中央的世界地图。这张地图就是被称为《坤舆万国全图》的那张著名的世界地图。这幅地图在利玛窦到达北京后，作为礼物进献给朝廷，万历皇帝看到以后非常惊喜。所以一直到现在，西方人的地图是把大西洋放在地图中间，而我们常见的中国在中间的地图就是利玛窦发明的。

《坤舆万国全图》的出现让许多中国人大开眼界，他们发现原来我们脚下的世界并非像古书上说的那样，是天圆地方的。天下也不仅仅只有一个我们称为天子之国的中国，中国虽然的确很大，但也不过是这个世界的一部分。地理知识的增长，让哥白尼和伽利略开创的近代科学思想渐渐进入了中国人的心中。

利玛窦在中国生活的将近 30 年时间里，不是光拿着自鸣钟、三棱镜啥的小玩意儿逗中国人玩，他还实实在在地写过很多介绍西方文化和科学的著作。这些文章不是他自己用中文写的，就是通过口述，请当时他的好朋友徐光启、李之藻等学者记录的。这些著作里有关于基督教的《天主实义》《畸人十篇》等。利玛窦非常尊重中国的传统习俗，所以在这些著作里，他把中国传统信仰儒释道与基督教结合在一起聊，以符合中国人的习惯。还有地理学的《坤舆万国全图》，天文学的《浑盖通宪图说》《乾坤体义》《理法器撮要》，这些天文学著作虽然还都不是以哥白尼的宇宙观写的，不过利玛窦也是非常尊重中国学者在天文学上的成就，把中国的浑天说、盖天说和西方的水晶球理论结合在一起聊。他还写了几何学的《圆容较义》，即内切、外切圆的各种形状的几何学；翻译了他的老师德国数学家克拉维乌斯的《实用算术概要》中的《同文算指》、测量和测量仪器的《测量法义》、西方音乐的《西琴曲意》。这是利玛窦为送给中国万历皇帝的一架"大西洋琴"所作的歌词集。据明代王圻撰的《续文献通考》记载，这架"大西洋琴"是当时欧洲流行的羽管键琴，即古钢琴，这架古钢琴有三个八度音。另外还有他应中国学者

①　利玛窦，金尼阁. 1983. 利玛窦中国札记. 何高济，王遵仲，等译. 北京：中华书局.

的请求编译的西方格言集《交友论》、伦理箴言《二十五言》，以及他用拉丁文和中文对照写的《西字奇迹》，里面讲的都是外国故事，可以帮助中国人学习拉丁文、外国人学习中文。利玛窦的这些著作为中国人了解当时的西方文化和科学技术播下了非常重要的种子，这其中最重要的就是他与明朝大学者徐光启共同翻译的欧几里得的《几何原本》前六卷。[①]

贵族来了

利玛窦去世以后的第九年，也就是大明朝万历皇帝去世前一年，又有一位耶稣会传教士登上了中国澳门的土地，他的名字叫汤若望，一个德国人。他本名叫约翰·亚当·沙尔·冯·拜耳（Johann Adam Schall von Bell），从他名字中的冯"von"字就可以看出，他出身德国贵族。而且他确实是出身于德国莱茵河畔科隆城一个古老的名门望族沙尔·冯·拜耳之家。汤若望是他来到中国以后起的中国名字。这个德国贵族小伙子，金发碧眼，个子高挑、体型健美，是个标准的帅小伙。而且，他谦逊、善良、温文尔雅、充满智慧。

汤若望在老家科隆上了耶稣会办的中学，受耶稣会影响颇深。又经这个中学的介绍，在 17 岁从科隆来到意大利，进入罗马的德意志学院学习，三年中他学习了哲学、古典文学和数理、天文等全部课程，以优异的成绩毕业。毕业后他加入了耶稣会，发誓一生服从、终身安贫、贞洁。这个曾经的贵族子弟带着简朴的行装，来到罗马的一所耶稣会修道院，在这里完成了他人生的第一步——成为一个虔诚、谦卑、体魄强健、具有广博知识的耶稣会修士。

汤若望怎么会想起到中国来呢？这是因为他在修道院期间，看到了沙勿略和利玛窦在中国传教的事迹，他深受感动，并从此下决心，要亲自到东方那个神秘国度去播撒他心中无限崇敬的福音。1618 年终于如愿以偿，汤若望和 22 名与他有着共同理想的耶稣会教士，从葡萄牙的里斯本港口出发，开始了他们前往中国的航程。

---

① 朱维铮. 2012. 利玛窦中文著译集. 上海：复旦大学出版社.

利玛窦的运气就够不好了，汤若望的运气比利玛窦还糟糕。他刚到印度就听说，在中国的洋和尚们已经被万历皇帝赶到了澳门，有人还挨了一顿臭揍，皇帝不许他们在中国传教。这是怎么回事呢？利玛窦在中国开始传播基督教时，他是本着尊重中国的传统文化尤其是儒家思想的原则。他把基督教与中国传统文化适当融合，而不是急于让中国人马上成为基督教的信徒。利玛窦传教的方式比较谨慎，讲技巧也比较隐晦。他的这种方式得到了许多中国士大夫和官员们的欢迎。当然，他带来的科学和奇技淫巧也起到很大的作用。利玛窦死后，耶稣会来了一个新人，叫龙华民。他非常厌恶儒家思想和偶像崇拜的佛教、道教，他觉得利玛窦胆子太小，这样传教什么时候才是个头儿？他主张公开传教，而且只要入教就不许再去搞那些中国式的、装神弄鬼的偶像崇拜。龙华民这种急于求成的政策得罪了很多中国人，尤其是那些儒生。儒生们怎能容忍这个大胆狂徒如此蔑视我们的老祖宗！简直就是图谋不轨！于是南京的一个儒官，礼部侍郎署南京礼部尚书沈㴦首先发难，他连着给万历皇帝发了三道《参远夷疏》，谎称天主教传教士与白莲教有染，图谋不轨，要求严惩这些洋和尚。沈㴦还勾结大太监魏忠贤，皇帝当然会听魏忠贤的了。这下洋和尚们倒霉了，所谓"南京教案"发生。洋和尚挨了揍不算，还被戴上木枷押解出境，赶到澳门。汤若望偏偏要在这种时候来中国，可见他的运气有多坏。

不过汤若望到澳门以后倒是没闲着，和当年利玛窦一样，汤若望也开始学习中文，学习中国文化。他和所有的传教士一起注视着中国的变化，伺机再次进入中国内陆。

1620年，万历皇帝驾崩，接班的是光宗。明光宗叫朱常洛，是万历皇帝的太子。他和自己的老爹一样，都是父皇在宫里泡宫女生的孩子，而且都是皇太子。这样的儿子肯定不受皇后娘娘待见，所以光宗是个从小没人疼的孩子。当上皇帝以后，据说他还是做了不少工作的，被万历搞得一塌糊涂的朝政有所改观。可这小子是个色鬼，回到内宫以后每天纵欲过度，羸弱的身子骨得看医生。那时候除了太医，中国还没啥正儿八经的医生，于是请了一位和尚来给皇上瞧病，和尚瞧了以后说，洒家给圣上炼一枚滋补金丹，吃了保准您雄起！皇上大喜，马上就着参汤吃了下去，结果一命鸣呼！才当了 29 天皇上的朱常洛，吃了一颗和尚炼就的滋补金丹，做了中国历史上独一无二的"一月天子"。在朱常洛以后，紫禁城里走马灯似的又换了两个皇帝，明熹宗时期的政权被大太监魏忠贤把持，阉党和东厂特务横行，一片混乱的末世景象。此时离明朝这出大戏谢幕，只有不到 25 年了。

不过乱世却给守在澳门的洋和尚们带来了希望。那时候，努尔哈赤的铁骑在辽宁一带不断进犯，明朝的军队根本不是对手，屡战屡败。1621 年，沈阳、辽阳被清军拿下，1622 年明军又在广宁（现在的锦州）大败。一个叫孙元化的将军想起对付这些骑马善射、不怕死的强悍骑兵，必须使用火器，他建议使用"红夷大炮"对付清军。而恰好在几个月前的 6 月 23 日 "一支有十三艘船组成的荷兰的舰队，与两艘英国船只联合，在舰队司令瑞杰森的指挥下，攻打葡萄牙人占据下的设防很弱的澳门……入侵的军队没有遇上实质的抵抗。正当侵略军迈着胜利的步伐行进在大街上的时候，灾难从城市的一个想不到的地方降临到了他们的头上"。咋回事呢？是耶稣会的教士们开炮了，"布鲁诺在荷兰人进攻之前便拆卸了四门炮，运到耶稣会神学院的山上，将他们装配好。当敌军进入澳门时，在耶稣会士布鲁诺、罗雅谷和汤若望的指挥下，炮手向荷兰人开炮。罗雅谷的大炮所射出的一发炮弹，刚好打中位于入侵部队中间的一个火药桶，荷兰人的军队顿时大乱……"[①] 荷兰人大败而逃。这件事大大鼓励了明朝军队，于是汤若望等传教士以"红夷大炮"炮兵教导员的名义进入中国内陆。"五六名耶稣会士和几门大炮在这次胜利中起到了决定性的作用。"[①] 基督教的传教士，一转眼成炮兵教导员了，这个故事听起来简直就是一个笑话！

汤若望，这个曾经的德国贵族，就这样经过千辛万苦，终于踏上了他梦想中的华夏大地。汤若望和利玛窦一样，来到中国以后再也没有回去，1666 年汤若望在北京去世，他的墓碑如今伫立在北京阜成门外二里沟那个静谧的小院子，利玛窦的墓碑旁。汤若望 1619 年来到中国，他在中国 40 多年的生涯，除了传播福音，并带出不少皈依基督的人以外，在科学技术方面也和利玛窦一样，为中国人做出了巨大的贡献。他翻译

---

① 邓恩. 2003. 从利玛窦到汤若望. 余三乐，石蓉译. 上海：上海古籍出版社.

了《远镜说》，这篇是伽利略写的关于望远镜的文章。还有德国矿业学家的巨著《论矿冶》，取中文名"坤舆格致"。这些著作都为当时的中国人了解西方近代科学技术起了非常巨大的作用。在军事上，他的《火攻挈要》虽然没能挽救明朝灭亡的命运，却为后来大清朝的火炮等军事技术带来了全新的观念。在天文方面，他写的《西洋西法历书》为后来新历法的制定做出了卓越的贡献。

清军入关以后，汤若望归顺了清朝，得到顺治和多尔衮的喜爱，封为钦天监监正，并在北京古观象台主持编纂历书。但是汤若望晚年的命运非常悲惨。顺治去世，康熙即位以后，辅政大臣鳌拜非常反对西学，反对汤若望制定的西洋历法。他制造了"历狱"，治汤若望三条大罪：大逆谋反、宣传邪教、制造舛误历书，判凌迟处死。可是天不灭曹，在汤若望的死刑还未执行时，巧事发生了，突然京师地区发生强烈地震。皇帝皇后大惊，以为是宣判汤若望死刑得罪了天庭，于是孝庄太后降旨，特赦汤若望。但此时汤若望身体已经十分虚弱，特赦后的第二年，1666年 8 月 15 日，这位在中国抛洒热血的德国贵族后代，终于走完了他生命的最后一刻，在寓所中溘然长世，享年 75 岁。1668 年，康熙皇帝为汤若望平反，他的墓碑与利玛窦并排伫立。

汤若望在中国的几十年，尤其是在清朝，他有过荣耀，也有过屈辱。但他一直保持着一个德国贵族和一个僧侣的高贵与平静，而且他有很多中国朋友，无论汉族人还是满族人。"事实上，汤若望在北京的漫长年月中，经常是孤独地过着异乎寻常的生活。他非常成功地建立了与他的汉族和满族朋友之间的非正式的平民式的联系。他自己形容说，他感觉和这些中国朋友们在一起，就像在家中，就像生活在科隆他的同胞中一样。他的房门永远是敞开的，他的朋友只要愿意，就可以随便进进出出"[1]

"如果说 40 年前，利玛窦是以世界地图吸引了中国的士大夫。那么40 年后的汤若望则是以他的数理天文学知识得到朝廷官员的赏识。"[2]除了利玛窦和汤若望，那个时代来到中国的洋和尚还可以开出一大串名

① 邓恩. 2003. 从利玛窦到汤若望. 余三乐，石蓉译. 上海：上海古籍出版社.
② 陈亚兰. 2000. 沟通中西天文学的汤若望. 北京：科学出版社.

单，他们以各自的学识为中国带来了许多当时最先进的科学技术和思想。不过，那个时代和现在不一样，现在科学已经是毋庸置疑地深入人心，那时候还不是。现代科学产生于牛顿力学以后，而这些洋和尚带来的还不是现代科学，还是具有时代色彩的。比如那时大家对天空的认识，哥白尼的学说还是不如上帝创造宇宙的水晶球理论更深入人心。所以当时洋和尚带来的天文学还不是彻底的哥白尼理论，而是调和了神创论和哥白尼的第谷学说。

不过有人可能会问，既然在那个时代科学就已经敲开了中国的大门，而科学在西方也不过是刚刚敲响黎明前的晨钟，可后来科学却为什么没有在中国扎下根，并继续下去呢？主要的原因还是那时大多数中国人根本还不了解甚至不接受科学，把科学技术带来的东西还称为奇技淫巧。明朝灭亡、清朝建立以后，清朝的前几位皇帝还比较喜欢这些奇技淫巧，可是后来大清朝实行的是闭关锁国和严酷的文字狱，玩家们根本没有立足之地，所以科学的黎明没有到来。

不过，正像邓恩主教在他的《从利玛窦到汤若望：晚明的耶酥会传教士》（*Generation of Giants：The Story of the Jesuits in China in the Last Decades of the Ming Dynasty*）这本书尾声写的那样："当汤若望死了以后，耶稣会的工作似乎陷入了破产的境地。但现象往往是具有欺骗性的。作为利玛窦所开创的适应政策的结果，天主教在中国已经扎下了根，是不会那么容易被摧毁的了。"利玛窦带给中国的另一件东西，邓恩没有说，啥事情？那就是"西学东渐"，是科学。虽然还没有蓬勃生长，但科学却也从此在中国扎下了根，也不是那么容易被摧毁的了。

第十章　星星的秘密

　　英文天文学在《牛津现代高级英汉双解词典》里
的解释是：关于太阳、月亮、恒星和行星的科学。中
国古人看天象、记录天文现象研究的不是这些，中国
古人看星星研究的是《易经》里说："天垂象，见凶
吉。""天垂象，见凶吉"就是算命，预测凶吉，不是
科学研究。所以中国古代研究天象的学问不叫天文
学，只能叫天学。

天垂象见凶吉

欧洲叫作中世纪的时代，中国叫作封建社会。中国的封建社会比欧洲的中世纪要长，起码长了几百年。和欧洲把中世纪叫作黑暗的中世纪一样，以前大家都把中国那个漫长的时代叫作万恶的封建社会。在大家的印象里，封建社会的皇帝几乎都是昏庸腐败的大坏蛋，他们整天在皇宫里吃喝玩乐，却置广大劳苦大众于水深火热之中，老百姓受尽煎熬，民不聊生。所以历史学家认为，隔上二三百年就要出现农民起义或者像陈桥兵变那样的政变，原因都是农民兄弟们忍受不了封建皇帝的压迫。可是，有一个问题又来了，封建社会既然这么黑暗，皇帝都这么坏，可这些昏庸的封建皇帝，无论是被农民起义还是政变推翻以后，改朝换代闪亮登场的还是一个封建皇帝，他们继续玩着压榨老百姓的勾当。而且中国历史就这样过了好几千年，几千年里怎么就没有一个皇帝想变革一下呢？这样看来，其实中国几千年的封建社会也许并不是都那么黑暗、那么恐怖，所谓民不聊生的时候也许确实有过，但绝对不是几千年都如此，封建社会在当时的社会和知识条件下，肯定还是有它存在的理由和价值的。

不管封建社会是不是那么黑暗、那么恐怖，有一件事是肯定的，那就是皇帝老子说话肯定算数。只要是皇帝想干的事，不管事情有多大、多难，都要干，什么事情呢？那就是中国几千年历史中许多伟大的壮举。首先是据说从太空都能看见的万里长城，还有全世界最长的运河——京杭大运河，以及封建帝王那些巨大的地下陵墓——秦始皇陵、关中十八唐帝陵、明十三陵，还有清东陵、清西陵等，这些都是全世界举世无双的。除此以外，中国学者玩出来的好多学问，也曾经是全世界最牛的，非常值得我们骄傲的。都有啥呢？比如中医、中药；从春秋战国开始的，历代史官记载的，延续了几千年的二十四史；还有一样学问也曾经是举世无双的，啥学问？那就是中国的天学。

怎么称其天学而不是天文学呢？著名天文学史专家江晓原先生在《天学真原》里这么说："'天文'一词，今人常视为'天文学'的同义词，以之对译西文 astronomy 一词，即现代意义上的天文学。但在古代，'天文'并无此义。古籍中较早出现'天文'一词者为《易经》。《易经》云：'关乎天文，以察时变；关乎人文，以化成天下。'……'天文'与'人文''地理'对举，其意皆指'天象'，即各种天体交错运行而在天空所呈现之景象。"因此江先生认为"古代中国天学无论是就性质还是就功能，都与现代意义上的天文学迥然不同"[①]，中国古代有关天文的学问，和我们现在聊的天文学不是一回事儿。

江先生应该是对的，英文天文学一词 astronomy，在英语词典里的解释是 science of the sun，moon，stars，and planets。[②] 翻译过来就是天文学是关于太阳、月亮、恒星和行星的科学。而江先生举例的《易经》中还这样说："天垂象，见凶吉。"中国古人看天象、记录天文现象是为算命，为预测凶吉，不是科学研究。所以江晓原先生觉得中国古代研究天象的学问不能叫也根本不是现代意义的天文学，只能叫天学。

前面几章里聊过不少关于中国古代看星星的事儿，干吗还要再用一章来聊天学呢？这是因为，前面聊的天学都和中国古代哲学、国学里的宇宙观、认识论有关。像儒家的"天命"、老庄的"天人合一"和《易经》"天垂象，见凶吉"。还没有聊过这些宇宙观、认识论的天学是怎么产生的，怎么玩出来的。尽管中国古代天学不是科学研究，研究天学的目的是算命，是预测凶吉，但这样的天学同样需要知识的积累，需要很多具体的技术，比如观察（看星星的方法）、计算（数星星的数学）。而这些观察和计算方法，无论是科学的天文学还是算命的天学都是一样的。而且从这个方面评价，中国古代的天学曾经对科学的天文学做出过许多宝贵的贡献。这一章要聊的就是中国古代天学是怎么玩出来的。

中国古代"天命""天人合一""天垂象，见凶吉"的天学是为皇家服务的，无论日月星辰、日食、月食、水星或者荧惑逆行、彗星出没、客星犯，都预示着皇家和朝廷的旦夕祸福。但最开始天学不是这样的，中国古代天学和科学的天文学一样，都来自好奇心。古代有那么一些人，

---

① 江晓原. 2007. 天学真原. 沈阳：辽宁教育出版社.
② 《牛津现代高级英汉双解词典》，1985 年版。

他们每天站在夜空下看星星，数星星，没有什么目的，他们看星星全是因为心里好奇。不过看得时间长了，他们发现，日月还有星星，和地上有着某种联系。啥联系呢？比如星星走到哪里，天气就开始转暖，寒冷的冬天要过去了，农民伯伯可以耕田了；星星再到哪个位置，天气就暖和了，农民伯伯就可以插秧了。经过不知多少年，人们逐渐发现春、夏、秋、冬四季，还有农民伯伯耕田、播种、收获、储藏这些事情的发生，都和天上的星星有关，和日月星辰的运转有关。"关乎天文，以察时变"这些现在看起来迷信的说法，其实是古人观察星星逐渐积累起来的知识，是知识让最古老的天学开始了。

远古时代古人发现和积累起的这些知识，怎么就成了为皇家服务的了？这和中国古代逐渐形成的传统文化有关。啥叫中国传统文化呢？中国在还没有帝王的时代，比如伏羲、女娲、神农，甚至大禹，他们都不算帝王，而只是那个时代的一些能人，他们用自己的能力带着大家共同奋斗，创造新生活，所以天学在那个时代是属于大家的。中国在商周时代有了帝王，社会上出现了许许多多好的或者坏的问题，比如"八佾舞于庭""礼崩乐坏"啥的。于是一些喜欢思考的人也出现了，在春秋战国时代，这些爱思考的人不是讲学带徒弟，就是著书立说。这些人就是诸子百家，中国传统文化也从诸子百家逐渐形成。前面说了，诸子百家里无论哪家，都很重视天学。像儒家、道家、阴阳家等，各家都有他们自己对天的解释和对天的思考。而且在诸子的眼里天是被人格化的。啥叫人格化？拿儒家来说吧，孔夫子说："君子有三畏，畏天命，畏大人，畏圣人之言。"[1] 啥意思呢？意思就是，君子最畏惧的三件事里，第一件就是天命。天不就是头顶上蓝蓝的一片吗？怎么会这么可怕呢？还惹得君子这么畏惧呢？这事儿孔夫子自己没说，那咱们就看看专门研究孔夫子的汉朝大儒董仲舒是怎么聊的："天子受命于天，诸侯受命于天子，子受命于父，臣妾受命于君，妻受命于夫，诸所受命者，其尊皆天也。"[2] 董仲舒说了半天，意思就是无论天子、诸侯、儿子、臣妾、媳妇，都受命于天，你们啥都可以胡来，唯独不敢不尊敬天，天是人间最大的！不过

---

[1] 朱熹. 1992. 论语集注. 济南：齐鲁书社.
[2] 董仲舒. 2011. 春秋繁露·顺命. 周桂钿译注. 北京：中华书局.

天子、诸侯、儿子、臣妾、媳妇，这些角色都是人，比人还大还牛的天到底是个啥玩意儿呢？这个天应该还是动物，只不过比咱们大，绝对不会是只耗子。这种变成动物，而且和人联系起来的天，就是所谓人格化的天。自从天被人格化以后，天上出现的各种现象，比如日食、月食、火星逆行、哈雷彗星、蟹状星云、超新星爆炸，在中国人眼里都不是自然现象，而是老天爷传达给我们的秘密信息，这些秘密信息告诉我们谁该倒霉，谁该发财了。这些秘密能让老百姓随便知道吗？肯定不行！于是中国古代人格化的、老百姓不可以知道的、只为皇家服务的天学就这样来了。

康熙爷说过一句话："历法天文关系大典。"啥叫历法天文？其实就是天文，因为历法也就是日历牌的制定也来自天文。啥是大典呢？咱们老百姓家里的大事情，比如娶媳妇、嫁闺女、死舅舅，都叫大事儿。皇家的大事情，比如皇帝大婚、皇帝出征、皇帝驾崩那就叫大典。所以康熙爷这句话的意思就是天文是皇家最大的，是比老百姓家死舅舅、皇帝驾崩还大的事情。康熙爷咋知道天文这么重要？就是因为远古时代怀有好奇心之人，经过不知多长时间的观察积累起来的天学知识，逐渐变成了中国文化里为帝王传递秘密信息、预测皇家祸福的专业技术以后，天学就成了各代帝王最关心的事情，所以康熙爷知道天学的重要性。不过话说回来了，皇帝老子天天要审批奏折，还要上朝和大臣们议事，作几句歪诗，接着回到后宫和娘娘、宫女们逗逗闷子，晚上还要溜进不知哪个宫女的屋里逍遥到半夜，哪有闲工夫去琢磨这么专业的天学呢？这事儿皇帝老子肯定不会自己去干，从周朝开始皇家就设置了一个专门的官职，专门为皇帝守候在天象厅里，睁大了眼睛，为皇帝获取来自天上的秘密信息。这么专业的官职是啥官职呢？这个官职每个朝代的叫法不太一样，周朝叫保章氏和冯相氏，秦汉时代叫太史令，唐宋还有元朝叫司天监，明清时代叫钦天监。不管这个官职怎么叫，他们都是非常专业的天文官。天文官的任务就是整天盯着星星看，然后还要仔细地算，把老天爷下的密谕密旨算出来。

天学是皇帝的葵花宝典，被皇帝重视的事儿那肯定没得说，就像修长城、修大运河、修各路皇帝的坟头。于是中国自从有了皇帝以后，天学就很牛了。许多天文现象的记录，中国都是最早的，有些还是最详细的。比如考古学家在甲骨文里发现了公元前 14 世纪一次新星爆炸的记录。李约瑟在他的《中国科学技术史》中说道："董作宾所研究的殷墟甲骨文中，有一片提到新星，年代约为公元前 1300 年，确为遗留至今的最古老新星记录。"[①] 董作宾看见啥了？"'有新大星并火'语，乃己巳夜间观察星象之记录。并训比，训近。新大星即新星之大者，犹言有一大新星傍近火星也。"[②] 董作宾先生说的"新大星并火"这一句，是在一片甲骨文上看到的，记录的是古人观察夜空时发现的新星爆炸。他说这一句还做了大小和相对位置的比对，即是一颗很亮的新星，出现在现在的天蝎座 a 星附近。这句话字数不多，传递的信息很完整。

孔夫子修订的鲁国历史《春秋》里，聊过这么一件事："秋七月……有星孛入于北斗。周内史叔服曰，不出七年，宋，齐，晋之君皆将死乱。"[③] 啥是"星孛"，根据后来天文学家的推算，这个"星孛"应该是人类第一次关于哈雷彗星的记录。然后孔夫子又聊了周内史（就是周王室的天官）叔服的预测，"不出七年，宋，齐，晋之君皆将死乱"。彗星咱们中国习惯叫扫帚星，是不吉利的一种天文现象。所以孔夫子说周内史叔服，其实就是算命先生的预测，用不了七年，宋、齐、晋的国君，都会死于战乱。秋七月是指春秋时代鲁文公十四年（公元前 613 年），这位叔服先生的预测准不准且不去评价（有兴趣可以去查一查史书《春秋》或者《竹书纪年》，公元前 606 年，宋、齐、晋三国的国君是否死于战乱）。但是孔夫子说的，"星孛入于北斗"肯定是人类关于哈雷彗星的第一次记录。总之，由于有内史这样的天官天天守在夜空下，为皇帝接收上天的秘密指令，所以中国古代关于新星爆炸、彗星、日食、月食、太阳黑子、流星雨等的记录非常多，无论如何这些都在世界天文学史上留下了重重的一笔。不过这些记录也充分证明，中国人研究天学的目的是算命，是预测凶吉。

中国古代天学丰富的记录，还为研究天体的运行规律提供了非常宝贵的资料。"公元 1500 年以前出现的四十颗彗星，它们的近似轨道几乎

① 李约瑟. 1975. 中国科学技术史. 北京：科学出版社.
② 董作宾. 1993. 殷历谱下卷交食谱. 台北："中央研究院"历史语言研究所.
③ 洪亮吉. 1987. 春秋左传诂. 北京：中华书局.

全部是根据中国观测推算出来的。"[1] 除了彗星近似轨道，还有流星雨周期、日月食、太阳黑子活动周期及太阳黑子活动周期对地球气候的影响等，这些记载不但为现代天文学，还为现代气象学研究留下了宝贵的历史资料。天官们功不可没，应该发奖金。

中国还有一本很古老的天学专著《星经》。因为年代久远，这本书是谁在什么时候写的已经分辨不清。这本书的书名也不止一个，还有《星经》《石氏星经》和《甘石星经》等。有人认为这本书出自战国时代魏国的石申。石申是谁？"鲁有梓慎，晋有卜偃，郑有裨灶，宋有子韦，齐有甘德，楚有唐昧，赵有尹皋，魏有石申，皆掌着天文，各论图验。"[2] 这是《晋书·天文志》里聊的，战国时代各诸侯国天文官的名字，其中魏国的天文官是石申。不过除此之外没有什么关于石申的记载了。《星经》据说早已失传，后人在其他书的记载里，比如《史记·天官书》《汉书·天文志》《晋书·天文志》里，又梳理出来。明代万历年间编纂，由清代乾隆年间学者王谟辑的《汉魏遗书钞》里，载有《星经》两卷。

那《星经》是一本什么天学专著呢？我们已经知道，中国的天学研究的不是自然的天、自然的宇宙，而是想从天上获取秘密信息，所以这本《星经》更准确地说是为算命而写的。这本书分为两卷，每一卷罗列了大概 70 多个星星的名字。比如第一卷里有四辅、六甲、勾陈、天皇、柱下、尚书，还有我们现在比较熟悉的北斗、大角、心宿、织女、牵牛等。咱们看看书里是怎么写北斗星的："北斗星谓之七政，天之诸侯，亦为帝车。魁四星为璇玑，杓三星为玉衡，齐七政。斗为人群，号令之主，出号施令，布政天中，临制四方。"这是中国天学里北斗星的概念。那怎么算命呢？关于北斗算命的方法《星经》聊了很多，"第一名天枢，为土星，主阳德，亦曰政星也。是太子像，星暗若经七日，则大灾。第二名璇，主金，刑阴，女主之位，主月及法。若星暗经六日，则月蚀……"这聊了北斗里的两颗星如果变暗，会出现什么情况。再看看五大行星、彗星与北斗相遇，会对人间产生什么影响："五星入斗，中国易政，又

---

① 李约瑟. 1975. 中国科学技术史. 北京：科学出版社.
② 房玄龄等，《晋书·天文志》。

易主，大乱也。彗孛入斗中，天下陕，主有大戮，先举兵者咎，后举兵者昌。其国主大灾，甚於彗之祸……"这些"易主大乱""天下改主""有大戮"看上去很迷信，不过想知道何时"五星入斗"，哪天"彗孛入斗中"，是需要每天夜里站在夜空下认真、仔细观察的。所以石申在认真地玩迷信天学的时候，一不小心把金、木、水、火、土这五颗行星的运行规律给记录下来了。此外《星经》里还有诸如"心宿……火星守，地动，守二十日臣谋主""亢宿……木星留三十日已上，有赦，年丰，久守，其国米贵，多疾病"等内容。这本书里，石申一共记录了800颗恒星的名字，测定了121颗恒星的方位。星星的名字和方位，现代天文学称为星表。所以《星经》里记载的121颗恒星，可称为世界上最早的星表。

这么牛的一位天文学家，怎么就成了个算命先生了呢？按照《史记》等一些古籍的描述，像石申这些天官，都属于"数术者，皆明堂羲和史卜之职也"。"羲、和"是我们的祖先尧皇帝任命的两个天文官。《尚书·尧典》记载："乃命羲、和，钦若昊天，历象日、月、星辰，敬授人时。"所以石申就是"钦若昊天"的天文官，他自己也许对看星星并不好奇，不是现在我们说的天文爱好者，他看星星是在完成皇上交给他的任务，皇上的任务如果看得不仔细、有闪失是会掉脑袋的。另外中国自从有了封建制度，天学在民间被严令禁止了，"对广大公众而言，天学是一门被严厉禁锢的学问！对于民间私藏、私学天学书籍，历朝颁布过许多严厉的禁令"[①]。因为"钦若昊天"的天文官要听命于封建皇帝各种要求，本来和地上的人毫无关系的星星的运行，都统统变成了见凶吉、预测吉凶的迷信。"钦若昊天"的天文官也就当仁不让地变成了算命先生。

天学成就

汉代以前，关于中国天学的认识主要来自书籍的记载还有传说，天学具体的观测技术、观测仪器、计算方法没有什么具体的资料和证据。汉代以后天学无论是作为一种宇宙观还是技术，都有了很大的进步，首

---

① 江晓原. 2007. 天学真原. 沈阳：辽宁教育出版社.

先是宇宙观。在一本出自公元前1世纪的书《周髀算经》里，提出了中国最古老的宇宙观"盖天说"："天象盖笠，地法覆盘"。100多年以后，东汉的张衡又提出了一个更系统的"浑天说"理论："浑天如鸡子。天体圆如弹丸，地如鸡中黄，孤居于内，天大而地小，天之包地，犹壳之裹黄。"浑天说比盖天说又先进了一步。从两种宇宙观提出的时间可以看到，那时候中国人对宇宙的认识进步很快。

《周髀算经》是谁写的，现在已经没人知道，但张衡可是个大名鼎鼎的人物，不但提出了浑天说，还是一个多方面的牛人。他造了一架叫"漏水转浑天仪"的仪器，是利用水力推动的，可以演示天象并可以记录时间的仪器，他造这架仪器的时间是公元100年左右。张衡除了天学厉害，其他方面也特牛，他造了全世界第一台记录地震的仪器——候风地动仪，还复原并制造了黄帝用过的指南车、记里鼓车等。难怪郭沫若老先生都惊呼："如此全面发展之人物，在世界史中亦所罕见，万祀千龄，令人景仰。"[1]

外国虽然在很早的时候也有很多关于天象及历法的记录，但由于西方没有一个民族可以保留下完整的历史，所以很多事情都隐藏在浓浓的迷雾后面，谁也看不清。比如古埃及人在公元前4000年左右就创造了人类最早的历书——太阳历，但关于太阳历是如何创造的却几乎没有任何记录，只知道大家都在用。太阳历是把天狼星与太阳同时升起的时间作为一年的开端，并且把一年分为365天。可这件事是怎么玩出来的，没人知道。还有据说古代巴比伦有过关于彗星的记载，这个记载写在一块模模糊糊的泥板上，而且楔形文字也没几个人能看懂。欧洲在古代和中世纪虽然也有很多关于彗星的记载，但李约瑟在研究了中国的古籍以后这样说："可是比较起来，中国的记录却最为完整……"[2]

超新星是一种很特殊也十分罕见的天文现象，是在恒星演化过程中，当恒星到了老年，由于自身的引力已经无法抗拒恒星内部释放出的巨大能量而发生的大爆炸。发生超新星爆炸时，这颗恒星的亮度会突然间发生强烈的变化，在地球上完全可以被观测到。所以有一些新星爆炸

---

[1] 北京天文馆. 1987. 中国古代天文学成就. 北京：北京科学技术出版社.
[2] 李约瑟. 1975. 中国科学技术史. 北京：科学出版社.

被古人发现，并记录了下来。现在这些超新星爆炸以后的余迹，天文学家还可以观测到。而关于古代超新星爆炸的记录，李约瑟先生这样说："超新星见于记载的只有三颗，最近加莫已把它们的来历弄清：一颗是1572年第谷观测的'新恒星'，第二颗是他的弟子开普勒在1604年观察到的，第三颗发现于1054年，只有中国人有记载。"[①]李约瑟所说的中国人的记载，是在《宋史》及其他一些宋代的史书中："宋至和元年五月己丑，客星出天关东南可数寸，岁余稍末。"[②]从记载中可以了解，这颗超新星爆炸是在金牛座内，爆炸以后的亮度激增，甚至白天都可以看见"昼如太白，芒角四出，色赤白"，而且持续了一年多才逐渐隐没。经过现代天文学家的分析，这颗超新星就是现在还可以看到的一个星云——蟹状星云。所以，无论如何中国的天学从远古时代一直到元朝，是全世界最系统、记载最详细的。

中国有这么牛的天象观测记录，肯定不能光靠瞪着一双大眼睛看，而要借助天文仪器。有人可能会问，如今飘在太空上，能看见宇宙尽头的哈勃望远镜老祖宗是17世纪伽利略发明的。伽利略发明望远镜不过400年，400年以前的人不就是凭着一双眼睛看星星吗？哪来的什么仪器？古代确实没有望远镜，看星星也基本靠一双眼睛。不过，为了能更仔细地观察星星的移动，还有太阳到底怎么转，就需要借助一些定位或者定时的特殊器具。这些器具虽然不像现在的望远镜那样能看见火星表面的"运河"，还有正在上面跑的"小绿人儿"，却可以把火星每一天的位置计算得非常清楚准确。中国古代也曾经有过一些很棒的天文观测仪器。

首先是一种叫"圭表"的仪器。"圭表"是个啥玩意儿呢？人类在很遥远的时代就发现，不同的时候地上的影子不一样长，而且这样的事情每隔一段时间就会重复。好奇的古人就开始琢磨这是为什么。古人虽然没有啥了不起的仪器，可人家也有办法，为了能搞清楚影子的变化，就在家门口立起一根棍子，地上放一把尺子，把正午的时候棍子投射在尺子上黑影的长度标记下来。日久天长古人发现影子在某个时候最长，

---

① 李约瑟.1975.中国科学技术史.北京：科学出版社.
② 脱脱，阿鲁图等，《宋史·天文志》。

客星出天关东
南可数寸!

2011, 老冬

某个时候最短，而且这个过程总是在重复，重复一次多久呢？就是我们现在知道的一年的时间。一根棍子和一把尺子这么简单的玩意，就是所谓"圭表"，棍子叫作"表"，地上的尺子就是"圭"。中国古人玩出来的圭表不但可以知道一年有多长，他们还发现一件事，那就是节气。比如影子最长的时候就是冬至，最短的时候是夏至，正好在中间的时候不是春分就是秋分。知道了这些节气，农民伯伯就不愁啥时候该播种育苗、插秧种稻子，啥时候该除草和收割了。

　　"圭表"到底是什么时候玩出来的已经找不到记载，最晚周朝就已经出现。最早关于"圭表"的文字记录应该是《周礼》中提到的"土圭"。到了元朝（13世纪），著名天学家郭守敬在河南登封造了一座巨大的"圭表"，这座巨型"圭表"就是著名的登封观星台。不过这个大"圭表"李约瑟认为是郭守敬受到阿拉伯巨型仪器的启发，甚至是在有阿拉伯传统的天文学家参与下建造的。

　　圭表是古人利用太阳光投射出的影子玩出来的，圭表可以确定一年有多长，还分出一年中不同的节气。古人利用影子还玩出另一种仪器，那就是日晷。日晷是用来确定每天的时间的。古时候没有时钟，不像现在，想知道几点看看表或者手机就知道了，古时候想知道时间只能看太阳。比如北京方言把上午和下午叫"上半晌"和"下半晌"，这个"晌"字就是指太阳的位置，上半晌太阳在东边的天空上，下半晌就跑西边去了。日晷就是根据太阳光照射的方向，和圭表一样也是利用影子玩出来的。日晷也是由两部分组成，一个是和圭表一样的表，也叫晷针；一个是刻有刻度的晷面。圭表只看正午时刻的影子，日晷则根据太阳在不同位置投下的影子，把时间分为不同的时刻。如今在北京故宫太和殿前还可以看到一个非常漂亮的日晷。日晷按照晷面的摆放分为地平式和赤道式两种。所谓地平式和赤道式是指以大地（即水平的）作为基准，还是以当地的纬度为基准。日晷如果是平放着的，就是地平式；倾斜摆放的，像现在故宫太和殿前面的就是赤道式。无论地平式还是赤道式，日晷的表，也就是那根晷针都是指向北极星。不过更古老时代的日晷是不是赤道式，学者们还有争论。目前我国存世的最古老的日晷有两个，都是秦汉时期的：一件是清皇室收藏的，现存中国历史博物馆；一件是1932

年在河南洛阳一座古墓中出土的，现存加拿大安大略皇家博物馆。我国老一代天文学家陈遵妫认为，"我们从日晷发展史来看，可以肯定秦汉日晷不是赤道式装置"[①]。赤道式的日晷，要按照当地的纬度来确定倾斜的程度来摆正日晷，但由于古代中国对地理的认识不是很清楚，一直到明朝还没有纬度的概念"……但还没学会怎么依照纬度的变化摆正日晷"[②]。

上面两种仪器虽然都和太阳有关，可都不是直接用于天文观测的，直接用于天文观测的仪器，中国古代也曾经挺牛的。古人最早拿着看星星玩的应该是一种叫窥管的东西，其实就是一根直直的管子。用窥管看星星时，可以让视力更加集中，而且可以避免边上抽烟的人烟头杂光的影响。孙悟空典型的手搭凉棚的姿势，就是为了望远时避免杂光。有一个成语"以管窥天"，就是用管子看天的意思。虽然这个成语和天文没有什么关系，和坐井观天的意思差不多，但可以说明中国古代就有人喜欢拿着一根管子看天。《周髀算经》："即取竹空径一寸，长八尺，捕影而视之……"云云，是在说利用窥管计算太阳直径的事情，这就和天文分不开了。

还有一件非常重要的天文观测仪器，那就是浑仪。浑仪是个什么样的仪器呢？从外表上看，浑仪像一个空心球，由很多铜制的、大小不同的同心圆圈圈组成，这些圈圈有些是固定的、有些是活动的。活动的圈圈可以不动，也可以利用水流做动力，驱动这些圈圈转动，转动的速度与夜空上的星星同步。观测时借助窥管，可以确定星体的移动，并且可以度量移动的角度。浑仪的原理来自浑天说，也就是张衡所说的："浑天如鸡子。天体圆如弹丸，地如鸡中黄……"浑天说认为天像一个大弹丸，大地就如同鸡蛋中的蛋黄，飘在天的中间，浑仪就是天空与大地的模拟器。浑天说其实不是张衡的原创，张衡是把这个学说更加系统化了。张衡不但把浑天说系统地进行了表达，他还亲自制造浑天仪，那就是记载中的"漏水转浑天仪"。"漏水转浑天仪"是利用古代的计时器铜壶滴漏计时，用水流作为动力驱动的一个非常复杂的天文仪器。一般认为，

① 陈遵妫. 2006. 中国天文学史. 上海：上海人民出版社.
② 利玛窦，金尼阁. 1983. 利玛窦中国札记. 何高济，王遵仲，等译. 北京：中华书局.

这个"漏水转浑天仪"是用来演示天体运行的，不过李约瑟认为，"他用一种方法把演示和观测两者的效用结合起来了"①。

中国的浑仪起源于何时，这也不是一件很容易确定的事情。从文字记载上看，首先是《尚书·尧典》中的一句话："在璇玑玉衡，以齐七政。"司马迁在《史记》里这样解释这句话："尚书曰，舜在璇玑玉衡，以齐七政。遂类于上帝，禋于六宗，望山川，遍群神。……"意思是说舜帝用"璇玑玉衡"，了解日月五星（七政）的运行，以此祭祀上帝、六宗，祭祀可以让遥远山川里的群神都知道。这个可以"齐七政"的"璇玑玉衡"到底是什么司马迁没说清楚，闹得自古以来大伙儿总是争论不休。在古代，对"璇玑玉衡"基本有两种不同的解释：一种认为是北天的天极，一种则认为是上古时代的浑仪。战国中期魏国的石申持前一种态度，他说："璇玑，谓北极星也。玉衡，谓斗九星也。"②石申认为璇玑是北极星，玉衡是北斗星。司马迁似乎也比较赞成这个结论。不过有人却不是这样认为，他们认为"璇玑玉衡"就是指浑仪。东汉的马融认为："上天之体不可得知，测天之事见于经者，惟玑衡一事。玑衡者，即今之浑仪也。"他认为"玑衡"（即"璇玑玉衡"）就是浑仪。如果马融说的对，那中国在舜帝的时代就已经会造浑仪了。根据历史学家的推算，舜帝是所谓三皇五帝之一，他们生活的年代距今有四五千年，那个时代是个啥样子谁也说不清，可按照马融的说法那时候已经有人会玩浑仪了，所以很多人不敢相信。

石申不认为舜帝会玩浑仪，他自己却很可能在玩。为什么这么说呢？因为现代科学家在研究《星经》里那 121 颗恒星坐标的记录时发现，石申测量的精度已经达到八分之一度。八分之一度的概念是什么呢？是 7.5 角分，差不多是四分之一个月亮这么大的角度。四分之一个月亮的精度对于现代的望远镜是很粗略的，但是在石申的时代，而且又是对 100 多颗恒星的记录，仅仅用肉眼观察是很难做到的，所以石申很可能借助了仪器，仪器是什么？那就只能是可以度量星星移动角度的浑仪。石申到底生活在啥时代呢？根据日本学者新城新藏、上天穰等所做的推算，

---

① 李约瑟. 1975. 中国科学技术史. 北京：科学出版社.
② 《星经》.

石申星表的数据出自于公元前 360 年前后。也就是说石申生活在公元前 4 世纪，从这个结论可以推断浑仪在那个时代就出现了。不过又过了大约四百年，公元 100 年左右，张衡造出"漏水转浑天仪"，《后汉书·张衡列传》里记载："遂乃研核阴阳，妙尽璇玑之正，作浑天仪，著灵宪，算罔论，言甚详明。"这个记载是明确的，毋庸置疑。

中国的浑仪是根据浑天说而玩出来的一种天文观测仪器。浑天说最早出现在战国时期，石申就是用这样的宇宙观去观测和记录星体的。几百年以后，张衡又继承发展了浑天说，把浑天说形象地描述为"天体圆如弹丸，地如鸡中黄"。

浑仪是望远镜发明以前天文学家测量天体位置最主要的仪器，不光中国人用，外国人也用。中国的浑仪来自于浑天说，所以叫浑仪。外国不这样叫，古希腊形成了一种和中国浑天说类似的宇宙观，那就是天球说（theory of sphere-heavens），这个理论也称为水晶球理论。外国类似浑仪的仪器，英文的叫法是 armillary sphere。armillary 的意思是手镯或者环，sphere 是球的意思，所以外国人不是叫浑仪，应该叫球上的环或者手镯，这更符合西方人水晶球（theory of sphere-heavens）的说法。

说来也巧，当张衡在琢磨浑天说，造漏水转浑天仪的时候，在中国西边几千公里以外的地中海岸边，也有一个人在琢磨这个事情，他就是古希腊著名的天文学家托勒密。托勒密根据前人的思想，也提出了一个和张衡的浑天说类似的说法，那就是统治了欧洲天文学 1400 多年的地心说理论。在托勒密的《天文学大成》里，他继承了古希腊亚里士多德的观点，"在圆轨道作永恒运动，处于天穹最高层者，为以太所肇成的诸天体，高天层的运动受之于一原始总动体，为其下层的动因"①。这一理论，确立了统治欧洲 14 个世纪的宇宙体系——地心说，或者水晶球理论。托勒密除了是个天文学家，他似乎还是个很有点浪漫情怀的文人，他把亚里士多德描述的在圆轨道做永恒运动的天球，想象描绘成一个梦幻般的水晶球，水晶球的中心就是我们的地球，月亮、太阳，以及水、金、火、木、土五颗行星，按照顺序一层一层地围绕在地

---

① 亚里士多德. 1999. 天象论宇宙论. 吴寿彭译. 北京：商务印书馆.

球的外面，而至高无上的上帝就在最高处的"原始总动体"上拨弄着整个天空不断围绕地球旋转。

思不足

中国古代天学，无论是天象的观测记录还是观测仪器都挺棒的，可为什么江晓原先生要说，"古代中国天学无论是就性质还是就功能，都与现代意义上的天文学迥然不同"，中国的天学和现代意义的天文学到底怎么个迥然不同呢？现代意义的天文学又是从何而来呢？

前面说了，中国的天学不是老百姓玩的，而是由各个天官去研究的事情，像石申、张衡、一行、祖冲之、郭守敬等我们称为天文学家的人，他们都是拿皇帝俸禄的朝廷命官，是给皇帝当差的打工仔。他们研究天学的目的性很强，就是要完成皇帝老子交给他们的任务：去接老天爷下达的圣谕圣旨。而西方古代的天学家，按照我国老一辈著名天文学家陈遵妫在他的著作《中国天文学史》上这样评价，"他们的天文学偏重于空洞的幻想……"① 所谓空洞的幻想，就是这本书里说的"玩"。他们不是在完成皇帝或者任何领导交给他们的任务，而是为满足心中的好奇在玩天文。中国和西方对天文学的研究和探索在态度上的差别，也就是受命和玩的差别，是第一个迥然不同。

还有一个迥然不同是好奇心。中国官本位的天学受命于天子，"终始古今，深观时变，察其精粗，则天官备矣"，这是司马迁形容的天官。这些天官要天天在天空中"深观时变，察其精粗"，肯定是压力山大，搞不好别说俸禄没了、乌纱帽没了，说不定小命也没了。于是天官们的好奇和兴趣被放在第二位，受命于天子不敢有半点怠慢，每天盯着夜空上的繁星，不停地记录，浑仪上的铜圈圈都磨得锃亮。不过，他们为保命而不是为好奇而做的记录，一不小心为我们这些好奇的后代留下了丰富的历史资料。

而西方出于好奇的天文爱好者们，他们没有来自皇帝老子的压力，也不需要去计算皇家大典的良辰吉日，主要是玩。玩肯定是可以无拘无

---

① 陈遵妫. 2006. 中国天文学史. 上海：上海人民出版社.

束的，所以允许他们凭空想象，允许他们胡思乱想。因此在西方，用胡思乱想的心态玩出来的是许多新奇的故事和理论，比如古希腊那些充满浪漫色彩的星座神话，还有托勒密的水晶球理论。

东西方还有迥然不同的宇宙观。中国古代的浑天说虽然也是一种对宇宙的描述，但不是客观的描述，脱离了事物的客观性。对太阳、月亮及行星、恒星没有明确的（哪怕是错误的）描述，鸡蛋和蛋黄的关系只能说是一种借喻，更没有数学的概念。所以浑天说的文学性大于科学性，启发不了后代去玩现代意义的天文学。

托勒密把宇宙说成是围着地球转的水晶球肯定是胡说，但一圈一圈围着地球转的宇宙模式却是一种客观的描述，尽管是错的。另外，《天文学大成》也是一本具有科学意义的书，为什么说有科学意义呢？那是因为托勒密对行星和恒星有非常详细的记录和论证，这些记录和论证是在他进行了非常认真的数学计算以后得出的，他使用的数学方法中包括球面三角函数。地球是宇宙的中心这个假设肯定是不靠谱的，可是托勒密的计算方法和计算结果是科学的。所以1400年以后，哥白尼计算日心说使用的数学方法仍然来自托勒密，却让哥白尼算出了毛病，最终哥白尼提出日心说彻底颠覆了托勒密。不过哥白尼颠覆的并不是托勒密的数学方法，而是托勒密以地球为中心水晶球的假设。而现代意义的天文学，就从托勒密的数学方法和哥白尼的批判思维中产生了。

所以，还有一个迥然不同，那就是精确性。天文学研究的是遥远的星体，现在我们知道，距离我们太阳系最近的一颗恒星比邻星也有4光年之遥。如此遥远的距离就像举着望远镜从足球场的一边找另一边旗杆上落着的一只苍蝇，望远镜差一点就别想找到它。所谓失之毫厘、谬以千里。中国古代的天学家曾经对天体和各种天文现象有过最早和最多的记录，中国的记载虽然非常讲究文学性，却不精确，过于模糊。比如孔老夫子《春秋》里记载的"秋七月，有星孛入于北斗"，"秋七月""于北斗"这样的记载谈不上啥精确，只是告诉大家某年某月，天上出了一件怪事。就算比较细致记载了超新星爆炸的《宋史·天文志》中——"宋至和元年五月己丑，客星出天关东南可数寸，岁余稍末""出天关""东南""数寸"和"岁余"这样的记载也是很不精确的。后人在研究这些记载时，需要做大量的考据训诂，并根据天体几千年的变化进行推算以后才可以认定记载的可能是什么。

数学是精确性的保证，中国虽然在比较早的时代就有了一套关于天学的计算方法，但主要是依据平面几何的概念，比如勾股定理。而天体是球面的，中国却一直没有出现球面三角函数的概念。所以中国古代对宇宙中天体运行的计算都不够精确。而天文学在朝不断精细的方向发展，不能精确计算天体运行数据对近代天文学的发展肯定是不利的。

西方人却在更早的时代掌握了球面三角的数学概念和计算方法。球面三角不像其他数学概念，一般都是由喜欢玩数学的所谓数学家钻研出来的。比如平面几何是欧几里得、代数是丢潘图、圆锥曲线是阿波罗尼奥斯等，他们都是数学家。而发现和创造球面三角的人却不是数学家，而是一个天文学家。这个人叫门纳劳斯，是公元 100 年左右古希腊亚历山大的天文学家，"Menelaus of Alexandria（c. 70～140 CE）was a Greek，mathematician and astronomer，the first to recognize geodesics on a curved surface as natural analogs of straight lines"[①]. 这是维基百科上关于门纳劳斯的介绍，大概的意思是，门纳劳斯（公元 70～140 年）是希腊一位数学家和天文学家。他第一个认识到曲面上的测量方法，也就是我们现在说的球面三角函数。而托勒密在《天文学大成》这本书里，就把门纳劳斯球面三角函数直接用于他提出的宇宙理论——著名而又浪漫的水晶球理论上。因此西方虽然没有像中国那样，有非常丰富的天体记录。但西方的天体记录相对精确，对后来天文学的发展起到了非常重要的作用。而 16 世纪开普勒如果没有他的恩师第谷花几十年的时间精确到角分（1 角分差不多是 1/30 个月亮）的大量观测记录，他是不可能计算出那个著名的椭圆形行星运行定律的。而后来的牛顿也不会接着开普勒的假设，玩出万有引力定律了。这些理论还有现代意义的天文学都是来自精确的数学计算。

---

① 维基百科。

可中国人为什么就不会玩球面三角呢？这里面的原因肯定是比较复杂的，不过与官本位的天学研究方式应该有关。球面三角的开创者是门纳劳斯，他和张衡都是生活在世纪初，如果把他们俩做一个比较，或许对问题的理解会有点帮助。关于门纳劳斯的记载不多，只有一点点，只知道他是一个数学家和天文学家，再有就是提出了球面三角概念的所谓门纳劳斯定理。记载如此之少，应该不会是一个当官的，所以门纳劳斯研究天文肯定是个业余爱好者，也就是一个纯粹的玩家。张衡是东汉人，和门纳劳斯生活的年代差不多，关于张衡的记载最主要来自《后汉书·张衡传》，书里这样说："张衡字平子，南阳西鄂人也。……虽才高于世，而无骄尚之情。常从容淡静，不好交接俗人。……安帝雅闻衡善术学，公车特征拜郎中，再迁为太史令。遂乃研覆阴阳，妙尽璇玑之正，作浑天仪……"从这段记载可以知道，张衡是个博学谦逊的君子，被汉安帝看中，做过郎中（这里郎中不是医生，而是一种官职），最终官至太史令。做官期间，张衡研究阴阳学说，将天空上玄妙的天机做出解释，在任期间还制作了浑天仪。虽然太史令这个官职没有多大，但可以断定这个官就是皇帝指派去看星星，并按照阴阳之学去解释和接受老天爷各种密旨密谕的天官。

像张衡、一行和郭守敬等这样的天官，他们研究天体、看星星，也许同样是出于自身对那些神秘天体的好奇，可他们看星星、计算星星的运行轨迹，都是为了完成皇帝的命令，这些命令是很严酷的，为保住饭碗，保住脑袋不被砍掉，好奇心已经不重要了。给皇帝当差肯定是多一事不如少一事，否则会"好奇害死猫"的。所以他们观察和计算星星运行的轨迹，不是为满足自己对星星本身的好奇和兴趣，而是为了计算皇帝的庆典，以及皇太子、公主的婚礼在什么时辰最合适，以及皇家的凶吉祸福。因此尽管他们也很认真，恪尽职守，一丝不苟地观察和计算，但中国一直到明朝后期，利玛窦给中国送来自鸣钟以前，中国还一直以一炷香及时辰作为计时单位，一炷香有长有短，而两个时辰之间的两小时以上，如此的计时方法能准确到一小时之内就算非常精确了。可天文学却是"失之毫厘、谬以千里"的事情，不更加精确怎么能进步，怎么能玩出现代意义的天文学呢？

而西方的天文学家几乎都是业余爱好者，他们是出于好奇心在玩，因此观察十分认真，能够玩到最完美的境界才是真正的玩家高手。所以当他们遇到很小的误差时，就会感到不舒服，就会去不断钻研，拼了老命也要玩出名堂来。像门纳劳斯、托勒密还有后来的哥白尼、伽利略、第谷、开普勒等就是这样的玩家高手。而中国不允许业余天文学家的存在，所以在天文学走向更加精细、更加准确的近代，中国的天学就逐渐落后了。在西方，16 世纪，第谷的记录已经精确到了角分，而中国人了解球面三角的概念是在 17 世纪末，也就是明末清初，天主教耶稣会的传教士利玛窦他们来到中国才带进来的。因此当时对于日食和月食的预测，中国的钦天监们怎么也算不过洋和尚。

　　但是，我们了解球面三角的时代很晚吗？一点都不晚，第谷刚刚去世，开普勒还没算出行星运行规律的时候，洋和尚们已经来到中国。明朝末期一次历法改革提出的《崇祯历书》中，汤若望等洋和尚已经郑重其事地把球面三角和平面三角的知识，以及伽利略发明的天文望远镜介绍给了中国的天学家。如果从那时起，我们中国的天学家们能把这些计算方法和观测仪器运用起来，那与西方天文学并驾齐驱的可能性是很大的。可遗憾的是《崇祯历书》因为清军入关战乱的到来没能实行，与西方并驾齐驱的事没有发生，中国的天学给我们留下的只有过往的辉煌。

第十一章 晨光乍现

　　乾隆五十八年（1793 年），英国特使马戛尔尼受乾隆皇帝邀请，沿着大运河在中国南北游走了一遭。回到英国以后，马戛尔尼这样评价道："中华帝国只是一艘破败不堪的旧船，只是幸运地有了几位谨慎的船长才使它在近 150 年期间没有沉没。……船将不会立刻沉没。它将像一个残骸那样到处漂流，然后在海岸上撞得粉碎。"但是，中国这条破船没有被撞得粉碎。

一缕晨曦

中国历史从秦朝算起，能够统治整个中国的统一王朝大概有八个，那就是秦、汉、隋、唐、宋、元、明、清。从秦始皇在公元前 221 年称帝到 1912 年清朝最后一位皇帝溥仪宣布退位诏书，中国的所谓封建时代一共延续了 2133 年的历史。这其中在科学技术上比较有成就的时代应该属于汉朝和宋朝。李约瑟在谈到这两个朝代时这样说：“从科学史的角度来看，汉朝（特别是后汉）是比较重要的时期之一……”“宋代在学术和科学技术方面也是很活跃的……每当人们在中国的文献中查考任何一种具体的科学史料时，往往会发现它主要的焦点就在宋代。不管是在应用科学方面还是在纯粹科学方面都是如此。”[①]

也就是说，中国古代的科学技术在宋代达到了一个前所未有的高度。可宋代被元朝接替以后开始走下坡路了。元朝是由北方的蒙古族统治，蒙古族在当时还是一个在文化和生产力方面都不如中原的比较落后的游牧民族。但蒙古骑兵作战勇猛，统治中原的汉族虽然文化和生产力比蒙古族先进，但南宋后期，宋朝军队疲于与夏、金、元等外族军队作战，几十年的征战元气大伤。“景炎三年（1278 年），端宗为元兵所逼，走死堈州，文天祥等又立卫王昺为帝，改元祥兴，迁于南海中的厓山（在今广东新会市南）。既而元师进逼，文天祥兵败被擒。祥兴二年，元军攻厓山，张世杰以舟师迎战失败，陆秀夫负帝蹈海而死，从死者数万人，其壮烈可谓史无前例。”[②] 大宋王朝的覆灭非常悲壮，但历史的车轮谁也挡不住。这次朝代的更替对当时科学技术的发展也产生了一定的负面影响。不过元朝统治的时间不太长，从忽必烈把“蒙古国”按照中国习俗改年号为元的 1271 年开始，到 1368 年朱元璋建立明朝，一共 97 年的时间。而朱元璋建立的明朝在中国延续了 276 年。

明朝是比较接近现代的一个朝代，只不过和现代还是毫无关系。那时候北京或者南京城里的景象，和今天截然不同。车水马龙的大街上，

---

① 李约瑟. 1975. 中国科学技术史. 北京：科学出版社.

② 傅乐成. 2010. 中国通史. 贵阳：贵州教育出版社.

穿着长袍马褂的男人们见了面，双手一抱，鞠躬作揖；跷着二郎腿在小酒馆里喝酒划拳的爷们儿，色迷迷地盯着从门前飘然而过的三寸金莲。那时候中国的知识分子仍然是忙着苦读诗书，参加科举考试以便考取功名；那时候没有网吧，也没有 CS，没有"要不起"的斗地主。读书人为求取功名，讲究的是"两耳不闻窗外事，一心只读圣贤书"。而圣贤书基本上还是与自然毫不相干的八股文、骈文，即使与自然带点关系的所谓术数之学，也没几个人看。关心数学或者太阳到底几点落山的人很少，因为即使知道太阳几点落山也不能拿来对付科举考试的考官。所以中国古代会作几句歪诗的文科生满地都是，能掐会算的理科生几乎没有。有个故事这样说，明朝中期（孝宗、英宗时代），人们发现以当时的历法推算日月食已经非常不准，日食月食是关系皇家命运的，算不准怎么能行？于是皇帝下令，"命征山林隐逸能通历学者以备其选，而无应者"。啥意思呢？意思是皇帝下令把天下所有躲在山林里，通历法、天文，会数学的隐士们招到宫里。可是皇帝的诏书在大街上贴了好几个月，没人敢揭诏，偌大个中国竟无一应者！[1] 可见那时候中国的理科生快死绝了。

明朝建立以后，虽然科学的进步缓慢，但是国家从元朝后期的战乱走向稳定。战火平息以后，社会稳定了，农民可以安心耕种，国家逐渐富强起来，国库充盈，老百姓的生活安逸多了。据说明朝洪武年间，一个马夫每年的工资是白银 40 两，那时候一两银子可以买 400 斤大米。所以当时中国的国民收入应该属于发达国家水平。在科学技术方面，明朝由于理科生太少，没啥新的建树。不过技术应用在明朝达到了空前的高度，啥技术应用呢？西方传教士利玛窦在他的《利玛窦中国札记》里这样写道："在中国，可以看到有些城市是建筑在河流湖泊之中的，就像威尼斯在海上那样，有宫殿般的船舶在其间往返……他们的船比我们的更考究更宽敞……设有厨房、卧室和起坐间，装饰得看来更像是阔人的住宅而不像是游艇。"[2] 从利玛窦的描写可以看出，当时中国的造船技术已经相当成熟，造船是门综合技术，造船厉害，说明其他方面的技术也

① 陈亚兰. 2000. 沟通中西天文学的汤若望. 北京：科学出版社.
② 利玛窦，金尼阁. 1983. 利玛窦中国札记. 何高济，王遵仲，等译. 北京：中华书局.

跟得上。而利玛窦说的是河里、湖泊里的船，当时中国的远洋航海技术也非常牛，这方面最著名的就是郑和下西洋。"成祖疑惠帝亡海外，欲踪迹之，且欲耀兵异域，示中国富强。永乐三年六月，命和及其侪王景弘等，通使西洋。将士卒二万七千八百余人，多赍金币，造大船，修四十四丈，广十八丈者，六十二。"[1] 2 万多人，62 条长 44 丈、宽 18 丈的大船，如此庞大的船队在郑和的率领下，到达了当时世界上其他国家根本无法想象的远方。郑和 1405 年第一次出洋时，哥伦布还没出生（1451年），而 87 年以后（1492 年），哥伦布横渡大西洋发现美洲的旗舰圣玛利亚号，还不如郑和 80 多年前宝船的十分之一大，可见那时中国的造船技术有多牛。

除了航海，地理学家徐霞客、中医药学家李时珍、《天工开物》的作者宋应星，以及《武备志》的作者茅元仪都是明朝最值得骄傲的人，他们百科全书式的著作直到今天仍具有很高的参考价值。此外明朝政府动用了几千人，用了 4 年的时间，编纂出一部有 11 095 卷的巨著《永乐大典》。

不过，明朝没有因为有了这些大学者大玩家而冒出来更多的地理学家、医学家、工程师和武器专家；郑和七次下西洋从南洋甚至非洲各国淘回来的长颈鹿、狮子和鸵鸟等珍奇异兽，也没有引起中国人对周围那些奇妙国家的兴趣，更没有因为郑和七次下西洋出现经济全球化，而且"这种远征的停止也像它的开始那样突然，原因同样也不清楚。……其结果是对印度洋的统治权落入了阿拉伯人和葡萄牙人手中"[2]。由政府动用几千人编纂出来的巨著《永乐大典》，也不是拿来给大伙儿读，提高国民素质用的，这套书是让皇帝老子偷偷抱着把玩，念给妃子或者漂亮丫鬟听的玩意儿。那时候中国大多数的文化人儿更关心的是所谓宋明理学，程颢、朱熹、王阳明比郑和、徐霞客、李时珍、宋应星要出名多了。

而那个时代的欧洲却是另外一番景象。李约瑟在他《中国科学技术史》里引用了胡适先生的一段话："在顾炎武诞生前四年，伽利略发现

① 伯希和. 1963. 郑和下西洋考. 冯承钧译. 台北：台湾"商务印书馆".
② 李约瑟. 1975. 中国科学技术史. 北京：科学出版社.

了望远镜，并利用它革新了天文学，而开普勒则发表了他对火星的研究结果和他关于行星运动的新规律。当顾炎武研究语言学，并重新订正了古字音的时候，哈维则出版了论血液循环的巨著，而伽利略则出版了天文学和新科学方面的两大著作。……"顾炎武是谁呢？他还真的和西方科学家有一拼，他觉得玩了这么多年的考据训诂不好玩了，主张客观地研究历史，以"实学"代替"理学"，还提出了"天下兴亡，匹夫有责"的伟大理想。可惜顾炎武的实学没能阻止理学的继续，他的粉丝还是不如玩考据训诂、玩理学的人多。

而胡适老先生说的那个时代，欧洲却出现了一大批和顾炎武一样充满理想的玩家，欧洲正在经历着一场伟大的变革。那个时代，整个欧洲发生了巨大的变化，被教皇统治了1000多年的黑暗的中世纪即将过去，各路玩家不断打破禁锢，大显身手。文艺复兴之火在欧洲熊熊燃烧，文学、艺术及科学技术都得到巨大推进。就在中国的大明朝刚刚建立的时候，文艺复兴的杰出代表薄伽丘（1313～1375年）正在写他的《十日谈》。明朝最初的200年（1368～1568年），正是达·芬奇（1452～1519年）、米开朗基罗（1475～1564年）等文艺复兴大艺术家创作最辉煌的时期。其间，1473年，伟大的哥白尼出生了，几十年以后，他开创的全新宇宙观开始在欧洲传播，近代科学的曙光开始照耀世界。大明朝弘治四年，也就是1491年，哥伦布揣着一封西班牙皇帝写给中国皇帝的国书，率领三条小帆船从西班牙出发了，用两个多月的时间哥伦布终于靠岸了，他没见着中国皇帝，却发现了新大陆。1521年，明朝有名的荒唐皇帝武宗驾崩，这年的3月，葡萄牙探险家麦哲伦死在菲律宾，第二年幸存的水手们驾驶船队成功绕过好望角，1522年9月6日回到西班牙，完成了人类第一次环球旅行。明朝建立196年的时候，伽利略出生了（1564年），他的物理学把欧洲带入了一个全新的时代——科学时代。而就在明朝即将灭亡的前两年，伟大的物理学家牛顿出生了。这个时代在欧洲是前所未有的、颠覆式的，科学之光从古希腊的灰烬中重新燃起，如同冉冉升起喷薄而出的灿烂朝阳。

一个海派

16世纪末，几个基督教耶稣会的洋和尚来到中国，他们在传播基督福音的同时，一不小心把当时西方的科技文明也带进了中国。当时中国大多数玩惯了儒家道德文章的迂腐的读书人，对这些来自西方，和修身、齐家、治国、平天下的道德文章毫无关系的洋玩意儿一点都看不起。在他们那里像世界地图、自鸣钟、玻璃三棱镜等洋玩意儿，一概被贬为奇技淫巧。不过洋和尚如果说送给他们一个自鸣钟或者玻璃镜子，那他们也会欣然接受。

不过洋和尚带来的洋玩意儿，还是触动了一些中国知识分子的神经，这些人都是一些有报复、有理想的读书人，他们看到了这些洋玩意儿背后呈现出的点点奇异之光。"天下兴亡，匹夫有责"，这些人满怀对华夏民族的责任感，同时怀着一种拿来主义的思想，希望借用这些来自西方的科学技术，来改变已经开始显得落后的中国。这其中最有名的一个人就是徐光启。

徐光启如果是现代人，那他会告诉你"阿拉和周立波一样都是上海人"，他是个海派。海派在中国是指一些比较容易接受新鲜事物、具有前卫思想的人，徐光启也许就是中国第一个海派人物、海派玩家。徐光启的家乡就在今天的上海市，如今他的墓地就在上海徐家汇南丹路旁。现在上海是一个光怪陆离的繁华大都市，徐光启那个时代上海不是啥大都市，只是个小县城。上海县被一圈高高的城墙围着，里面住着很多做买卖的生意人，有做小买卖的，当然也有做大买卖的、很有钱的大户人家。徐家不大不小，也曾经是买卖人。据说徐光启家没有留下家谱，中国人在很早的时候就喜欢记家谱，不但当官的记，老百姓也记，只要家里有人会写字认字就可以记。不过不知什么原因徐家在徐光启以前没有家谱。据徐光启自己说，他的高祖，也就是爷爷的爷爷是苏州人，是他带着家人"漂"到上海做买卖，赚了钱以后在上海购置了房产，于是这位苏州老爷爷的后代就都成了有上海户口的上海人。徐家在高祖时代家里还算比较殷实，不过也许应了中国那句俗话，富不过三代，到了他祖父那辈，家道中落。而在徐光启出生以前，又遇上海、浙江、福建、广东沿海一带闹倭寇，弄得全家人慌忙逃到外地避难。回来以后徐光启的父母买卖做不成了，只能务农，在家种田养蚕。徐光启就是在这种状况下出生的。

家里生了个大胖小子，他爹这个高兴啊，心想这下徐家有希望了。给孩子起个啥名字呢？名光启，字子先，号玄扈，全都是吉利的字眼。光启的意思是光宗耀祖，重启家业。被寄予如此厚望的孩子无论多难也要让他有学上，因为那会儿还没啥 IT 工程师、编辑、教授、快递哥这样的职业，想光宗耀祖唯一的出路就是读书做官。徐光启从小聪明好学，除了按照老师的教导学习儒家经典，对其他的学问他也很关心。他家藏书比较多，因此让小小的徐光启从小就读到了许多中国当时关于数学、天学、农学、水利甚至军事方面的书籍。仕途上，徐光启开始也很争气，20 岁就顺利考上了秀才，在家乡颇得意了一把。可一个穷秀才还不能当官，还要继续考。先要参加乡试，考上了就成为举人，举人才有资格参加会试，会试考过了就成了进士，进士还要经过殿试，通过了殿试，那就可以官运亨通了。虽然徐老先生最后确实通过了殿试，但那是考上秀才 23 年以后的事情了。可见封建时代读书做官还是非常艰难的，绝非是十年寒窗就可以解决的问题。难怪可怜的读书人只能"两耳不闻窗外事，一心只读圣贤书"，不然别想通过这层层的考试。

徐光启这样一个被中国传统教育培养出来的儒生，怎么会成为一个海派人物、海派玩家呢？这与他后来的一系列境遇有关。徐光启考上举人的前一年，当时他在家乡给一个叫郑焕的官宦人家做"家教"。这一年郑焕被派往广西做知府，他想带着自己的儿子一起去，于是徐光启作为他儿子的"家教"也一同前往。在路过现在的广东韶关时，遇见了一个高鼻子、蓝眼睛的意大利耶稣会传教士郭居静（Lazare Cattaneo，1560～1640 年），并受到洋和尚郭先生的热情接待。这次会面不但是徐光启第一次见到洋人，看见小教堂里光鲜的"天主"画像和许多新鲜的外国玩意，同时了解到还有另一位更牛、更重要的洋和尚利玛窦。这些都激起了徐光启这个上海人无限的好奇心。第二年，也就是 1597 年，徐光启第六次参加乡试，得到主考官焦竑赏识中举。

1600 年，徐光启专程去南京看望恩师焦竑，这次他在南京见到了利玛窦。两人一见如故，利玛窦仰慕徐光启的儒雅，徐光启则佩服利玛窦的博学。不仅如此，这次徐光启在利玛窦那里看到了《坤舆万国全图》，得知原来世界如此之大，中国并非就是整个天下，而且地球是圆的。此外他在利玛窦的房间里又看到许多精致的摆设、各种奇形怪状的科学仪器，再有就是大量的书籍。这一切都深深吸引了这位中国最早的海派，对西方文明和当时西方的科学技术顿生好奇和极大的兴趣。

利玛窦 1601 年得到万历皇帝恩准，留居北京，万历赐宅于北京宣武门内，也就是现在宣武门天主教堂南堂所在地。1604 年，徐光启中了进士，也来到北京，从此徐光启与利玛窦开始了一段对于当时的中国，以及后来的中国都是非常重要而且不平凡的交往。1604～1607 年这三年中，两个人交往甚笃，一天不见就难受。

前面曾说到过，要成为耶稣会教士必须具备神学和哲学或者科学的学位，利玛窦就是这样一个具有双学位的人。在前面第九章聊利玛窦的故事时，我们知道，利玛窦在罗马学院学习期间有一位恩师，数学老师"丁先生"，即德国著名天文学家、数学家克拉维乌斯。这位"丁先生"有一本著作《欧几里得几何原本》，他在这本书中对欧几里得的几何学和数学作了大量的注释。克拉维乌斯是 16～17 世纪欧洲赫赫有名的人物，他在数学和天文学方面的造诣影响了很多后来的名家，其中包括笛卡儿和莱布尼茨，他最大的功绩是帮助教皇格里高利修改历法。利玛窦把恩师欧几里得的这本《几何原本》带到了中国。

徐光启和利玛窦他们俩凑在一块儿，可不是为了组饭局喝大酒。徐光启和利玛窦，一个是儒雅的中国知识分子，一个是既博学又绅士的意大利传教士，他们都十分敬佩对方，徐光启更是佩服利玛窦广博的学识。不过，作为一个中国学者，徐老先生也绝非等闲之辈。他除了精通中国经典、儒家文化、诗书辞赋以外，对中国传统的数学、天学、农学也样样精通，据说还写得一手好字。在考取进士以前，他曾写过一篇《量算河工及测验地势法》，是一篇把中国传统的数学运用在水利工程上的文章，从中可见徐老先生在中国传统数学上的造诣。所以徐光启很清楚精细的数学在诸如天学、农学等实用技术中的重要性，而中国传统算学虽然实用，却非常粗略、缺乏精细性。当他从利玛窦那里得知关于欧几里得几何学的事情以后，马上产生了极大的兴趣，希望利玛窦尽快把这本书翻译出来。他希望通过将西方数学与中国传统算学进行比较，以达到取他人之长、补己之短的目的。

徐光启的这种拿来主义，现在看起来似乎没有什么了不起的，不就是把西方先进的科学拿来为自己所用，山寨一下吗？但是对于400多年前，仍然是一个盲目地妄自尊大的中国学者，确实非常难能可贵，起码他已经认识到自己是有不足之处的，不愧是中国第一个海派。

利玛窦来中国带的是拉丁文的《几何原本》，利玛窦也有心翻译此书，可是由于种种原因总是没有做成。这次徐光启提出以后，利玛窦当然十分赞成，但有几个原因让他感到十分为难。首先他是个传教士，来中国的目的是传教，翻译数学书不是主要任务。另外中国与西方在语言上的差别几乎无法逾越，"东西文理，又自绝殊，字义相求，乃多阙略，了然于口，尚可勉图，肆笔为文，便成艰涩矣"[①]。这些是利玛窦用文言文写的，意思是，东西方文字互不相通，字面的意思差别很大，口语还能勉强明白，变成文字就非常困难了。因此，数学中的许多专有名词如何翻译是个巨大的难题。

不过所有的难题在徐光启的坚持下都解决了，翻译工作终于在利玛窦的小屋子里开始了。经过两人一年多的努力，1607年春，"泰西利玛窦口译，吴淞徐光启笔受"的《几何原本》前六卷，中国自古以来第一本被翻译成中文的，来自古希腊的西方数学著作翻译完成。徐光启在序中说："唐、虞之世，自羲、和治历，暨司空、后稷、工、虞、典乐五官者，非度数不为功，《周官》六艺，数与居一焉；而五艺者，不以度数从事，亦不得工也。……《几何原本》者，度数之宗，所以穷方圆平直之情，尽规矩准绳之用也……"这是徐光启对中国数学和西洋数学的阐述。

这本译著是前无古人的，如今数学中已成定式的，如几何、点、面、线、直线、平面、直角、钝角、锐角、直径、平行线、四边形等这些名词，都是在利玛窦和徐光启面红耳赤的争论中第一次进入中文语汇中

---

① 利玛窦，《几何原本·序》。

的。这个译本文字使用之精当、准确，可谓史无前例，以致《几何原本》第二个中文译本直到 1990 年才出版。梁启超称这本书是"字字精金美玉，是千古不朽之作"。

在《几何原本》翻译完成以后，徐光启又发表了另外三部数学著作《测量法仪》《测量异同》和《勾股义》，这几本书都是分析和比较了《几何原本》中的数学原理，是对测量学和中国的勾股定理等所做的研究。在利玛窦去世大约 20 年后，在徐光启的主持下，完成了《崇祯历书》共 137 卷，其中包括球面三角及更多来自西方的数学知识。

另外，当时中国还有一些富有眼光的学者也和洋和尚们一起合作翻译了不少科学著作，比如李之藻和利玛窦共同翻译了《名理探》《浑盖通宪图说》《圜容较义》和《同文算指》；瞿式谷和艾儒略共同翻译了《几何要法》；王徵和德国传教士邓玉函共同翻译了《西洋奇器图说》等。

利玛窦带来中国的这本拉丁文《欧几里得几何原本》，是他的老师克拉维乌斯对欧几里得的几何学原著做了大量评注和自己的见解的著作。这本书一共有 15 卷，前 6 卷是平面几何，7～9 卷是数论的内容，10 卷是比例，11～13 卷是立体几何，14～15 卷是后人的补充，书中有大量前人及克拉维乌斯的评注。利玛窦和徐光启只翻译了前 6 卷，而没有翻译后面 9 卷的原因，主要是因为利玛窦忙着传教，抽不出更多时间继续翻译。

不过，就算是只翻译了前 6 卷，但却只是翻译了欧几里得原书的内容，关于克拉维乌斯及他的前人对欧几里得的评述和见解都没有翻译。这是为什么呢？这本书是"泰西利玛窦口译，吴淞徐光启笔受"，难道是利玛窦留了一手没有大声念出来吗？根据现代对欧几里得《几何原本》的了解，利玛窦起码是把欧几里得《几何原本》这几卷中的全部内容都念出来了，既然欧几里得的可以念，那他似乎也没必要不念自己恩师的话，所以留一手的可能几乎是没有的，可为什么他们没有把评述翻译出来呢？

这就很可能是徐光启的问题了，或许是他觉得没必要翻译。那他为什么不想翻译呢？

我们知道，徐光启不但翻译了那些来自西方的科学书籍，他还是一位很棒的农学家，他不但亲自拿着锄头下田，第一次将南方的稻种成功移栽到北方（现在东北能生产五常大米，全是徐光启当年的功劳），他编写辑录的《农政全书》更被李约瑟称为"卓越巨著"。《农政全书》是徐光启将古代优秀的关于农学各个领域的文章编辑辑录的农学巨著，其中也包括徐光启自己撰写的许多内容。竺可桢等学者认为这本书是中国历史上第一次借助近代科学技术在农学上的尝试，明显受到西方近代科学技术的影响。也就是说徐光启的拿来主义在这本书里得到了体现。徐光启对西方科学产生兴趣并学习西方科学的目的很明确，就是更好地解决中国的实际问题。但科学还有数学、几何学并非只是为了解决实际问题而产生的，产生科学、数学、几何学的原动力是好奇心，是对宇宙对大自然之美的赞美和思考，正如美国著名物理学家，诺贝尔物理学奖得主费曼告诉他学生们的："我讲授的主要目的，不是帮助你们应付考试，也不是帮你们为工业或国防服务。我最希望做到的是，让你们欣赏这奇妙的世界。"这一点徐光启还不太懂。所以他对《几何原本》中的几何和数学内容充满兴趣，而对克拉维乌斯对欧几里得数学的评述和见解就不那么关心，也就没必要费老大劲去翻译了。

克拉维乌斯的评述到底是什么？没有看过他的书是不可能知道的，但有一点应该是对的，那就是克拉维乌斯不会对欧几里得几何的公理、定理和定律加以更多的评述，对此欧几里得已经证明得非常清楚。克拉维乌斯的评述很可能是对欧几里得产生如此数学思维根源的评述，也就是关于欧几里得思想的评述。这也是西方人由于好奇而去研究古人的一种习惯，他们更关心前辈优秀的思想方法，而对前辈所下的结论甚至可能是抛弃掉的，对亚里士多德思想的继承和扬弃就是最明显的例子，这也是克拉维乌斯的书会对笛卡儿、莱布尼茨这些伟大数学家产生影响的根本原因。这种对前人思想方法的研究，结果将是可以培养出更多的数学或者科学家，而不仅仅是只能解决一些实际问题的数学应用家、技术专家。

西方人自古以来求索科学的态度，主要的是对事物呈现出的规律性和所谓理念的好奇和探索，至于这些规律和理念实际上是否有意义，他们并不关心。比如古希腊人研究几何完全是出于对几何本身复杂程度的

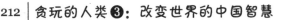

好奇和兴趣，欧几里得的几何学就是在这样的态度下给玩出来的。包括后来牛顿研究万有引力，他其实根本也不知道万有引力到底会有什么实际的用处，牛顿研究这些是由于他对开普勒提出的行星运行轨迹为什么是椭圆形的而感到好奇，为此他进行计算和求证，最后得出了一个公式，这个公式就被叫作万有引力定律。而证明万有引力定律是一个放之四海而皆准的伟大定理，却是在牛顿去世100多年以后，在计算天王星以外是否存在一颗新的行星——海王星的时候，才在人们的惊呼中得到最后证明的。

中国的学术却没有这样的习惯，像《九章算术》《黄帝内经》《天工开物》和《本草纲目》，这些被我们称为古代科学典籍的书，是具有非常明显的实用目的的（关于这些书可参看本书第五章）。徐光启同样也没有这样的习惯，他虽然主持完成了《崇祯历书》，编写辑录了《农政全书》，这些对当时的历法和农业都产生了非常重要的作用。但是，他的注意力全部集中在实用技术的运用上，对欧几里得，以及西方其他科学和科学家思想方法没有产生好奇和兴趣。所以他翻译和撰写编辑的所有著作，没有引起后来的学者对这些科学思想的好奇，也就不可能培养出具有同样好奇和兴趣的科学家了。

徐光启在1633年去世，此后不久，1644年多尔衮率八旗子弟入关，紧接着迎来的是150年的康乾盛世，据说乾隆年间中国的GDP达到了全世界的三分之一。那时候的欧洲，洋鬼子都在干啥呢？由于像克拉维乌斯那样的学者对前辈思想方法的分析和倡导，欧洲在科学上发生了巨大的变化。1600年，英国的吉尔伯特在他的《论磁学》一书中第一次提出了电（electricity）的概念，从此关于电学的研究开始了；1637年笛卡儿的《方法谈》发表，开创解析几何；1687年牛顿的《自然哲学的数学原理》发表，牛顿力学从此登上科学的历史舞台；1735年"花仙子"林奈发表《自然系统》第一版，创立生物分类学；1745年荷兰人发明了莱顿瓶，可以走向实用的电学开始快速发展；1765年瓦特改造的蒸汽机冲向全世界，瓦特改造蒸汽机这一年是中国大清王朝乾隆二十九年。

曙光未现

14～15 世纪，科学之光冲破了中世纪的黑暗，逐渐照亮了欧洲。不久以后的 16 世纪末到 17 世纪初，一帮洋和尚从海里爬上中国的土地，在他们传播福音的时候，一不小心玩出一个西学东渐，中国的瞿太素、徐光启、李之藻、瞿式谷、王徵等聪明的学者也很快接受了洋和尚带来的欧洲科学，并将许多科学书籍翻译成中文。但是这些来自欧洲的科学并没有得到更多读书人的注意和重视，更得不到朝廷的重视，朝廷和地方的各级官员，以及读书人仍然抱着古代先贤们的经典摇头摆尾地苦读。尽管顾炎武提出了他的实学，但他的实学没有成为主流，更没多少粉丝跟着他一起研究实学。

此时的英国，在国王查理二世的倡导下，在 1660 年创建了"伦敦皇家自然知识促进学会"，这个促进会就是今天大名鼎鼎的 Royal Society，简称英国皇家学会；1675 年英国格林尼治天文台创建。在英皇的倡导和推动下，科学在英国和整个欧洲迅猛发展。科学巨匠牛顿在 1685 年提出著名的万有引力定律，科学革命从此爆发，并一直延续到今天。现代物理学、现代数学、现代天文学、现代化学、现代生物学、现代医学几乎都诞生于那个时代，那时候众多科学巨匠的涌现比现在歌星影星不知要多多少；又过了 100 年，瓦特改造的蒸汽机又推动起另一场革命——工业革命。那时的欧洲，政府大力推动科学的发展，英国有皇家学会，法国有法兰西学会，德国有海德堡大学。那个时代，科学之所以可以成为推动社会前进的强大动力，是要感谢那些政治家和皇帝的。

欧洲科学革命风起云涌的时候，中国正是康熙统治的时期，康熙是中国历史上治国有方、对洋人也相当客气的一个皇帝，他对科学也充满了兴趣。但是康熙没有看到科学这头怪兽对国家对社会进步的巨大推动力量，囿于传统，囿于对自身文化盲目的自负，科学没有在那个时代成为治国之策，使得在明末已经乍现的科学之光淹没在浓云背后，黎明迟迟没有到来。

1792 年，也就是乾隆五十七年，乾隆皇帝为显示中华帝国的国威，特意邀请了一位叫马戛尔尼的英国特使,让这位特使坐着皇家派出的大船,沿着大运河在中国南北游走了一遭。马戛尔尼回到英国以后,这样评价道:"中华帝国只是一艘破败不堪的旧船,只是幸运地有了几位谨慎的船长才使它在近150年期间没有沉没。……船将不会立刻沉没。它将像一个残骸那样到处漂流,然后在海岸上撞得粉碎。但它将永远不能修复"。① 这个可恶的英国佬说的话很气人,但他说的这些话50年以后真的发生了!发生啥事儿了?

1840年第一次鸦片战争爆发。中国28万八旗子弟,没玩过1万多拿着洋枪的英国大兵,清军伤亡2.2万多人,英军伤亡500多人,阵亡69人。1841年中国和英国签订"穿鼻草约",中国割让香港给英国。还没完,20年以后的1860年,第二次鸦片战争又爆发了,这次是29万清军,但还是没玩过1.7万多人的英法联军,清军死伤21万人,英法联军伤亡101人。1860年8月1日英法联军从天津塘沽登陆,9月18日攻陷通州,9月22日咸丰皇帝带着皇后娘娘,逃到热河避暑山庄。10月18日英法联军攻入北京,他们在抢劫圆明园的时候惊讶地发现,圆明园一个仓库里堆着许多外国人送给清朝政府的,当时最先进的武器来复枪和滑膛炮。清朝皇帝只是把外国人送的这些"奇技淫巧"当成了玩意儿,没有拿去武装自己的八旗子弟。第二次鸦片战争又和英法签订不平等条约——《中英北京条约》《中法北京条约》。

英国特使马戛尔尼的话不幸言中,那中华帝国这艘破败不堪的旧船真的撞上了海岸,撞得粉碎,永远不能修复了吗?中国著名启蒙学者严复,去世前在自己的遗嘱中对中国的前途列了三项:"一、中国不必亡,旧法可损益,必不可判。二、新知无尽,真理无穷。人生一世,宜励业益知。三、两害相权,已轻群重。"什么意思呢?第一,什么是"不必亡"?不必亡的意思就是中国可以亡,也可以不亡。怎么才能不亡呢?"旧法可损益",过去中国的传统必须有所改变,损就是把不好的抛弃掉,益就是把好的仍然有价值的继承发扬下去,就是要有扬有弃。"必不可判",就是中国即使学习了西方的东西,全盘西化了,中国还永远是中国。所谓"不可判",就是不会变成别的东西。第二,世界在进步,新

---

① 佩雷菲特. 2007. 停滞的帝国——两个世界的撞击. 北京:生活·读书·新知三联书店.

的知识不断出现，追求真理是没有穷尽的。人生一世，只有不断学习新知识，国家、社会才会进步，国家才不会亡。第三，遇事，尤其是有利益冲突时，要看轻自己，看重他人、尊重他人。

中国这条破船没有撞得粉碎，永远不能修复，中国人的强国之梦开始了。

第十二章 拿来的洋务运动

　　由曾国藩、左宗棠、李鸿章等苦心经营几十年的洋务运动，在甲午战争中完败。教训在哪里？技术我们有，洋务运动提倡的就是"以夷制夷"，大力发展技术，而且我们的技术甚至比敌手强。可为什么败了，不是技术，是思维！这个我们一直都没注意，以为技术可以解决所有的问题。不能仅仅是技术的拿来主义，科学思想、创新思想不拿来也不行！

黎明以前

　　中国这个有着灿烂的古代文化的伟大帝国，就像一艘大船，在人类历史这条长河中，承载着中华民族度过了 2000 多年的时光。中华民族忠实的子民们在这艘大船的呵护下，航行在历史的长河之中，与周围的世界几乎没有联系。当这艘古老的大船在人类历史这条长河里飘摇着来到 19 世纪时，迎接她的将是中华文明史上最为无情和最为残酷的一次挑战。不过，也正因为中华民族和中华文化接受了这次挑战，中华民族和中华文化最终融汇到整个人类文明的伟大洪流之中。

　　1607 年，徐光启和利玛窦一起翻译刻印了《几何原本》以后，又有许多出自洋人之手的科学著作被翻译成中文，明朝末期西方科学的书籍开始在一些中国学者中间流传。不过很快中国又一次改朝换代，1644 年李自成攻占北京，4 月与吴三桂在山海关大战，清军趁机入关，打败李自成，5 月清军占领北京，9 月顺治进京，"问鼎燕京"，从此在中国延续了 268 年的清朝建立了。战争让大家暂时忘记了《几何原本》，马蹄和战靴声停息以后，最高兴的是农民伯伯，他们又可以扛起锄头下地干活儿了，粮食多了，越来越多的大胖小子、胖丫头呱呱落地，人口不断增加，于是清朝逐渐走进平稳发展时期。中国这艘大船继续安安稳稳地航行了 100 多年，这 100 多年中国的 GDP 不断攀升，到乾隆时，中国的 GDP 已经达到前所未有的水平。

　　那时候中国创造 GDP 的方式和现在不一样，那时候不是靠加工全世界 80% 的消费品，靠互联网、靠科学技术，那时候中国的 GDP 主要来自农民伯伯（种地）、纺织姑娘（织出的丝绸）、工匠们（制造瓷器、蛐蛐罐和鼻烟壶）的创造，这些手艺中国人已经玩了几千年。利玛窦他们带来的近代才出现的西方科学技术，除了拿来就可以用的一些实用技术，比如红夷大炮很受欢迎以外，其他不那么实用的，像玻璃三棱镜、物理学、数学书籍，中国人不那么喜欢，很多人还把那些洋玩意儿称为淫巧奇器。上海社会科学院前副院长熊月之先生在给《晚清新学书目提要》写的序言里这样写道："国人之于西学的反应百态千姿，笔墨难摹，竭诚欢

迎者有之，全力排拒者有之，完全相信者有之，全然不信者有之……"①熊先生说的全力排拒者，基本都是当时朝廷上下的博学大儒。19世纪末，李鸿章等开始了所谓洋务运动，却遭到朝廷大员们极力反对，他们在奏折里这样写道："洋人之所长在机器，中国之所长在人心……窃恐天下皆将谓国家以礼义廉耻为无用，以洋学为难能，其从而习之者必皆无耻之人，洋器虽精，谁与国家共缓急哉？"②当时的社会主流，包括皇帝在内，把科学思想和他们忠君孝廉的思想完全对立起来，所以要全力排拒。

从明朝洪武年间，也就是1368年以后中国开始实行海禁。所谓海禁就是禁止中国人去海外做生意，外国人则除可以来我天朝进贡以外，不可以拿东西来卖，企图做生意赚钱！100多年以后，欧洲的大航海时代开始，1492年哥伦布发现美洲，1498年达·伽马绕过好望角到达印度，1512年麦哲伦的船队首次实现环球航行，从此欧洲的殖民时代开始。大航海时代的开创者哥伦布，他横渡大西洋最初的目的就是要找到中国，据说他出发时还带着一份由西班牙女王签署的致中国政府的国书。不过真找到中国的不是西班牙的哥伦布，而是葡萄牙的达·伽马。在明朝中后期，比利玛窦先来到澳门的就是一帮葡萄牙水手。

明朝万历年间海禁已经比较松弛，16世纪后期中国允许葡萄牙商船停靠澳门，这件事不但让利玛窦这样的洋和尚溜进中国，还让中国和葡萄牙等老牌殖民帝国之间的贸易逐渐多起来，中国的陶瓷、丝绸被运往欧洲。到了清朝康熙年间（1685年）海禁终于开放，广州黄埔港对外开放，于是广州很快就有了和现在国字头外贸公司一样的大贸易公司"十三行"，专门从事外贸生意。

与外国越来越多的交流，似乎没有引起中国人对外国的好奇。清朝的八旗子弟除了喜欢提着鸟笼子，吸着鼻烟斗蛐蛐以外，很少有人会对洋人玩的极地探险、探查古罗马遗迹还有科学实验感兴趣。清朝的好几个皇帝表面上都很喜欢来自西方的奇技淫巧，爱读《几何原本》，康

① 熊月之.2007. 晚清新学书目提要. 上海：上海书店出版社.
② 钱钢，胡劲草.2004. 留美幼童——中国最早的官派留学生. 上海：文汇出版社.

熙爷还特地把几个洋人请进宫里，让洋师爷陪他玩。有个叫南怀仁的洋和尚觉得康熙对他们传播宗教比较抗拒，但他非常喜欢和洋师爷们讨论数学问题。于是南怀仁先生写信给当时的法国国王"太阳王"路易十四，希望他多派一些懂数学的教士来中国，这样说不定有利于传教事业。于是"太阳王"真的派来几个数学人士，从此中国的"龙子"康熙爷和法国的"太阳王"也有了交道。中国的皇帝虽然表面很喜欢地理、天文观测和数学等，可他们把这些只是当成了玩意儿，根本没注意到其中包含的更深刻的科学意义，更没有把科学推广到民间大众中去。比如康熙爷让洋人画的第一幅中国地图《皇舆全揽图》，这幅地图也叫《清内府一统舆地秘图》，为啥叫这么个名字呢？因为这张地图是宫廷里不得外传的保密文件、保密资料。所以那时候没有见过中国地图的绝大多数中国人，根本不知道自己的国家到底是个啥样子。

科学之光迟迟不能照亮的中国，知识分子都在干啥呢？从晚明到清朝，中国的学者、士大夫们虽然比过去前辈学者的儒家之道、宋明理学有了很大的进步，但是中国学者的思维仍然离不开纸片，"这个时代的学术主潮：厌倦主观冥想而倾向于客观的考察……可惜客观的考察，多半仍限于纸片上的事物……"[1]

而这300年，欧洲从大航海开始，科学革命和工业革命接踵而来，各种科学理论、各种新型的机器纷纷出现。美国著名政治家和科学家富兰克林和乾隆皇帝岁数差不多，富兰克林和乾隆一样都喜欢玩，但是玩的东西完全不一样。富兰克林冒着大雨放风筝，和打雷玩触电实验。他玩这个实验不是想让神仙显灵，而是想证明闪电的电和摩擦产生的电是一样的，他的实验大大推动了电学的发展。乾隆爷玩啥呢？乾隆爷在紫禁城里把玩各种玩意儿，其中包括来自西夷的望远镜、自鸣钟，他还喜欢玩精致的瓷器、鼻烟壶和蛐蛐罐。

"当世界多事之秋，正举国需才之日。加以瓦特氏新发明汽机之理，艨艟轮舰，冲涛跋浪，万里缩地，天涯比邻，苏伊士河，开凿功成，东西相距骤近，奔腾澎湃，如狂飙，如怒潮，啮岸砰崖，黯日蚀月，遏之无可遏，抗之无可抗。……翻观国内之情实，则乾隆以后，盛极而衰，

---

[1] 梁启超. 2014. 中国近三百年学术史. 北京：商务印书馆.

民力凋敝，官吏骄横，海内日以多事。……盖当嘉、道之间，国力之疲弊，民心之蠢动已甚，而举朝醉生梦死之徒，犹复文恬武熙，太平歌舞，水深火热，无所告诉，有识者固稍忧之矣。"①这是梁启超在《李鸿章传》里描述的那个时代。梁启超用文言文写的这些，其实就是在抱怨，西方人已经把"艨艟轮舰"安装上了瓦特的蒸汽机，已经把苏伊士运河"开凿功成"，已经"冲涛跋浪""遏之无可遏，抗之无可抗"，而为什么我们还在原地打转，国家已经是"民力凋敝，官吏骄横"，却还在"举朝醉生梦死之徒，犹复文恬武熙，太平歌舞"呢？

不同思维的西方和东方最终要相遇，1840年中英之间的鸦片战争爆发，中国这条旧船终于触礁。

鸦片战争以中国战败而告结束。战后中英签订《南京条约》，条约规定：中国割让香港给英国；开放广州、厦门、福州、宁波、上海为通商口岸，允许英国人在通商口岸设驻领事馆；向英国赔款2100万元。这个条约被叫作中国历史上第一个不平等条约。对于鸦片战争，我们一般都认为，原因就是英帝国主义侵略中国，中国被英国人欺负了。不过大清也是个帝国，而且曾经是全世界最富有的帝国，怎么就被一个不如湖广总督管辖的地盘大的英国人，这么容易地就给欺负了呢？这里面除了英国帝国主义侵略我们这个原因以外，是不是也应该找找我们自己的原因呢？这场战争中我们有没有错呢？

鸦片战争是怎么打起来的原因很复杂，但既然叫鸦片战争，肯定和鸦片有关。鸦片究竟是个啥东西，它是怎么惹的祸呢？

福寿膏

鸦片是从一种草本植物罂粟的花里提取出的膏状物，看上去很像狗粑粑。鸦片是毒品，如果是现在，吸食鸦片要进戒毒所，卖鸦片会被判处死刑，拉出去毙了。罂粟原产地不是中国，中国人过去也不种罂粟，罂粟是公元7~8世纪阿拉伯和土耳其人作为草药带进中国的。罂粟在中国的名称还有"米囊""阿芙蓉""白皮"等。罂粟进入中国以后好几

---

① 梁启超. 2009. 李鸿章传. 西安：陕西师范大学出版社.

百年，一直是一种止疼安神的进口药，没人知道是毒品，可以当烟抽。鸦片烟据说是 1620 年，首先由台湾人把罂粟和烟混在一起。这种要用油灯烧，用管子吸的烟，很快传入福建、广东，鸦片烟从此诞生。①开始鸦片烟是有闲阶级的玩意儿，可是没想到鸦片烟在中国极受欢迎，很快连穷人都喜欢上了抽鸦片烟。于是大家给鸦片烟起了一个庸俗的中国名字"福寿膏"。从康熙爷时代开始，中国人彻底爱上了"福寿膏"。清末英国驻重庆领事法磊斯有个统计："生活在城墙内的家庭曾经达到 35 000 户。所有男性中 40%～50%、女性中 4%～5%都沉湎于烟雾缭绕的鸦片烟中。重庆市的鸦片烟馆比比皆是，在烟馆里，摆着成百上千的烟枪和烟灯。"② 由于"福寿膏"的需求不断增加，中国人也开始种植罂粟了。除此以外，还大量从外国进口，外国鸦片分为土耳其鸦片、孟加拉鸦片和印度鸦片。"鸦片输入的迅速增长自然与中国对此种毒品之需求的增长联系在一起。开始烟民主要是一些富家子弟，但这种陋习逐渐扩展到各色人等中间：政府官吏、商人、文人、妇女、仆役、兵丁，乃至僧尼道士。1838 年时，广东和福建两省的烟馆像英格兰的酒馆一样比比皆是。"① 一时间全国上下鸦片烟馆林立，瘾君子们醉生梦死，许多人为此倾家荡产，没钱抽烟咋办？去偷去抢。随着"福寿膏"的传播，社会严重动荡，犯罪率急剧上升，此情此景让朝廷都感到恐怖。雍正七年（1729 年）和嘉庆元年（1796 年），清廷颁布了两次禁烟令。但由于执行不力，官员腐败，禁烟令完全没有起到应有的作用，鸦片传播更加猖獗。

"禁烟法令还在颁布，由吸食鸦片的地方官员张贴在罂粟种植地的附近。那些地都是他们自己的。法令是由中国那些叼着长长的烟枪的慈善家起草，由吸食鸦片的官员签署的。他们的俸禄就来自罂粟。"③

不过中国人爱抽"福寿膏"的陋习和英国人有啥关系，和鸦片战争又有啥关系呢？我们有些历史学家这样说："英国资产阶级采取外交途径强力交涉，未能达到目的，就采取了卑劣的手段，靠'毁灭人种'的方法，向中国大量走私特殊商品——鸦片，以满足他们追逐利润的无限

① 徐中约. 2013. 中国近代史. 北京：世界图书出版公司.
② 窦坤. 2008. 莫理循与清末民初的中国. 福州：福建教育出版社.
③ 沈嘉蔚. 2012. 莫理循眼里的近代中国. 窦坤，等译. 福州：福建教育出版社.

欲望。"① 按照这句话的逻辑推论就是，英国资产阶级走私特殊商品鸦片给中国，是想把中国人种灭绝了，同时还可以达到追逐利润的无限欲望。就算是走私犯，他卖东西给下家的目的，就是想把下家给灭绝了？下家是走私犯的消费者（customer），customer 是走私犯的上帝，他们把自己的上帝灭绝了还能实现"追逐利润的无限欲望"？这不知是哪家的逻辑。可如果不是想"毁灭人种"，英国人为啥要卖鸦片，卖"福寿膏"给中国，还要和中国打仗呢？

　　其中一个原因是中英贸易不平衡。怎么不平衡呢？在鸦片战争以前一二百年，英国就开始从中国进口大量的茶叶、生丝、大黄和其他货物。不过中国那时候却很少买英国商品。中国不买英国货咋办？"东印度公司驶往中国的船舶经常装载 90%有时高达 98%的黄金，只有 10%的货物是商品。"做买卖只有买没有卖，叫贸易逆差，英国的贸易逆差越来越大。不过从 1820 年左右开始，这种局面突然变了，中国的逆差变大，英国的逆差小了，这是怎么回事儿呢？因为本来拉着黄金来中国的船舶，拉着鸦片来了。因为中国人买鸦片，而且要买大量的鸦片。

　　那么英国佬的船拉着鸦片来中国，真的是英国资产阶级想"毁灭人种"，置中国人于死地吗？前一段时间姚明有一则保护野生动物的公益广告，其中的广告词是这样的："没有买卖就没有杀害。"鸦片贸易的根源其实是因为中国有着大量喜欢"福寿膏"的粉丝，于是英国资产阶级因为有买卖，所以要杀害，要把鸦片卖给中国人。这其中的道理和现在还有人喜欢吃鱼翅，因为有这个买卖，所以全世界的鲨鱼遭到杀害，然后鱼翅大量走私是一样的。这么看来，就算英国资产阶级真想"毁灭人种"，而中国人嗜"福寿膏"如命的腐朽陋习，与鸦片战争的爆发肯定脱不了干系。

　　中国这艘旧船在触礁以前，其实就已经进入所谓内忧外患的局面。外患是由东西方文化的碰撞引起的，基本都是"福寿膏"惹的祸。因为"福寿膏"和外国打了两次仗，1840 年第一次鸦片战争和 1856 年第二次鸦片战争，两次仗中国都是惨败。

　　内忧是啥呢？内忧来自自己的窝里。"乾隆六十年，遂有湖南贵州

① 摘自百度百科。

红苗之变；嘉庆元年，白莲教起，蔓延及五省，前后九年，耗军费二万万两，乃仅平之。"[①] 这是梁启超先生描述的内忧。所谓红苗之变和白莲教起，指的是 1795 年，湖南贵州一带苗族民众的起义。当愤怒的苗族民众还没被镇压下去，乾隆老爷驾崩，嘉庆即位。就在嘉庆元年白莲教又在鄂西起义，苗族民众和白莲教起义震惊了大清朝廷，慌忙派兵前去镇压，一时间中国西南方向成了个大战场。到 1804 年白莲教被镇压的九年时间里，不但如梁老先生所说"耗军费二万万两"，中国的人口也从 3.9 亿人骤降到 2.7 亿人，1.2 亿人在这次战乱中丧生。美国著名历史学家伯恩斯等人写的《世界文明史》一书中曾说，欧洲的黑死病对欧洲的袭击，再加上战争、饥饿等原因，西欧人口在 1300~1450 年减少了至少一半，甚至于"很可能减少了三分之二"。欧洲 1300~1450 年，150 年死了 2500 万人。可 1796~1804 年的 8 年时间里，中国因为战乱死了 1 亿多人！

40 多年以后又出事了。在第一次鸦片战争平息以后没多久的 1851 年，一介草民洪秀全在广西金田起事。仅仅两年的时间，太平军席卷大半个中国，简直是势不可当。50 多年前的白莲教属于宗教起义，而洪秀全的太平军也和宗教有关，他号称自己是耶稣的弟弟，是个基督教徒。洪秀全本来也是个想通过十年寒窗谋得一官半职的读书人，可几次落榜让他对读书做官彻底失望。据说他大病一场，病中做梦梦见上帝。醒来以后就自创"拜上帝会"，开始传教，没多久在广东、广西就聚集起大批信众。那时候聚众是犯法的，仨人在一起说话，被官府发现，闹不好都是要被杀头的。洪秀全竟然聚起这么多人，每隔七天还在一起做啥礼拜，这还得了！皇帝知道了这事，马上派兵要把他们灭了！可没想到教徒没被灭，反而引起一场震惊世界的太平天国起义。

中国"像一个残骸那样到处漂流，然后在海岸上撞得粉碎"的时代来临了，而几千年波澜不惊的中国文化的变革时代也悄悄地开始了。

什么样的变革时代呢？变革是从一次宫廷政变开始的。听到政变感觉比较恐怖，这件事发生在第二次鸦片战争以后。第二次鸦片战争打起来以后，咸丰皇帝仓皇逃出北京，带着娘娘、亲王、大学士一干人一溜

① 梁启超. 2009. 李鸿章传. 西安：陕西师范大学出版社.

烟儿逃到热河避暑山庄（现在叫承德）。不过宫里的人不能都跑光了，总得有个人留下来对付洋人，于是咸丰皇帝把他同父异母的弟弟奕䜣，也就是恭亲王留下了。

那时候大多数中国人，尤其是皇帝和官员们，对外国人都比较痛恨，称英国人、法国人、西班牙、葡萄牙人都为西夷。啥叫夷？夷就是野蛮人，像亚马孙河边住着的食人族一样。所以恭亲王以为留在北京肯定是凶多吉少，他就等着以身殉国了。

恭亲王硬着头皮和英国、法国的代表谈判，分别与两国签订了《北京条约》。两个条约包括开天津为商埠，允许他们在华招募劳工，赔款各800万两。让恭亲王大吃一惊的是，条约签订以后，英法军队马上撤军，回到他们各自的船上去了。"恭亲王在与额尔金勋爵和葛罗男爵的周旋中，明确地领悟到了西洋器械的精良。令他惊喜的是，他发现这些从前的敌人不仅不想对中国隐瞒他们的军事秘密，而且还公开提议要按西洋模式来帮助中国训练军队及铸造武器。英法占领军在缔和后立即撤离北京，进一步表明外国列强对中国并无领土野心，而且更非蛮不讲理和不守信义，倒是中国人习惯于欺诈他们。"[1] 于是伟大的恭亲王"逐渐尊重甚至崇拜英国的力量，认定中国别无选择，只有去学会如何与西方共处。"[1]为此他想借自己皇亲国戚、国家大员的身份，为自己的国家大干一场！

可这和政变有啥关系呢？政变和咸丰的死，以及中国腐朽的官场有关。1860年11月与英法签订合约以后，恭亲王希望咸丰皇帝尽快回銮，好共同商议他的强国之梦。可是咸丰却迟迟不愿回北京，结果1861年8月咸丰死在了热河，临死前咸丰指定他6岁的儿子载淳为皇太子。咸丰在热河期间一直听命于一个大臣协和大学士肃顺的话，他不愿意回京也是因为肃顺认为"敌情叵测，不宜回京"，实际上咸丰已经被肃顺控制了。咸丰去世前肃顺就开始提拔重用自己的亲信，并且和怡亲王、郑亲王一起草拟了一份遗诏，任命他们三个和另外五个大员为赞襄政务大臣，把恭亲王冷落一边。正在恭亲王觉得情况不妙的时候，一个人出现了，她就是慈禧。慈禧是新皇帝载淳的妈妈，她和咸丰的皇后慈安都被

---

[1] 徐中约. 2013. 中国近代史. 北京：世界图书出版公司.

封为太后，实际也是被冷落了。慈禧是个有智谋的女人，她暗地里派人回京与恭亲王联系，希望新皇帝登基后，自己可以垂帘听政。恭亲王当然非常愿意，一场宫廷政变开始酝酿并实施。1861年10月26日咸丰皇帝的灵柩回京，路上肃顺、怡亲王、郑亲王全部被恭亲王和慈禧的人拿下，11月8日肃顺被斩首，怡亲王、郑亲王也被慈禧赐死。于是两宫皇太后垂帘听政，恭亲王被授予议政王、军机大臣、内务府总管大臣和新设的总理衙门大臣，中国几千年历史中一个特别的从来没有过先例的——两宫皇后和一个亲王联合执政的时代开始了。这次政变史称"辛酉政变"，政变的第二年，也就是1862年为同治元年，变革时代拉开序幕。

以夷制夷

同治中兴这个变革时代都玩了些啥变革呢？主要的变革大概有三个。第一是由恭亲王提议，1861年设立总理衙门。啥是总理衙门？总理衙门就相当于现在的外交部。中国以前就没有外交部吗？还真的没有。为啥呢？因为过去中国知道的外国，都是俯首称臣来进贡的属国。后来葡萄牙、西班牙、荷兰、英国、法国等欧洲洋人来了，咱们的皇帝把这些洋人还是都当成进贡的属国对待。接待他们的人来自礼部，外交事务叫作藩务，所以和洋人的交往不是一种平等的关系。恭亲王在和英法谈判的过程中发现了我们这个大缺点，于是在"辛酉政变"以后，马上建立了总理衙门。第二是在恭亲王的提议下在北京建立同文馆。啥是同文馆？同文馆用现在的话就是翻译学院或者外语学院，专门教学生外语，学习外国的各种知识。建立同文馆的目的就是要开始学习西方文化，学习科学。因此同文馆还开了聘请外国老师的先河。建立同文馆也是恭亲王的提议。第三是啥呢？第三就是中国从此走上了自强的道路。

啥是自强的道路？自强就是不能让中国这艘旧船，像马戛尔尼说的那样，在海岸上撞得粉碎，永远不能修复。如何自强呢？靠尧舜之学、孔孟之道？从16世纪开始，由洋和尚带来的科学，中国一直采取轻视和不屑的态度，过了270多年，"辛酉政变"以后，有些中国人终于醒悟，中国要强大光靠尧舜之学、孔孟之道已经不可以了，要真正强大起来必须靠科学，要学习新知识。这件事在"辛酉政变"前就开始酝酿，怎么回事呢？

第一次鸦片战争中国惨败在英国人手下，痛定思痛，一位学者写了一本书——《海国图志》。《海国图志》是啥书？作者魏源在序言里这样写道："是书何以作？曰：为以夷攻夷而作，为以夷款夷而作，为师夷之长计以制夷而作。"① 什么意思？魏源说，这本书是为以夷人（魏源还是把西方人称夷，意思就是蛮夷）的科学技术来攻打夷人，用夷人的礼仪来接待夷人，学习夷人的长处来对付夷人而写的。其实魏源就是以这样贬低西方人的方式，第一次提出中国要自强就必须学习西方的科学技术。

强国之梦也是恭亲王玩出来的吗？恭亲王是中国全新对外关系、全新外交的开拓者，而强国之梦的主要开拓者是另外几个人。中国有一句古老的话叫"乱世出英雄"。19世纪中后期，中国正值多事之秋，于是几个英雄式的人物出现了，他们就是曾国藩、左宗棠和李鸿章。

曾国藩是清朝的一个汉臣，他是湖南人，科举及第，道光十八年中进士进入翰林院。曾国藩在北京官运很好，道光二十七年他已经是一个二品大员。中国官场的腐败愚昧是有传统的，不过曾国藩不落俗流，他是个胸怀抱负的学者型官员，很希望为国家效力。咸丰年间，国家内忧外患，他和几位官员一起上奏一篇《敬陈圣德三端预防流弊疏奏》。这个奏折是希望咸丰皇帝识大局，防止真正威胁中国的流弊，而不是只顾小的地方。可是咸丰哪里听得进去，差点把曾国藩抓去问罪。失望的曾国藩闭嘴了。第二年他妈妈去世，于是卸官回乡守孝三年。这时太平天国已经横扫大半个中国。

那曾国藩怎么又成了强国之梦的英雄呢？这还得感谢那个被恭亲王杀了的肃顺。肃顺虽然很霸道，但是他特别喜欢汉官，当清朝即将毁于太平天国的紧急关头，肃顺向皇帝力荐曾国藩，让曾国藩组织力量，对付太平军。于是曾国藩再次出山，1861年，曾国藩受封两江总督和钦差大臣，与左宗棠、李鸿章一起率湘军、淮军镇压太平军，于1864年攻下南京，太平天国覆灭。

在剿灭太平天国起义的过程中，曾国藩、左宗棠和李鸿章的部队曾

① 魏源. 2011. 海国图志. 长沙：岳麓书社.

经聘请英国军官参与指挥，并与英国军人组成联合部队与太平军作战。这些都让曾国藩、左宗棠和李鸿章等见识了洋枪洋炮的厉害，于是大家开始琢磨自己也制造洋枪洋炮。

第二次鸦片战争以后曾国藩就发现中国的问题太大了，并为此痛心疾首，他感到中国已经危难深重，远远落后于世界，闭关锁国是救不了中国的。曾国藩这个儒家的饱学之士说自己有三耻，其中一耻就是"天文算学，毫无所知"。出于自强的目的，曾国藩提出了所谓"驭夷之道，贵识夷情"的主张。①

大家耳熟能详的著名的洋务运动就这样开始了。

在恭亲王建立总理衙门、开办同文馆以后的 1866 年，李鸿章在上海建立江南机器制造局，开始中国人自己制造枪炮的时代。1867 年，江南机器制造局增设造船所，这个造船所就是后来江南造船厂的前身。此外这一年在左宗棠的提议下，福州船务局（也就是现在福州的马尾造船厂）正式开工。洋务运动就这样轰轰烈烈地展开了。

洋务运动最主要的提倡和施行者是李鸿章，他对西方的认识比当时的其他人有更明确的想法，他的主张是：中国欲自强，莫如觅外国制器之器。1864 年 6 月 2 日，在一个呈送皇帝的奏折上，李鸿章这样写道："鸿章窃以为天下事穷则变，变则通。中国士夫沉浸于章句小楷之积习，武夫悍卒又多粗蠢而不加细心。无事则嗤外国之利器为奇技淫巧，以为不必学；有事则惊外国之利器为变怪神奇，以为不能学，不知洋人视火器为身心性命之学者已数百年……鸿章以为中国欲自强，则莫如学习外国利器；欲学习外国利器，则莫如觅制器之器……"①

应该说是从李鸿章的这封奏折，开始了中国人一直延续到今天的强国之梦。

从 1866 年建立江南机器制造局开始，一直到光绪二十年，以曾国藩、李鸿章、左宗棠为代表的洋务派，在全国建立了诸如枪炮厂、轮船厂、船坞、铁路局、矿务局、电报局、织布局及各种洋学堂，向西方派遣留学生，向国外购买铁甲战舰等，1889 年，北洋海军成军。中国似乎突然间全盘西化了。

---

① 钱钢，胡劲草. 2004. 留美幼童——中国最早的官派留学生. 上海：文汇出版社.

事情果真如此吗？曾国藩、李鸿章、左宗棠等这些洋务运动的倡导者，都是中国几千年传统文化造就出来的学者，他们受到魏源《海国图志》中以夷制夷、拿来主义思想的激励，开始了洋务运动。尽管他们看到了科学的巨大力量，可却完全没有走出由尧舜之学、孔孟之道建立起来的强大传统。梁启超先生在《李鸿章传》里这样评价李鸿章和洋务运动，他说："其于西国所以富强之原，茫乎未有闻焉，以为吾中国之政教文物风俗，无一不优于他国，所不及者唯枪耳炮耳船耳铁路耳机器耳，吾但学此，而洋务之能事毕矣。"其实李鸿章根本就不懂得西方科学技术的根源在哪里，他只是知道洋枪洋炮的厉害，于是依样画葫芦，葫芦里装的到底是什么药，他不去追究。而对于中国传统他仍然抱着非常顽固的自负态度，"吾中国之政教文物风俗，无一不优于他国"，对我们的不足和科学的态度就是"所不及者唯枪耳炮耳船耳铁路耳机器耳"，所以只要依样把外国葫芦画出来，"而洋务之能事毕矣"。这些就是李鸿章从自己的经验和魏源的《海国图志》中理解的全部。

不过，《海国图志》不光是李鸿章等这些中国洋务派大员们看了，日本的维新派人士也看了，而且深受启发。对此梁启超在《论中国学术思想变迁之大势》中这样说："《海国图志》对日本明治维新起了巨大影响，认为它是'不龟手之药'。"[1] 所谓"不龟手之药"出自《庄子·逍遥游》的一个寓言，意思是一种能防止手龟裂的药物，这里就是灵丹妙药的意思。

日本是自古以来就受大中华传统文化也就是儒家之道影响最深的国家。19世纪日本的德川幕府时代，也和中国一样，实行闭关锁国的政策，驱逐洋教士，严禁洋教士和外国平民进入日本领土，开放唯一港口长崎。得到的结果也和中国差不多，国力衰微，在洋人炮舰的威逼下，签订了许多不平等条约。1868年维新派倒幕成功，明治天皇复位，这就是所谓明治维新。明治维新，日本人不光采取"以夷制夷"的政策，天皇把和服换成笔挺的西装，学习西方的科学技术。他们还做了另外一件事，那就是采用了西方资本主义的政治制度，颁布了一部宪法，走上了所谓君主立宪的道路。他们将宪法摆在高于一切的位置上，宪法虽然要

---

① 梁启超. 2006. 论中国学术思想变迁之大势. 上海：上海世纪出版集团.

得到天皇的恩准才可以颁布，但是宪法并不是由天皇来制定。而天皇自己恩准的宪法，他自己也必须遵守，穿着西装的日本天皇也不可以一个人说了算。宪法承认并尊重私人财产的合法性。此后的几十年里，日本实行全面的改革，工业迅速发展，国力渐强，并逐步与西方国家解除了所有不平等条约。明治维新成功了。

怎么证明日本的明治维新成功了呢？那时的中国也在进行着洋务运动，洋枪洋炮也造了一大堆，还买了洋人好多钢甲、铁甲战舰，北洋海军雄赳赳气昂昂地航行在中国沿海。不过中国玩洋务运动和日本不一样，日本是天皇带头，全国人民一起玩。而中国的洋务运动就李鸿章他们几个人在玩，在拼命。皇帝没有带着全国人民一起玩，他和满朝的官员还根本不把洋务运动放在眼里。很多大儒、大学士还骂骂咧咧地对李鸿章他们指手画脚、说这说那。许多大臣对由洋务派建立的学习外文翻译外文的同文馆表示极大的蔑视，理由就是非科举正途，而只有尧舜、孔孟之道才是培养人的正途，"朝廷能养臣民之气节，是以遇有祸灾之来，天下臣民莫不同仇敌忾，赴汤蹈火而不辞，以之御灾而灾可平，以之御寇寇可灭"[1]，这是一位御史大人给皇上的奏折上说的。大学士倭仁的奏折更透着迂腐："立国之道，尚礼仪不尚权谋；根本之图，在人心不在技艺……"[1]不过，慈禧太后倒是没有拦着李鸿章搞洋务运动，为啥不拦着呢？主要是李鸿章以洋务为名可以弄来不少银子。她对李鸿章睁一只眼闭一只眼，其实她更感兴趣的是怎么用李鸿章搞来的银子，把颐和园修得更气派。颐和园包工头挣的大把银子里，据说大部分就是来自李鸿章好不容易凑起来的海军军费。而李鸿章明明知道自己好不容易磕来的银子，有好多都没用在正地方，可花这些银子能换来老佛爷对洋务运动的默许，所以李鸿章也只好忍气吞声，装没看见。

而明治维新以后的日本，天皇如果想盖颐和园这样的楼堂馆所，不可能像咱们的慈禧太后那样，一个人说了算。日本天皇想盖楼堂馆所得宪法批准，如果楼堂馆所是让天皇自己享受的，宪法肯定通不过。只有发展工业、发展科学，这些代表全日本利益的事情，宪法才会顺利通过。所以日本在明治维新以后工业发展极快。不过日本人很快发现，发展工

① 钱钢，胡劲草. 2004. 留美幼童——中国最早的官派留学生. 上海：文汇出版社.

业需要大量的原料。日本国土只是几个小岛，哪里有这么多原料啊！怎么办？日本人喜欢玩武士道，自古不缺乏武士。这些人可不是温文尔雅的书生，他们是一帮喜欢凭武力说话的人。缺资源就去离我们最近的朝鲜拿！再接着去中国拿呗！这下子武士们有事干了。

从唐宋时代开始，日本就成为向中国称臣进贡的属国，日本人对中国崇敬有加。基督教耶稣会之所以会来中国传教，就是因为传教士沙勿略在日本传教时听到日本人对中国的赞美而产生的想法。明治维新时代的日本对中国的尊敬和崇拜虽然已经不如以前，但还没有完全丧失。那个时代，中国和日本的交流也很频繁。1891 年 7 月 5 日刚刚成军不久的北洋海军"定远""镇远""致远""靖远"等六艘战舰，列队雄赳赳地驶入日本横滨港，中国的北洋海军第一次正式访问日本，日本人鸣礼炮迎接。当时日本《朝日新闻》有一篇报道《清国水兵的形象》。报道里这样写道："登上军舰，首先令人注目的是舰上的情景。以前来的时候，甲板上放着关羽的像，乱七八糟的供香，其味难闻之极。甲板上散乱着吃剩的食物。水兵语言不整，不绝于耳。而今，不整齐的想象已荡然全无。关羽的像已撤去，烧香的味道也无影无踪。军纪大为改观。水兵的体格也一望而知其强壮武勇。唯有服装仍保留着中国的风格，稍稍有点异样之感。军官依然穿着绸缎的民族服装，只有袖口像洋人一样饰有金色条纹。裤子不见裤缝，裆处露出缝线。看上去不见精神。尤其水兵服装，穿着浅蓝色的斜纹布装，几乎无异于普通人。只是在草帽和上衣上缝有舰名，才看出他是一个水兵。"[①] 这篇报道看上去是夸中国，其实是在贬低中国。此时的日本人已经逐渐看不起中国——他们过去的主子了。

另外，日本著名海军将领东乡平八郎，当时是日本镇守府的参谋长，他发现"定远"和"镇远"有水兵在大炮上晾晒衣服，于是他说："以此类巨舰，纪律尚如此，其海军实不足畏。"[①] 日本人已经逐渐做好挑战曾经的主子的准备了。

果不其然，在北洋海军访问日本以后第三年，1894 年 7 月，中日甲午战争爆发。不出东乡平八郎所料，中国军队不堪一击，很快败北。在海上，中国的北洋水师在装备方面比日本的海军强大很多，钢甲、铁甲

---

① 钱钢，胡劲草.2004. 留美幼童——中国最早的官派留学生. 上海：上海文汇出版社.

舰就有好几十艘，吨位也大不知多少倍。结果却败了。

为什么败？是因为中国军队不够强大，装备不如日本？不是的，那时候中国的军队也是一水儿的洋枪洋炮，钢甲、铁甲战舰，日本军队未必强过中国。可中国败在哪里呢？我们来看看梁启超老先生是怎么说的："其所以致败之由，一由将帅阘冗非人，其甚者如卫汝贵克扣军饷，临阵先逃，如叶志超饰败为胜，欺君邀赏，以此等将才临前敌，安得不败。一由统帅六人，官职权限皆相等，无所统摄，故军势涣散，呼应不灵。"[1]什么意思呢？就是说战将们愚蠢渎职，最为甚者像副将总兵卫汝贵，不但平时克扣军饷，头一个挂白旗的也是他。叶志超是淮军总兵，明明打了败仗，却向上假报胜利，称几次作战歼敌五千，朝廷竟信以为真，居然奖赏白银两万两。再有就是全军有六个统帅，不是钦差大臣、总指挥，就是军务大臣，官阶都一样大，谁也不服谁，谁也不听谁的，搞得军心涣散，互相没有策应。中国有句俗语，兵怂怂一个，将怂怂一窝，让这样的将军带着打仗的军队不让人收拾还等什么？

由于统帅战将指挥不力，瞎打一气，虽然中国的士兵都非常英勇，尤其像邓世昌这样的北洋海军将领更是视死如归，连日本海军都肃然起敬，"既战胜后，其将领犹言非始愿所及也"。但打仗不仅仅靠勇气，李鸿章苦心经营几十年的淮军和北洋水师就这样全军覆没了。

教训在哪里？技术我们有，洋务运动提倡的就是"以夷制夷"，大力发展技术，而且我们的技术甚至比敌手强。可为什么败了，不是技术，是思维！这个我们一直都没注意，以为技术可以解决所有的问题。不能仅仅是技术的拿来主义，科学思想、创新思想不拿来也不行！

---

① 梁启超. 2009. 李鸿章传. 西安：陕西师范大学出版社.

第十三章　中国没有死

从 1840 年开始，中国历史走入深渊，古老的中国被列强欺辱了。但是正像中国近代第一所大学北洋大学，即天津大学的前身第一任校长，中国最早的留美学生蔡绍基先生，在他从美国哈特福德中学毕业时的演讲上慷慨激昂地说的那样："中国没有死，她只是睡着了，她终将会醒来并注定会骄傲地屹立于世界。"

洋务与复古

1840年，大清朝几十万八旗子弟没有敌过英国人的洋枪洋炮，道光皇帝被迫签署《南京条约》：向英国赔款2100万两白银；开放广州、福州、厦门、宁波、上海五口通商；割让香港等。从这一年开始，一场噩梦降临华夏大地，我们称为神州的古老国度被人欺凌了。

可是，这场噩梦却让很多人突然间惊醒，他们扪心自问，有过几千年辉煌历史、曾经强盛的中国，到底怎么了？曾经叱咤风云的秦皇汉武，风流倜傥的李白、杜甫、白居易，他们都到哪里去了？不过无论如何，中国人，这个有着号称上下5000年历史的古老民族没有屈服，也不会屈服，"中国没有死"！这是留美幼童蔡绍基在他中学毕业时慷慨激昂的演说上说的。自强之火在越来越多的中国人心中点燃。

以曾国藩、左宗棠、李鸿章为代表的洋务运动，从咸丰十年开始，在全国各地大兴土木，这次不是给慈禧太后盖后花园，而是建起大批洋工厂、铁路、电报局和矿山，组建全部扛着洋枪洋装备的新军，还有和太学私塾完全不一样的新式学校，并向西方派出留学生，以学习西方的实用技术。洋务运动的宗旨是"师夷之长技以制夷"。中国人的自强之火，就像前一章说的那样，静悄悄地在华夏大地燃烧开来。

不过点燃这场自强之火，却也经过了一段十分曲折的过程。

第一次鸦片战争以后，也许是洋人欺负的还不那么彻底，还没伤着筋骨，所以那时候大多数中国人，包括皇帝，尤其是文化人儿，还抱着侥幸心理。对于鸦片战争的失败，很多人觉得不就是赔点银子，让洋鬼子多几个地方做生意。香港也不过是个弹丸之地，割让了也没啥大不了。这些对我们这个天朝大国算不了啥。于是"吾中国之政教文物风俗，无一不优于他国"的思想，仍然安慰着中国人。老百姓照样面朝黄土背朝天；文化人儿们继续玩着考据训诂；官员们接着钻进大烟馆，享受着福寿膏的乐趣；皇帝老子还是在宫里泡妞。那时候就算是赞成接受西方技术的中国人，包括像李鸿章这样的洋务运动领袖，由于对西方人、西方的文化缺乏了解，所以并不是对西方文化中更深刻的含义，比如科学思想产生了兴趣。因为他们并没有看到自身传统中真正缺乏的东西是什么，仍然视中国传统为不可亵渎、至高无上的宝贝。当他们看到西夷洋枪洋炮确实厉害，于是出于对国家兴亡匹夫之责任，他们希望赶快把西夷的奇妙技术山寨过来，以达到不再让洋人欺负的目的。

而鄙视西方，连西夷的技术都不要拿来的顽固的保守力量，其势力甚至比李鸿章他们更大。顽固派认为师学洋人是士大夫的奇耻大辱，要自强就要用尧舜、孔孟之道培养出来的人才。"立国之道，尚礼仪不尚权谋；根本之图，在人心不在技艺。今求之一艺之末，而又奉夷人为师，无论夷人诡谲未必传其精巧，即使教者诚教，学者诚学，所成就者不过术数之士，古今来未闻有恃术数而能起衰振弱者也。"① 这些话的意思是，立国之道是礼仪不是玩权谋，把洋人当成老师，即使洋人诚心教你，你也诚心地学，学了半天不过就是一些术数之学（可见那时候术数之学是玩礼仪的大学士们所不齿的），而且自古以来从没听说过术数之学可以救国，可以"起衰振弱"。这就是咸丰皇帝身边的师傅、大学士倭仁的"高见"。皇帝耳朵边都是这样的人，可见洋务运动和复古之梦在那个时代是如何激烈地相互碰撞的两种力量。

那时中国人为什么如此不喜欢西方，对西方的学术如此不屑呢？这不是没有原因的。当时中国人之所以把西方人统统蔑称为西夷，是有深刻的历史原因的，是习惯与偏见使然。过去中国的西边都是游牧民族，还有张骞去过的大夏国、大月氏等国家，这些国家和民族无论在文化上还是其他各方面都远远不如中国。而那些从海上漂来的蓝眼睛大鼻子的洋人，虽然不是来自沙漠，但也是来自西边，于是中国人就习惯性地把葡萄牙人、西班牙人还有英国人、法国人都一概视为"蛮夷"之人了。习惯和偏见的力量，就像爱因斯坦说的："打破人的偏见比崩解一个原子还难。"再有就是那时候中国人对近代的西方还十分不了解，除了看见他们的蓝眼睛大鼻子，还有这些人拿来的那么好玩的、后来又知道是如此厉害的奇技淫巧。近代西方的科学是怎么产生的，到底是啥让西方人能玩出这些科学和文明，基本没人知道。偏见加上不理解，于是大多数中国人都不喜欢洋人，有些中国人甚至对洋人恨

① 钱钢，胡劲草. 2004. 留美幼童——中国最早的官派留学生. 上海：文汇出版社.

之入骨。

中国近代第一个真正认真地去了解西方的人，不是曾国藩、左宗棠、李鸿章这样的官僚大人物，而是个普普通通的人，一个广东人，他的名字叫容闳。

珠海容闳

容闳是现在珠海市南屏镇人，1828 年出生。他出生在一个以种田、捕鱼为生的普通农民家庭。珠海和澳门相邻，澳门在 16 世纪中期（1553 年葡萄牙人首先取得在澳门的居住权）成为中国第一个对外开放城市，住着很多蓝眼睛大鼻子的洋人。容闳小时候，他爸爸把他送到澳门一位叫郭士立夫人（Mrs Gutzlaff）的英国夫人办的学校学习。父亲为啥送他去洋人学校，而不是去私塾读书呢？他自己是这么说的："当时给郭士立夫人作买办或家务总管的那个人，恰巧是我的同乡，实际上又是我父亲的邻居和朋友。我父母正是在他那里了解到郭士立夫人开办学校的情况。毫无疑问，正是由于他的劝导和帮助，我父亲才送我进了那所学校。比我大好多的哥哥照例进了正统的儒家私塾读书……"[1] 关于他爸爸为啥要送他去洋学校，容闳说，是他爸爸预感到中国即将对外开放，如果他儿子那时候懂外国话，就可以做个翻译，当翻译岂不比种田、捕鱼体面多了。

郭士立夫人开办的其实是一所女子学校，容闳之所以可以混入女子学校，是因为这个学校有一个男生班。当时容闳是其中年纪最小的一个，也许是不想让这孩子受欺负，他被夫人安排住在女生宿舍那一层楼上，不和楼下的男生住在一起。可是，看着楼下男生嬉戏玩耍，容闳哪里受得了，心生了逃跑的念头。有一天他真的跳上一条小船逃之夭夭，和他一起逃跑的还有 6 个耐不住寂寞的女生。结果因他们这条双桨的小船跑不过追来的四桨大船，7 个小孩子被"捉拿归案"。校长郭利士夫人严厉地惩罚了这 7 个孩子，最让这些小馋猫无法忍耐的惩罚是，这个可恶的校长夫人不但让他们当着所有同学的面罚站，竟然还"令人拿来姜脆饼

---

① 容闳. 2003. 容闳自传. 石霓译注. 上海：百家出版社.

和柑橘，就在我们的面前分发给那些学生"①。不过没多久，容闳就喜欢上了这个学校，以及那里的算术、图画和英文，郭士立夫人也非常喜欢他。可是好景不长，1839年由于中英交恶，学校被迫停办，郭士立夫人也离开了澳门，容闳只好回到家里。1840年鸦片战争爆发，容闳的爸爸又去世，母亲带着四个孩子，家中一贫如洗。好在三个孩子已经可以帮助母亲，哥哥出海打鱼，姐姐帮助母亲料理家务，容闳则在村里叫卖糖果。

有一次，一个在澳门打工的邻居回村里，他在澳门一个传教士办的印刷厂做工。他告诉容闳的妈妈，这位传教士想雇佣一个懂英文的人，英文要求不高，只要能正确辨别数字，能把纸张折叠整理好就行。于是容闳的妈妈带着容闳去见了这位传教士，从此容闳开始在印刷厂打工。"但我没有在这个职业上很快富余起来，因为我在印刷厂做工只有四个月，就有人从一个意想不到的地方给我传来一个召唤，我为此匆匆辞职。这一召唤中更多的是上天的声音。"① 这是怎么回事呢？

原来郭士立夫人在离开澳门临走前，她给澳门一个朋友本杰明·霍布森医生留下一封信，"信中嘱咐他，说一旦马礼逊学校开始招生，不管我（指容闳）在哪里，都一定要找回我，送我去那个学校上学"①。容闳说的召唤，就来自这位本杰明·霍布森医生。马礼逊学校则是澳门另外一所学校，是以第一个来中国传教的基督教新教的英国传教士马礼逊的名义开办的（马礼逊1807年来到中国，1834年在广州去世），鸦片战争期间这所学校也停课了。1842年马礼逊学校恢复上课，于是容闳在受到霍布森医生的召唤，并在得到母亲同意以后，再次回到了澳门，进入了马礼逊学校。

不久香港割让给英国，马礼逊学校从澳门迁往香港，成为香港第一所新式学校。容闳随着学校一起来到香港。马礼逊学校用双语教学，中文讲《四书》、做八股文；英文有地理、历史、几何、写作还有音乐。1846年，容闳已经成长为一个18岁的英俊青年。这年马礼逊学校的校长、容闳的老师布朗先生，因为身体的原因要回美国。有一天他问道："有谁愿意跟我到美国读书呢？"学校的六个人里，站起来三个，其中

① 容闳. 2003. 容闳自传. 石霓译注. 上海：百家出版社.

一个是容闳。

1847 年，容闳随布朗先生来到美国的麻省，在一所著名的大学预科学校孟松学校学习。孟松学校的校长是精通英国文学的海门先生。容闳说："他的演说和讲道，其语言既尖刻又富有生活情趣，就像英国英格兰拉格比公学的阿诺德博士一样，其目的在于造就学生的品质，而不是要把学生变成活的百科全书或者聪明的鹦鹉。"在海门的教导下，容闳很快融入到美国社会中。到达美国 7 年以后的 1854 年，容闳成为美国耶鲁大学建校以来第一个来自中国的毕业生。

19 世纪中叶的美国，正是资本主义蒸蒸日上、各行业迅速发展的时期。资本主义发展离不开科学，而恰恰在这个时代，富兰克林、贝尔、爱迪生这样的美国科学家、发明家纷纷涌现。那时的美国还处在大发展时期，国力并不强，大众的生活也还相当的艰难。但是在科学之光的照耀下，大家都充满了活力。在艰难的生活面前不但没有任何畏惧，反而是乐此不疲，充满了激情。美国是个多种族的国家，所谓美国人除了被称为印第安人的是本乡本土的原住民以外，其他大部分人都是来自欧洲、亚洲、非洲等各个国家的新移民。那时的美国人对新的和陌生的事物不是采取敌视或排斥的态度，而是怀着强烈的好奇，满腔热情地去迎接。当他们发现与自己完全不同的事物时，也是怀着好奇和惊讶的宽容态度去对待。比如拖着一条大辫子，穿着中国式长袍马褂走进耶鲁大学的容闳，并没有影响他与同学们的交流，更没有受到任何排斥。他是耶鲁大学学生兄弟会的成员，是划船俱乐部的成员，也是橄榄球队的队员，他有一大帮蓝眼睛大鼻子的好朋友。而这些美国式的文明也给容闳留下了非常深刻的印象。

而自己祖国当时所处的境况——羸弱的国力、被福寿膏熏染的和官场腐败的社会，这些都让容闳忧心忡忡。在《西学东渐记》里容闳这样写道："在耶鲁读书时期，中国国内的腐败情形，常常触动我的心灵，一想起来就快快不乐。"① 按说容闳完全可以留在耶鲁继续上学，然后在美国安身立命。可是他没有这样做，而是从耶鲁大学刚毕业，就踏上了回国的征途。难道他不知道前面迎接他的是什么？他为什么这么急

① 钱钢，胡劲草.2004.留美幼童——中国最早的官派留学生.上海：文汇出版社.

着回来呢？

留美幼童

"我既然远涉重洋，身受文明教育，就要把学到的东西付诸实用……我一个人受到了文明的教育，也要使后来的人享受到同样的利益，以西方学术，灌输于中国，使中国一天天走向文明富强。"[①] 这是他在日记里说的。他说的所谓文明，其实就是科学的文明，这是出自一颗赤子之心的肺腑之言。他明明知道自己的前方仍然是被传统禁锢得毫无生气的，被英国人运来的福寿膏熏染得浑浑噩噩、贫穷的还处于蒙昧状态中的地方。但是他回来了，因为那是他的祖国。他要回国干一件大事，那就是争取让更多的人出国留学，把更多先进的科学文明带回来，以实现他心中"也要使后来的人享受到同样的利益，以西方学术，灌输于中国，使中国一天天走向文明富强"的强国之梦！

直到现在还保存在耶鲁大学档案馆里的容闳毕业时的同学赠言里，他的一位美国同学这样写道："亲爱的闳：我深信，当你回到世界彼端你的故乡时，我们在这所大学的结交将融入你的记忆。我向你保证，我决不会忘记我的中国同学，他那深藏内心的热情，对我们的文学的癖爱，以及对他自己祖国的奉献与深深的关切，都早已为我所习知和感受……我将企盼获知你在未来中国历史上的伟大事业。我希望你的伟大计划将会实现……我将常常深深思念你，你为人民谋求福祉的光荣使命。获悉（因为我希望获悉）你的故土从专制统治下和愚昧锁链中解放出来的欢乐……"[①]

使中国一天天走向文明富强，让自己的故土从专制统治下和愚昧锁链中解放出来，是容闳回国的动力，争取选派更多的留学生去美国读书是他唯一的目的。但是他明白，当时的中国，要实现这个宏图大志是非常艰难的，所以他做好了长期的准备。

容闳回国招收留学生，希望自己的国家走向文明富强的梦想之路，从一开始就充满了艰险。他 1854 年夏天从耶鲁大学毕业，同年冬天 11

① 钱钢，胡劲草. 2004. 留美幼童——中国最早的官派留学生. 上海：文汇出版社.

月 13 日旋即从纽约启程回国。"启程那天,天色昏暗阴沉,寒风刺骨……起锚前,寻觅岸上,不见一个人挥巾送我们远航……"① 这次 13 000 海里,从纽约横跨大西洋,然后绕过好望角,漂过印度洋回到香港的航程十分险恶,容闳在海上整整熬了 154 天。这一切,冥冥之中似乎预示着他所要经历的磨难。但是,最后他成功了,这个成功是在他付出 17 年不懈努力以后换来的。

容闳知道,他自己不过是个黎民百姓,人微言轻。而派遣留学生的事情是必须得到大清朝廷批准的,因此他要先谋个职位,想办法接近朝廷有权势的达官显贵。1854 年回到香港,容闳先在广州的美国驻华机构做了一个秘书。后来又经人介绍,到香港审判庭当译员,结果遭英籍律师的排斥离开。不久他来到上海,进入上海海关当翻译。可是在海关,他看到海关官员与船主狼狈为奸,贿赂成风,容闳不屑与此等人为伍又离去了。就这样几年的时间过去了。

这期间他是这样评价自己的:"但是,在艰辛的人生中,一个人必须是一个梦想家,这样才能完成可能成功的事。我们来到人世间,不能只是为了动物般的生存而单调乏味地劳碌……我不断更换和改变职业,只是为了弄清楚我的忍受力,以及我怎样才能使自己成为一个造福于中国的人。"①

容闳还曾寄希望于正处于高峰时期的太平天国。1859 年 11 月的一天,他到南京想拜见太平天国的领袖,可是充满蒙昧的太平天国让他彻底失望,"对中国政治绝无革新的影响②",于是怏怏回到上海

不过容闳浪迹上海的几年也并非毫无收获。由于是受过美国教育,见过世面的青年人,对上海滩上横冲直撞的洋人、洋水手,对他们的胡作非为,容闳采取了据理力争、毫不退缩的态度,甚至痛打过无理取闹的洋人。这在当时对洋人充满畏惧、唯唯诺诺的中国人来说是非常令人惊讶的举动。这一切让容闳在上海滩有了名气。另外容闳在上海还结识了不少具有近代科学思想和成就的知识分子。

可谓"功夫不负有心人",1863 年的一天,容闳竟然收到曾国藩的

① 容闳. 2003. 容闳自传. 石霓译注. 上海:百家出版社.
② 钱钢,胡劲草. 2004. 留美幼童——中国最早的官派留学生. 上海:文汇出版社.

邀请。由于剿灭太平军有功，被朝廷封为太子太保、一等侯爵的曾国藩怎么会邀请一个草民容闳呢？这肯定和他在上海滩痛打洋人及认识的学者有关，是这些学者把容闳介绍给了曾国藩。这次与曾国藩的会见，让容闳的事业出现转机。曾国藩是洋务派领袖，正为在中国建立现代工厂而网罗人才。容闳没有急于把自己的想法告诉曾，而是接受曾的委任，到美国去购买机器。虽然他的大计划还是没有实现，但却是一个良好的开端，此时容闳回国已经9年了。

容闳从美国买回的机器让曾国藩大加赞赏，向皇上为容闳请奖。容闳旋即被授予五品"候补同知"，这个官儿比县官大一点，相当于现在的正科级干部。当了个小官，容闳有了与大官员进言的机会，这些都为容闳实现他的留学计划创造了非常有利的机会。尽管如此，容闳前面的路仍然是荆棘丛生，又经过了8年的艰苦努力，容闳终于说服了曾国藩、丁日昌、李鸿章等大员。1871年，在曾国藩和李鸿章的联名奏请下，奏折获朝廷批复，这个批复只有四个字："依议钦此。"容闳终于在从耶鲁回国17年以后，梦想成真。

这个折子是5000年文明中国一次史无前例的伟大计划，是"中华创始之举，古今未有之事"[①]。计划将选派四批共120名十三四岁至20岁的"留美幼童"，赴美国学习"舆图（地理）、算法（数学）、步天（天文学）、测海（测量学）、造船、制器（制造）等事"，"以仰副我皇上徐图自强之至意……"另外，所有"留美幼童""其束修膏火一切均由中国自备"，也就是留学费用全部由朝廷包揽支付，这些幼童是中国有史以来第一批公派留学生。这些"留美幼童""驻洋肄业十五年后，每年回华三十名，由驻洋委员胪列各人所长，听候派用"，并"不准在外洋入籍逗留，及私自先回，遽谋别业"[①]。

容闳终于如愿以偿，他鼓吹的留学计划终于被朝廷认可。一个平民的愿望可以得到朝廷的认可，这件事在中国是罕见的。但足以证明在当时，拯救国家危亡、希望国家重振其威再次强盛起来的愿望已经逐渐迫切起来。

经过一年的艰难选拔，1872年8月11日，载着第一批30名"留美

---

① 钱钢，胡劲草. 2004. 留美幼童——中国最早的官派留学生. 上海：文汇出版社.

幼童"的轮船从上海启程，这艘船上就有后来中国的"铁路之父"詹天佑。

这艘轮船经过 30 多天的航行，穿越了将近两万海里的惊涛骇浪，于 1872 年 9 月 15 日在旧金山靠岸。来自中国的梳着大辫子、身穿锦缎长袍、脚蹬厚底布靴的 30 名幼童踏上了美国的土地。旧金山的洋人瞪大了眼睛看着这些穿着怪异又十分幼稚可爱的小男孩，而这些小男孩也都睁大了双眼，看着眼前陌生的世界。

下船以后，幼童们首先看见和领教的是当时最时髦的玩意——火车。大家被这头怪兽拉着，穿越美国，到达了美国东部康涅狄格河畔的一座小城 Springfield（大家给这个小城起了一个非常美丽的中国名字"春田"）。从此开始了这些孩子一段难忘的时光。

孩子们到达美国以后，为了让他们尽快地学习语言，并且尽可能得到家庭般的关怀和照料，孩子们被安排居住在康涅狄格河谷数十个美丽的小镇上，四批幼童先后居住在 100 多个美国家庭里。康州教育局长写信说："要让中国学生知道卫生之道，要让他们经常洗澡。遇到天气有变，必须躲避风寒，尤其是出汗以后要特别谨慎，以免发生意外。"房东们像亲生父母一样悉心地照料着他们。一个叫李恩富的留美幼童（他后来成为在美国出版图书的第一个中国人），在来到美国以后，得到了生平第一个 Kiss，一位美国母亲的亲吻。

留美幼童在美国开始了学习生活，他们"像一块块被扔进水中的海绵，吸吮着身边的一切"[1]。不过这些幼童除了像海绵一样接受美国教育以外，还要定期安排到康州首府哈特福德市留学事务局，在中国老师那里学习中国功课。在那座留学事务局的楼里会传出一阵阵"关关雎鸠，在河之洲；窈窕淑女，君子好逑……"朗朗的读书声。1872～1881 年不到 10 年的时间里，这些孩子在美国经历了 1876 年费城世博会、结识了美国著名作家马克·吐温，进入耶鲁、麻省理工、哈佛、哥伦比亚、霍普金斯等美国各个大学学习，参加耶鲁大学赛艇队，组织东方人棒球队等一段段精彩的人生经历。

但是，"留美幼童"是一个命运多舛的计划，虽然得到朝廷的恩准，

---

① 钱钢，胡劲草. 2004. 留美幼童——中国最早的官派留学生. 上海：文汇出版社.

但是前面说了，顽固的保守派在当时势力和权力都非常大。在中国学西夷还不够，还要跑到美国去学，这样的事情保守派岂能容忍！当孩子们饱吸美国的自由空气，和美国的小朋友们一起划船、溜冰、跳舞、唱歌的时候，他们已经身不由己地踩上危险的地雷。孩子们的这些表现，在派往美国的监督眼里，简直就是离经叛道，小报告一个接一个地传回国内。1881年果然出事了，洋务派领袖李鸿章没能阻止保守派撤局的奏折："臣等查该学生以童稚之年。远适异国，路歧丝染，未免见异思迁……彼族之浇风早经习染，已大失该局之初心。……趁各局用人之际，将出洋学生一律调回。"① 云云，皇上给保守派撤局奏折的批复和10年前批准留美幼童计划时一模一样，也是四个字："依议钦此。"

1881年8月，留美幼童计划寿终正寝，本来计划15年后回国的留学生分批撤离美国。好在顽固派还容忍了十年的时间，这十年对于后来的中国是至关重要的。

留美幼童撤局回国的过程是很令人悲哀的，回国时的幼童已非天真的孩子，他们都是20多岁的小伙子了，其中很多人已经是美国各个著名大学的大学生，甚至是毕业生。这些在美国受到高等教育的小伙子们分批登上了返回祖国的轮船，他们的心里幻想着回到祖国那一天的情景：欢迎的人群，亲人们张开双臂热烈的拥抱，就像刚到美国时美国妈妈的亲吻一样。但这只是幻想，是乌托邦式的幻想，迎接他们的是喧闹肮脏的上海码头上人力车夫和各种苦力的叫喊声。一个叫黄开甲的留美幼童写信给自己在美国的"家长"巴特拉夫人："我们暴露在惊异、嘲笑的人群里，他们跟随我们，取笑我们不合时尚的衣服。"① 他们也许还穿着在美国穿的衣服。然后这些孩子被兵勇押解着，关进一个已经荒废10年、墙壁剥落、地板肮脏、石阶布满青苔、散发着潮湿腐烂味道的"求知书院"。在第四天他们跪见了上海道台大人以后，才得以回家。而回到广东家中，广东话却已经忘记，被仆人拦在门外，用尽全身解数，也没能说动仆人，于是："当一切失败后，我突然忆起世界上无论是野蛮人、文明人，还是男女老幼，都叫双亲：爸——妈——，因此我开始大

---

① 钱钢，胡劲草. 2004. 留美幼童——中国最早的官派留学生. 上海：文汇出版社.

叫起来。"①

中国没有死

　　容闳的梦想虽然破碎了，但是那些被半途召回的留美幼童，却几乎都成了后来的中国大踏步走向现代的先行者和奠基人。

　　19 世纪中叶，美国画家兼玩家莫尔斯发明了电报，人类历史上的电报通信时代来到了。随后的几年电报迅速发展，1856 年越洋的海底电缆已经可以连接英国和美国。洋人玩电报的事情也很快传到中国，李鸿章知道以后非常"感冒"。他是个统领军队的大员，知道兵贵神速的道理，所以他很想在中国玩玩电报这个洋玩意。于是奏请皇上："用兵之道，必以神速为贵，是以泰西各国讲求枪炮之外……则又有电报之法。……近来俄罗斯、日本均效而行之。……是上海至京仅二千数百里，较之俄国至上海数万里，消息反迟十倍。……是电报实为防务所必需。"① 可那个时候对洋人充满偏见的大多数官老爷，甚至老百姓对此都不屑一顾、嗤之以鼻。对这个来自西夷的洋玩意非常抗拒，理由是架设电线会毁坏祖宗的坟墓。1865 年，英国人偷偷在上海架设与吴淞口之间的电线被强行拆毁。荷兰人铺设了从香港到上海的海底电缆不允许上岸，只好把终端安装在吴淞口外的一艘破船上。李鸿章在这种情况下想尽各种办法说服皇帝，1879 年终于得到批准在大沽口和天津市内的总督衙门之间架设了第一条电报线，这也许是中国人架设的第一条电报线。一年以后，皇帝可能觉得电报线也没惹着祖坟里的老祖宗。于是 1880 年朝廷批准允许李鸿章架设从天津至上海的电报线。在这个过程中，回国的十几个在美国学习电报知识的留美幼童起到了非常重要的作用，对李鸿章开办的电报事业做出了极大的贡献。这其中就有黄开甲。黄开甲回国前考上耶鲁大学，后来成为轮船招商局经理、电报局总办，1904 年美国圣路易斯世界博览会中国馆副监督。

　　大家都非常熟悉的清代著名铁路工程师詹天佑，如今他的铜像伫立在北京八达岭的青龙桥火车站。他是留美幼童中少数读到大学毕业的人

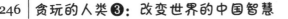

　　①　钱钢，胡劲草. 2004. 留美幼童——中国最早的官派留学生. 上海：文汇出版社.

之一，詹天佑毕业于耶鲁大学雪菲尔德学院的铁路和土木工程专业。

　　火车，这头被瓦特改造以后推动世界迅猛发展的怪兽，在中国的命运也和电报一样，经历了无数的坎坷，耗费了李鸿章多年的心血以后才艰难地进入中国。1865 年，英国人在北京宣武门外修了一条只有 500 米长的展览铁路，想以此引起中国人的兴趣，赚咱们一笔。可没想到的是，那时的中国人完全接受不了这个怪物，这个隆隆作响、冒着黑烟疾驰如飞的小火车让京城里的老百姓非常惊诧，吓得大家四处乱窜，觉得这简直是个妖魔鬼怪。事情闹到朝廷，朝廷也急了，赶快下令拆除，"群疑始息"，才算了事。1876 年，英国怡和洋行又擅自修了从上海到吴淞的铁路，成为中国第一条营业的铁路。不过运气不好，第二年被清政府用 28.5 万两白银赎回，然后还是给拆了。结果是在很长一段时间里，中国出现了驴拉火车、太监拉火车这样的荒唐事。

　　1887 年，詹天佑来到天津，参与了开平至天津铁路的建设。1888 年这条铁路举行了通车典礼，李鸿章出席，并留下一张照片，从照片中可以看出表情严肃的李鸿章的心里仍然是忧心忡忡。果然这条铁路的开通马上遭到数十位大臣的抗拒，他们上奏说，修铁路跑火车是毁屋铲墓，震动龙脉，同时还给加上"为敌缩地，方便西人，必顾洋匠，金钱外流"等罪名。李鸿章已经是忍无可忍，他在奏折中哀叹："鸿章老矣，报国之日短矣！即使事事得手，亦复何补涓矣！所愿当路诸君子务信君父以洞悉天下中外真情，勿使务虚名而忘实际，狃常见而忽远图，天下幸甚！大局幸甚！"[①]

　　大家一般认为，1909 年由詹天佑主持修建的京张铁路，是中国人自己修建的第一条铁路，其实不是的。中国人自行修建的第一条铁路是慈禧要坐火车去西陵祭祖，而在 1904 年为慈禧修建的一条只有 36 公里的"西陵铁路"。当年把大家吓得魂飞魄散的火车，也不知道什么时候让老佛爷喜欢上了。不过还是要感谢老佛爷，不然火车进入中国还不知啥时候才能实现。就在如此艰难的情况下，在李鸿章和这些留美幼童的共同努力下，中国进入现代的步伐逐渐加快了。

　　回国的留学幼童中，有很多在后来加入了清朝海军，成为中国最早

---

① 钱钢，胡劲草. 2004. 留美幼童——中国最早的官派留学生. 上海：文汇出版社.

的海军——北洋舰队的第一批海军军官和士兵。在中法马尾海战、中日甲午海战中，这些曾经的留学幼童们英勇作战，许多人战死海疆、为国捐躯。

虽然日本的明治维新没有中国的洋务运动来得早，可是在中国派出留学生以前，日本也向外国派出了留学生，时间比中国留学幼童大约早十年。日本著名政治家，明治维新以后第一任首相伊藤博文就是在1863年偷渡出国，到达英国的。在马礼逊学校校长布朗先生带容闳等三个中国小孩去美国读书以后，布朗先生又去了日本，从日本也带回一批日本青年。另外日本没有发生像中国留学幼童这样，因为对传统产生的挑战，而把留学生叫回去的事情。这似乎和他们另一个传统有关，那就是向外国学习。中国隋唐时期，日本就派出遣隋使、遣唐使以学习中国，日本人从那以后改穿中国服装。明治维新以后，日本人开始学习西方，又穿起洋服。同时派往外国的留学生数量更是直线上升，他们不但向西方学习各种知识和技术，还把西方的教育体制搬回日本，这也许和日本除了学习外国，再没有太多值得留恋的传统有关。

李鸿章与日本当时的驻华公使森有礼的一次谈话意味深长。李鸿章问："先生去过西洋？"森回答："自幼出国，在英国学习了三年，后来又绕着地球走过两圈。""西学学问怎么样呢？""我认为西学有十分都是有用的，中国的学问却只有三分可取，其余七分还是老样子，已经没有用了。"李鸿章又问："你们日本连衣服都改穿洋服，我感到有点不理解，衣冠是忆念祖先之物，后人应该世代相传才对啊？！"森回答说："倘若先祖们还在世，他们也会像我们一样做的。1000年前，他们改穿了汉服，就是因为发现中国的服装比我们穿的要好。"[①]

所以明治维新以后，日本人不但大胆地脱下由汉服改造成的和服，换上了洋装，西方的政治和教育制度他们也毫不客气地请了进来。没啥旧的可留恋，所以学习新东西也就更彻底了。中国把西方的技术拿来了，思想却还是被森有礼说的，三分有用、七分已经没有用的传统思想禁锢着。在中日甲午战争的较量中，敌对双方中有很多都是当年哈佛、耶鲁、霍普金斯的同窗学友，可是我们败了。

① 钱钢，胡劲草. 2004. 留美幼童——中国最早的官派留学生. 上海：文汇出版社.

不过就像前面说到过的那位留美幼童蔡绍基（他也是耶鲁大学的学生，后来是中国近代第一所大学北洋大学，即天津大学的前身第一任校长），在他从哈特福德中学毕业时的演讲上慷慨激昂地说的那样："中国没有死，她只是睡着了，她终将会醒来并注定会骄傲地屹立于世界。"

　　曾经被传统文化禁锢的传统中国，如果没有曾国藩、左宗棠、李鸿章，没有容闳，没有留美幼童，没有蔡绍基，没有那些有识之士，传统中国恐怕还要继续延续下去不知多少年。而这些人其实也是在传统文化的熏陶下长大的，但是，他们怀着一颗对祖国的赤子之心，以极大的勇气挑战了传统，挑战了过往的权威和习惯力量，他们如同挑战了自己的母亲。但他们学会了玩、也喜欢上了玩，是玩家的思想让他们不顾一切地冲破了传统的藩篱，他们所做的一切为祖国母亲的一个新时代，以及现代中国的到来打下了基础。

主要参考资料

北京天文馆. 1987. 中国古代天文学成就. 北京：北京科学技术出版社.

班固. 2007. 汉书·淮南衡山济北王传. 北京：中华书局.

伯希和. 1963. 郑和下西洋考. 冯承钧译. 台北：台湾"商务印书馆".

常君实. 1994. 浮生小趣. 北京：中国社会科学出版社.

陈亚兰. 2000. 沟通中西天文学的汤若望. 北京：科学出版社.

陈遵妫. 2006. 中国天文学史. 上海：上海人民出版社.

崔豹. 2011. 古今注·卷一·舆服第一//王谟. 增订汉魏丛书：汉魏遗书钞. 重庆：西南师范大学出版社，北京：东方出版社.

崔瑞德，鲁唯一. 1992. 剑桥中国秦汉史. 北京：中国社会科学出版社.

邓恩，余三乐. 2003. 从利玛窦到汤若望. 石蓉译. 上海：上海古籍出版社.

第欧根尼·拉尔修. 2011. 名哲言行录（上）. 马永翔，等译. 长春：吉林人民出版社.

董仲舒. 2011. 春秋繁露. 周桂钿译注. 北京：中华书局.

窦坤. 2008. 莫理循与清末民初的中国. 福州：福建教育出版社.

范晔. 1965. 后汉书·宦者列传. 北京：中华书局.

方韬译注. 2009. 山海经. 北京：中华书局.

冯友兰. 2010. 中国哲学简史. 涂又光译. 北京：北京大学出版社.

傅乐成. 2010. 中国通史. 贵阳：贵州教育出版社.

高诱. 1986. 淮南子·叙目//浙江书局. 二十二子. 上海：上海古籍出版社.

哥白尼. 2006. 天体运行论. 叶式辉译. 北京：北京大学出版社.

巩珍. 2000. 西洋番国志郑和航海图两种海道针经. 向达校注. 北京：中华书局.

管仲. 1986. 管子//浙江书局. 二十二子. 上海：上海古籍出版社.

郭沫若. 1982. 卜辞通纂. 北京：科学出版社.

何宁. 1998. 淮南子集释. 北京：中华书局.

黑格尔. 2014. 哲学史讲演录. 贺麟，王太庆等译. 北京：商务印书馆.

亨德里克·威廉·房龙. 2002. 人类的故事. 高源译. 西安: 陕西师范大学出版社.

洪亮吉. 1987. 春秋左传诂. 北京: 中华书局.

胡适. 2009. 丁文江传. 北京: 东方出版社.

胡适. 2015. 胡适文存. 上海: 上海科学技术文献出版社.

胡适. 2011. 中国哲学史大纲. 北京: 商务印书馆.

江晓原. 2007. 天学真原. 沈阳: 辽宁教育出版社.

杰拉德·亚伯拉罕. 1999. 简明牛津音乐史. 顾犇译. 上海: 上海音乐出版社.

李北达. 1988. 牛津现代高级英汉双解词典. 牛津: 牛津大学出版社.

李约瑟. 1975. 中国科学技术史. 北京: 科学出版社.

利玛窦. 1983. 利玛窦中国札记. 何高济, 王遵仲, 等译. 北京: 中华书局.

梁启超. 2006. 论中国学术思想变迁之大势. 上海: 上海世纪出版集团.

梁启超. 2008. 《墨子》代序《墨子之根本观念——兼爱》//墨子. 里望, 徐翠兰译. 太原: 三晋出版社.

梁启超. 2009. 李鸿章传. 西安: 陕西师范大学出版社.

梁启超. 2014. 中国近三百年学术史. 北京: 商务印书馆.

刘歆. 2011. 西京杂记·卷五//王谟. 增订汉魏丛书: 汉魏遗书钞. 重庆: 西南师范大学出版社, 北京: 东方出版社.

陆敬严, 华觉明. 2000. 中国科学技术史·机械卷. 北京: 科学出版社.

陆思贤, 李迪. 2000. 天文考古通论. 北京: 紫禁城出版社.

罗素. 2013. 西方哲学史. 何兆武, 李约瑟译. 北京: 商务印书馆.

吕不韦. 1986. 吕氏春秋·季夏纪//浙江书局. 二十二子. 上海: 上海古籍出版社.

缪启愉. 2008. 国学大讲堂: 齐民要术导读. 北京: 中国国际广播出版社.

潘吉星. 2002. 中国古代四大发明——源流、外传及世界影响. 合肥: 中国科学技术大学出版社.

佩雷菲特. 2007. 停滞的帝国——两个世界的撞击. 王国卿, 毛凤支, 等译. 北京: 生活·读书·新知三联书店.

钱钢, 胡劲草. 2004. 留美幼童——中国最早的官派留学生. 上海: 文汇出版社.

钱穆. 2010. 国史新论. 北京: 生活·读书·新知三联书店.

秦序. 1998. 中国音乐史. 北京: 文化艺术出版社.

容闳. 2003. 容闳自传. 石霓译注. 上海: 百家出版社.

尚秉和. 1980. 周易尚氏学. 北京：中华书局.

沈嘉蔚. 2012. 莫理循眼里的近代中国. 窦坤，等译. 福州：福建教育出版社.

沈括. 2007. 梦溪笔谈·卷十八·技艺. 唐光荣译注. 重庆：重庆出版社.

史华慈. 1990. 寻求富强——严复与西方. 南京：江苏人民出版社.

司马迁. 2008. 史记. 韩兆琦主译. 北京：中华书局.

斯图尔特·布朗，等. 2010. 玩出好人生. 李建昌译. 北京：中国人民大学出版社.

孙诒让. 2001. 墨子闲诂. 北京：中华书局.

王充. 2008. 论衡. 第三卷，第四卷，第五卷. 长春：时代文艺出版社.

王文锦. 2001. 礼记译解（上）. 北京：中华书局.

魏源. 2011. 海国图志. 长沙：岳麓书社.

吴毓江. 2006. 墨子校注（上）. 孙启治点校. 北京：中华书局.

吴文俊. 1998. 中国数学史大系·第二卷. 北京：北京师范大学出版社.

希波克拉底. 2007. 希波克拉底文集. 赵洪均，武鹏译. 北京：中国中医药出版社.

萧统. 1977. 文选·琴赋并序嵇叔夜. 北京：中华书局.

熊月之. 2007. 晚清新学书目提要. 上海：上海书店出版社.

徐文靖. 1986. 竹书纪年统笺//浙江书局. 二十二子. 上海：上海古籍出版社.

徐中约. 2013. 中国近代史. 北京：世界图书出版公司.

许倬云. 2006. 万古江河. 上海：上海文艺出版社.

亚里士多德. 1983. 形而上学. 吴寿彭译. 北京：商务印书馆.

亚里士多德. 1999. 天象论宇宙论. 吴寿彭译. 北京：商务印书馆.

杨小明，高策. 2008. 明清科技史料丛考. 北京：中国社会科学出版社.

朱维铮. 2012. 利玛窦中文著译集. 上海：复旦大学出版社.

朱熹. 1992. 论语集注. 济南：齐鲁出版社.

朱熹. 2009. 周易本义. 廖名春点校. 北京：中华书局.

左丘明. 2005. 国语·越语下. 济南：齐鲁书社.

Edkins J. 1984. Religion in China. Massachusetts: Elibron Classics.